心理学开讲啦

郑先如 著

中国建材工业出版社

北京

图书在版编目（CIP）数据

心理学开讲啦/郑先如著．--北京：中国建材工业出版社，2023.12

ISBN 978-7-5160-3920-5

Ⅰ.①心… Ⅱ.①郑… Ⅲ.①心理学—通俗读物 Ⅳ.①B84—49

中国国家版本馆 CIP 数据核字（2023）第 243005 号

内 容 简 介

《心理学开讲啦》是作者在多年的心理学课程教学与研究的基础上凝练而成的读物，它的意图在于为广大初学者和有缘人简要介绍心理学基础知识，使他们对心理现象有全面的认知，对心理规律有科学的领会，进而服务于自身心理状态的完善，为心理素质的提升导航。本书以助力发展为主线，构建了关乎心理积极发展的多门心理学学科知识链，流畅地讲解个体健全成长最需要的心理学知识。

全书共 11 讲，每一讲都由本讲要目、正文、本讲小结、专业术语、思考问题以及拓展读物等部分构成。第一讲绪论，介绍心理学的对象、发展和方法；第二讲至第七讲具体介绍各种基本的心理现象、基本原理以及重要理论；第八讲至第十一讲分别介绍应用价值显著的几个分支学科的基本知识。

本书既讲求科学性，又注意通俗性，力求解决初学者对心理学的基本需求。从内容构成与表达形式看，本书既可以作为心理学学习的入门书，也可以成为广大青少年认识自己、家长朋友们教育子女的有益参考手册。

心理学开讲啦
XINLIXUE KAIJIANG LA

郑先如 著

出版发行：	中国建材工业出版社
地　　址：	北京市海淀区三里河路 11 号
邮　　编：	100831
经　　销：	全国各地新华书店
印　　刷：	北京印刷集团有限责任公司
开　　本：	710mm×1000mm　1/16
印　　张：	15.5
字　　数：	300 千字
版　　次：	2023 年 12 月第 1 版
印　　次：	2023 年 12 月第 1 次
定　　价：	53.00 元

本社网址：www.jccbs.com，微信公众号：zgjcgycbs
请选用正版图书，采购、销售盗版图书属违法行为
版权专有，盗版必究。本社法律顾问：北京天驰君泰律师事务所，张杰律师
举报信箱：zhangjie@tiantailaw.com　　举报电话：(010) 57811389
本书如有印装质量问题，由我社市场营销部负责调换，联系电话：(010) 57811387

序

《心理学开讲啦》终于开讲。之所以这样说，是因为先如同志多年前就作为我的访问学者，前来华南师范大学教育科学学院进修，访学进修结束后不太久就有了担任主编的机会。或许是担任行政职务等原因，结果未果，说来是憾事。现在他将新作呈送给我，并请我为其作序，我终归是乐意的。

西方心理学自冯特起，到如今已经有了比较成熟的知识体系，普通心理学以及各分支学科大体如此。当然，学科发展存在不平衡的情况。正是考虑到这种状态，作者将心理学最基础、与人们关系最密切的知识进行了恰当的建构。这种建构目标明确、内容结构合理的做法是值得肯定的，它基本满足了人们对心理学的基本认知需求。从学科知识的具体分布上，该书普通心理学占了较大份额，有7讲内容，其余4讲涉及发展心理学、社会心理学、健康心理学以及心理测量学。知识呈现从一般到特殊，符合人们接受知识的心理逻辑。各讲内容既有对经典理论的简约介绍，也根据学科发展作了一定前沿性补充。该书对中国心理学家的一些本土研究成果作了精要介绍，这对于读者树立心理学文化的自尊与自信是有益的。另外，全书行文总体流畅、通达，这也是可以肯定的。

古语云："学无友，则陋闻。"互联网＋、信息技术、大数据都对人们的学习、研究提出了新要求，在如此新时代，学人除了不断提升自身的研学能力，还需讲究合作学习与团队研究。只有这样，才能更好适应急剧变化的时代，也才能更好满足人们对心理科学的内在渴求。因为心理学是最不容易让人生成充盈感的一门活学问，那座幸福的多彩灯塔永远在呼唤。

写上的这些话，权以为序！

郑　雪

2023年10月于华南师范大学

自　　序

让更多的人科学地了解心理学以便更好地认识自己和他人、不断提高心理品质一直是笔者的心愿。为此，笔者除了面向一届又一届的学生上好心理学专业课、学前教育专业课，如"普通心理学""社会心理学""人格心理学""心理学史""社区心理学"等，还坚持上好师范类必修课"心理学基础"，并较早坚持面向全校学生开设"生活中的心理学""商业心理要义""人格心理剖析"等多门公共选修课，因而获得中国心理学会心理学普及工作委员会颁发的"心理学普及工作先进个人"荣誉称号，一些课程经过长期建设成为校一流课程或思政示范课程，也获得校首届教学优秀奖。看到并感受到自己的努力得到认可，有助于在校生的心理发展与强大，这是更令我感觉欣慰的事。如何让自己的心理学学识更好地为地方服务、造福更多的苏区老区人民，出版有一定学术水准的心理学读本无疑是一条路子，为此，笔者终于将多年前就有了的写作本书的强烈愿望付诸实施。讲实在的，完成书稿之际，虽有些欣喜，但更多的是释然。不知这样形容妥否。

接近耳顺之年，不时想起大学毕业教育实习（在福州师范学校）时指导老师程利国的话语："先如啊，如果以后你能专心从事心理学的研究，或许能有所成就。"说来惭愧，当时没听懂程老师的话。也愧对厚爱我的辅导员谢逸溪老师，他给我们班的毕业纪念册题写了"雁翔集"。后来的后来，亦曾让许多老师、学友失望，他们的大名我就不敢在此列举了。只是我似乎清楚了：认识自己是多么不简单，把握自己是多么不容易的大事。不成翔雁，或为飞燕，亦可吧！于是，才有了这本讲解个体成长必需的心理学知识的《心理学开讲啦》。

闽西是全国著名革命老区，原中央苏区的重要组成部分，苏区人民当年参加革命表现出极大的热情、顽强的意志和坚韧的个性。在新的时代，心理学如何在服务地方社会的豪迈进程上形成更大赋能，是值得人们探索的行动课题。本书若能在此方面发挥一点积极作用，就很欣慰了。

郑先如
2023 年 10 月于龙岩学院心理系

目 录

第一讲 绪论——心理学正式开讲了 ························· 1
    一、心理学的对象 ··· 1
    二、心理学的发展 ··· 8
    三、心理学的方法 ·· 17

第二讲 心理状态——心理活动是波动的 ················· 23
    一、注意 ·· 23
    二、意识 ·· 29
    三、无意识 ··· 36

第三讲 认知过程——认识世界的历程 ···················· 43
    一、感知 ·· 43
    二、记忆 ·· 48
    三、思维 ·· 55

第四讲 情意过程——情绪与意志的和谐 ················· 69
    一、情绪 ·· 69
    二、意志过程 ·· 81
    三、情意和谐 ·· 87

第五讲 心理行为——在心理与行为之间 ················· 98
    一、表象 ·· 98
    二、言语 ··· 101
    三、技能 ··· 104

第六讲 心理动力——行为的心理动力源 ················ 115
    一、需要与动机 ··· 115

二、兴趣 …………………………………………………………… 127
三、价值观 ………………………………………………………… 135

第七讲　心理特征——人心不同，各如其面 …………………… 146
一、能力 …………………………………………………………… 146
二、气质 …………………………………………………………… 151
三、性格 …………………………………………………………… 156

第八讲　心理发展——生物人如何变为社会人 ………………… 168
一、个体心理发展 ………………………………………………… 168
二、心理发展的影响因素 ………………………………………… 172
三、心理发展与学校教育 ………………………………………… 176

第九讲　网络心理——交往的新形态 …………………………… 184
一、网络成瘾的心理问题 ………………………………………… 185
二、网络成瘾的机制问题 ………………………………………… 186
三、网络成瘾的防治问题 ………………………………………… 188

第十讲　心理健康——生命健康的另一半 ……………………… 195
一、心理健康要义 ………………………………………………… 195
二、心理健康与压力 ……………………………………………… 199
三、心理健康与挫折 ……………………………………………… 207

第十一讲　心理测量——了解心理变化的操作 ………………… 214
一、心理测量要义 ………………………………………………… 214
二、心理测验的种类 ……………………………………………… 216
三、心理测验的使用 ……………………………………………… 231

后记 ……………………………………………………………………… 237

第一讲　绪论——心理学正式开讲了

本讲要目

一、心理学的对象
二、心理学的发展
三、心理学的方法

一、心理学的对象

心理学以研究心理现象、探究心理本质、揭示心理特点和规律而不同于其他科学，心理学是研究心理现象与本质、揭示心理特点与规律的一门发展中的科学。

（一）心理现象

人的心理现象可以分为个体心理与社会心理两个方面。

个体心理现象包含的内容相当丰富，从表现形式来看主要有心理状态、心理过程、心理行为、心理动力、心理特征这五种。

1. 心理状态（mental state）

总体而言，无论处于觉醒状态还是处于睡眠状态，人都有一定的心理活动，这就是人的心理状态，包括注意、意识、无意识这三种。

注意（attention）是心理活动对一定对象的选择性反应，通过注意的选择性，人能够集中多种心理活动及其动力认知事物、体验事情、操作事件，同时对另外一些对象有所忽略，保证人的心理容量不超负荷，心理运作自如。意识（consciousness）被认为是人类所特有的一种高级而复杂的心理活动，是人在觉醒时对一定对象的即时觉知，再加上记忆、思维及想象，人就实现了对过去、现在和未来的一体觉知，而人对自身的觉知即为自我意识（self-consciousness），意识及自我意识使人有了独特的创造性，使人成为万物之灵。人的心理活动除了意识状态，还有无意识状态，无意识（unconsciousness）是人在意识水平之下不易被觉知的心理活动。它可以是睡眠状态下的梦心理——即使梦境的内容能被觉知，梦的进程却是不能控制的；它也可以是熟练化的动作——比如走路动作能被意识到，却无须特别有意识地加以觉知；它还可以是无法回忆起的记忆——比如童年许多的经验、体验就成了无意识的内容；在人际交往中，榜样人物的潜移默化也可以是无意识的；等等。

在日常活动中，意识、无意识连同注意是紧密联系的三种心理状态，也是人们在游戏、学习、工作、生活过程中呈现出来的不同心理现象，而且一般认为意识又是比无意识更为重要的心理现象。

2. 心理过程

具体来说，人的心理活动是通过认知、情绪（情感）、意志这三种动态过程表现出来的。

认知过程是个体获得及运用信息、生成经验的反应过程，包括感觉、知觉、记忆、思维及想象等。通过感知觉，人能够晓得现时事物的外部属性与特点；通过记忆，人可以获得对过去事物的经验；通过思维与想象，人不仅能够一般地知晓过去、现在和未来事物的情况，而且可以揭示事物的内在本质与特点及规律，充分体现人这一高级动物的特性。人在认知事物的同时会产生喜、怒、哀、乐等多种多样的情绪和情感，情绪、情感过程就是人关于他所触及的全部对象的一种带有体验性的反应过程。一般认为，人和其他动物有一些相通的原始情绪形式，情感却是人所特有的高级社会性情态。人不仅能认知、体验世界，而且能改造世界。意志过程就是人自觉地为实现目标、满足需要而努力的反应过程，是心理能动性的集中体现。

在现实生活中，个体的认知过程（知），情绪、情感过程（情）和意志过程（意）三方面的活动构成为有区别又有联系、相互作用的整体系统，这三种心理过程的协调发展对个体的心理平衡、心理素质的优化有着重要意义。

3. 心理行为

心理行为是既有心理属性又有行为属性、介于心理活动和行为操作之间的综合性心理现象，包括表象、言语和技能。

表象是个体感知一定对象后保持、生成相应形象的心理行为。根据其加工复杂程度，可分为简单表象和复杂表象（意象）两种。表象是刺激对象停止作用感受器后，人脑中保持或生成的有关对象的形象。保持的是记忆表象，生成的则为想象表象，这两类表象往往交织在一起。比如，参观过天安门后，我们头脑中保存的天安门城楼的形象是记忆表象；"孙悟空"这一人物形象是《西游记》的作者吴承恩对人和猴子的某些形象组合加工而成的，是想象表象。意象是带有情绪性色彩、交织着观念的复杂表象。人们心灵中的有宗教色彩的图腾形象就是一个典型的意象。总之，表象使人们脱离了感知的直接性认知，在一定意义上超越了时空的限制，是一类重要的心理行为。

言语是个体在交际过程中习得语言符号来传递信息、交流思想、调节情感的心理行为。各种形式的外部言语，如对话、独白、书面言语都有传递、交流、调节之功用，内部言语由于外部言语的参与也具有以上作用。在个体的毕生发展进程中，言语既是重要的心理发展主题，也是其他心理活动发展的重要凭借，是人类所特有的极其重要的心理行为。

技能是个体在练习中获得熟练化乃至"自动化"的心理与动作操作的心理行为。它可以是计算、阅读、写作等这样的心理操作，也可以是游泳、健美操、打球等这样的行为操作。在个体心理发展的全过程里，首先是动作技能得到发展，随后心理技能也发展起来。技能与言语类似，既是重要的心理发展主题，又是其他心理活动发展的重要依托。技能主要是有意技能，也是人类所特有的重要的心理行为。

心理行为是作用于人的外界对象与其实际行为二者互动的综合性中介，在内化与外化双重过程中发挥着心理工具的作用，影响着其他心理活动的形成、发展、变化，是重要的工具性心理现象。

4. 心理动力

人的心理活动及其外部行为的产生、发展、变化是有其主观原因的，这就涉及到心理动力问题。人的心理动力主要包括需要、动机、兴趣、爱好、人生观和价值观等。

需要是个体对影响其生存、发展及享受的各种因素的反应，是所有行为的动力源。古语"食色，性也"很好地表述了人的基本自然需要，建设高度的物质文明、精神文明和政治文明则很好地反映了人们的普遍社会需要。动机是直接推动人去从事某种活动的心理反应，是从客观要求转化而来并力图满足需要的心理动力。学生的学习可以是受认知好奇心的驱使，也可能是接受老师要求的结果；有的人工作是因为没有工作就无法维持日常生计，而有的人是要通过工作获得成就感；等等。动机与行为的关系很复杂，同一种行为所隐含的动机可能是不同的，同一种动机也可以表现为多样行为。兴趣是有愉快情绪色彩的积极认知倾向，是自在而内在的心理动力。有人认为，兴趣是认知需要的一种情绪反应。比如，瑞士心理学家皮亚杰认为："兴趣实际上就是需要的延伸，它表现出对象与需要之间的关系。"（皮亚杰.儿童的心理发展.傅统先译.济南：山东教育出版社，1982：55）孔子说过"知之者不如好之者，好之者不如乐之者"，甚然；爱因斯坦所说的"兴趣是最好的老师"，诚然。爱好是有愉快情绪色彩的积极活动倾向，也是自在而内在的心理动力。爱好的作用与兴趣类同。人生观是个体对人生价值及实现方式的认知倾向，是在社会化过程中完成的内化而自觉的心理动力。价值观是个体对事物意义及追求态度的认知倾向，也是在社会化过程中完成的内化而自觉的心理动力。

人生观、价值观这两种心理动力与其他动力有所不同，人生观、价值观是更加复杂的心理倾向，更多地受到社会大小环境的制约，一旦形成则对人的选择性行为可能会产生更加深远的影响。比如，鲁迅当年弃医从文可当作其人生价值观转变的表征，却不好说是他的兴趣爱好使然。当然，所有的心理动力都驱动着或导引着人们的实际活动方向，在心理过程的开展、心理特征的形成上发挥着既分别又合作的积极作用。

5. 心理特征

"人心不同，各如其面"，个体在心理上的差异，可以在能力、气质、性格这些心理特征集中体现出来。

能力是一个人所具有的直接影响活动效率与质量的一种认知性心理特质。比如，"一目十行"说明一个人有极好的感知能力，"过目不忘"则体现一个人卓越的记忆力，"一头牛加上一匹马等于两个会吃草的动物"表征着幼儿敏捷的思维力，"在月亮上荡秋千"的美术作品又是儿童奇妙想象力的表达。常说的聪明、愚笨即是心理学上的能力，聪明、愚笨的人是多种多样的，说明能力的心理特质也是丰富多彩的。气质就是通常所说的禀性、性子、脾气，是一个人在心理活动的速度、强度、稳定性、倾向性等形式表现出来的一种反应性心理特质。比如说，"脾气暴躁"表明一个人情绪反应是强而不稳定的，"性子温和"说明一个人情绪反应是弱而稳定的，"没有脾气"是说一个人情绪反应不强烈，"江山易改，禀性难移"说明气质的先天稳定性，等等。心理学上的气质不同于日常所说的气质，也说明科学概念与日常概念的区别。性格是指一个人在待人接物方面表现出来的习惯化行为方式的一种态度性心理特质。比如，"严于律己，宽以待人"是一种待人待己的良好态度特质，"偏见与傲慢"是一种不良的待人态度特质，"自信与自卑"是一对积极与消极的待己的态度特质，"勤奋敬业"是一种处世的积极态度特质，"虎头蛇尾"则是一种不良的处世态度特质，等等。气质与性格都是造成人活动风格不同的心理特质，只是相对说来，气质更具先天性，性格更多地受生活环境的影响。

能力与气质、性格三种心理特质都具有稳定性，气质和性格这两种特质可以用人格这一概念来统称。这样，能力与人格便构成一个人完整的心理品质。这两大类心理品质与常说的做事、做人两大事件可以大抵对应。当然，做事与做人不可分，正如能力与人格本身就是统一的心理特质一样。

总之，心理状态、心理过程、心理行为、心理动力、心理特征这五种心理现象之间存在着复杂的交互作用，它们构成统一的个体心理系统，心理系统与生理系统进一步构成个体的生命系统，如图1-1所示。

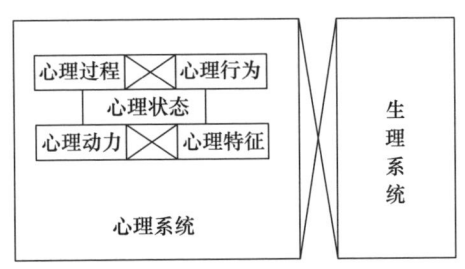

图1-1 由生理系统与心理系统构成的个体生命系统

心理现象的主体不仅有个体，还有各种社会群团组织。人是社会性的群居动物，是社会关系的总和。个体在一定的社会关系里组成了群体、团体、集体，这些组织化程度不同的社会化单位一旦形成就会产生复杂的社会心理现象，在社会化过程中形成的自我概念、社会态度、人际关系、组织关系等对个体都会产生巨大的作用，这些社会心理现象由心理学的专门分支学科——社会心理学进行研究。如果考虑社会文化对个体发展与群团变化的影响，个体心理现象与社会心理现象就更加复杂了。

（二）心理本质

人的心理本质是人在社会化过程中通过操作事件而实现的对客观现实的反映。

1. 社会化

社会化是个体在各种社会因素的影响下，习得知识、掌握技能、形成能力、构建人格，建立起为社会认可的心理-行为模式而成为社会成员的自主过程。

任何一个人类个体，只有通过一定的社会学习和社会实践，形成人类心理、行为的结构和动力系统，获得适应一定社会的心理特性，构建合规约的自我人格概念，成为有个性的社会成员，才能成为真正意义上的人。

实际上，不仅人类个体而且整个社会的生存、发展及享受都得通过社会化来实现。个体通过社会化得以适应特定社会，并首先从这一社会获得可能发展的起点。整个社会则通过社会化过程，培养它的继承者，保证特定社会文化的延续。

在这二合一的多元社会化进程中，社会语言现象与个体言语活动有着根本的重要意义。没有语言，就不可能实现社会化（金盛华．社会心理学．北京：高等教育出版社，2020：59-60）。没有文明和文化，就没有社会化和个性化。

社会化的事实，可以从社会内容和心理形式两方面加以分析。

就社会内容而言，重要的社会化有语言社会化、角色社会化、伦理社会化、法律社会化、政治社会化、民族社会化等。通过这些不同的社会化，相对单纯的自然人就变成相对复杂的社会人。

就心理形式而论，习惯社会化、能力社会化、人格社会化、思想社会化、精神社会化等是比较主要的社会化。通过学习知识、参加实践、沟通他人、创造人生，原始的生理人就变成高级的心理人乃至成为有思想、有精神的人。

2. 发展中的事件

个体的社会化是一个连续不断的、终身的过程，个体在一生中要经历多种多样的社会化：早期社会化、发展社会化、反向社会化和再社会化，等等。早期社会化发生在个体生命的早期，以掌握语言和基本社会规范为特点；发展社会化在早期社会化的基础上进行，以一系列的角色获得和角色改变为特点；反向社会化大量发生在文化急剧变迁的现代社会，以年轻一代对年长一代的预期影响为特点；再社会化发生在原有社会化不能适应新的社会情况之时，以学习新角色、重建新规范、形成新的心理-行为模式为特征。

个体毕生社会化的过程同时也是其终身个性化的过程，在此复杂的过程中，社会语言的掌握、生活技能的学习、职业角色的获得、人际关系的建立、自我概念的形成、人格特质的构建等是个体发展的基本心理-行为事件。所有的心理-行为事件为个体全部的社会化与个性化提供了发展的基点，当然，心理-行为事件本身就有很实在而丰富的心理内容。

3. 操作与反应

个体发展中的所有事件大体可由操作、反应这两个基础动作加以完成。俄国生理学家巴甫洛夫（1849—1936）和美国心理学家斯金纳（1904—1990）的条件反射学说在这里有着重要的意义。

巴甫洛夫开创性地对条件反射进行了实验研究，他的条件反射经典实验是关于狗的食物性条件反射的研究。狗吃食物时引起唾液分泌，这是非条件反射。实验时，巴甫洛夫在每次给狗喂食之前先打铃。本来铃声对狗来说是无意义的，但当铃声与食物结合多次后，仅仅打铃而不喂食，狗也有唾液分泌。这样，原本无意义的铃声变成了条件刺激物，即成为引起条件反射的刺激物，条件反射形成了。巴甫洛夫经典条件反射的结构模式是：刺激（强化）—反应。

斯金纳在 20 世纪 30 年代提出了操作条件反射学说，这一学说是在他自己所做的大量操作性条件反射实验的基础上提出来的。一个典型的实验如下：斯金纳设计了一种专用箱子——斯金纳箱，箱内有一套杠杆装置，将饥饿的白鼠放到箱内，白鼠在里面乱跑、乱撞，偶然间压下杠杆，这时杠杆拉开一个活动的门，门内掉下一个食物小丸子，白鼠便得到了食物。

以后白鼠再次进入箱内经过乱撞按压了杠杆取得了食物，反复多次之后，饥饿的白鼠一进入箱子，就懂得主动去按压杠杆而取得食物。这样，就在按压杠杆与取得食物之间建立了牢固的联系，即形成了条件反射。这种条件反射由于必须经过自己的主动操作才能获得强化物，因此称之为操作条件反射。斯金纳操作条件反射的结构模式是：操作（反应）—刺激（强化）。

人类个体既同于又异于狗、白鼠等一切动物，个体的行为及心理活动不是简单条件反射活动的结果，而是在基本条件反射的基础上形成无比复杂条件反射系统的产物。以语言掌握这一基本的心理-行为事件为例。如果生下来时就脱离人类的语言环境，如狼孩，就不会有人类的心理、行为；如果成人长期脱离了人类的语言环境，如刘连仁，已有的心理、行为会出现障碍。在这里，语言是一个有着丰富内容、复杂形式的符号刺激物，缺乏它的刺激，就不可能有对应的言语活动之反应；而没有一定的言语活动即操作，也就不可能获得相应的语言符号之刺激。在人类个体的心理-行为现象系统里，有着由语言符号——言语活动交互统摄起来的、有序与无序交织着的无数的刺激、反应、操作、强化，看似被动的反应与积极主动的操作在其中又有着关键而内在的意义，它们可以体现心理本质。

（三）心理学的分支学科

心理学尽管是发展中的一门科学，但已形成了许多分支学科，以后新的学科还会更多。现代心理学大体可以分为两大领域：基础学科和应用学科。

1. 基础学科

基础学科名称举例及其研究问题如表 1-1 所示，以求得简明印象。

表 1-1 心理学基础学科名称举例及其研究问题

分支学科名称	主要研究问题
普通心理学	人类心理现象的一般规律、心理学基本理论
发展心理学	个体生命全程中各个发展阶段的心理特点和规律
实验心理学	人与动物的各种行为及其心理变化
认知心理学	记忆、推理、问题解决、信息加工等高级认知活动
生理心理学	个体行为及其心理过程与其身体及生理功能的关系

续表

分支学科名称	主要研究问题
社会心理学	各种人际间的关系和交互影响、群体对个体的影响及控制
人格心理学	各种人格特质及其形成、测量、评价
变态心理学	人的各种异常心理、行为及其成因

资料来源：1. 叶奕乾，何存道，梁宁建. 普通心理学. 2版. 上海：华东师范大学出版社，2004：10-12.
2. 全国十二所重点师范大学联合编写. 心理学基础. 北京：教育科学出版社，2002：13-14.

2. 应用学科

关于心理学的应用学科，见表1-2。

表1-2　心理学应用学科名称举例及其研究问题

分支学科名称	主要研究问题
教育心理学	学校教育情境中学与教及其交互作用的规律
管理心理学	社会组织中人的行为与心理活动规律
消费心理学	社会大众在消费活动中的心理现象与行为规律
工业心理学	员工的士气、人员的选拔训练、工作环境的改善、劳动关系协调
法律心理学	法律活动中与法律直接相关的心理活动及其规律
临床心理学	异常行为与心理疾患的成因与机制、症状与诊断、预防与治疗
心理咨询学	对来访者的发展性心理问题或障碍性心理问题给予心理指导
心理测量学	心理测验、心理统计的理论、方法及技术

资料来源：1. 叶奕乾，何存道，梁宁建. 普通心理学. 2版. 上海：华东师范大学出版社，2004：12-13.
2. 全国十二所重点师范大学联合编写. 心理学基础. 北京：教育科学出版社，2002：14-15.

由于实际生活的需求、相关学科发展的影响，更由于心理科学自身的发展，现代心理学已形成众多的分支学科。无论基础学科抑或应用学科，以上所列只是比较基本、相对成熟的几门学科。无论如何，越来越多的心理学分支学科都必将为我们社会的进步和人类的幸福做出越来越大的积极贡献。

二、心理学的发展

心理学是人类探索与服务自身的发展中的一门科学，它有着悠久的过去却只有短暂的研究历史。一般认为，1879年德国心理学家冯特在莱比锡大学建立心理学实验室是心理学走上科学发展的独立标志。

(一) 心理学的史前发展

1. 中国古代心理学思想举例

中国古代文化有着十分丰富的心理学思想,特别是人性心理学思想。在传统思想文化的历史长河中,儒家、道家和佛家有着特别大的影响,但这里仅就对"长河"之上游——先秦时期儒家的一些代表人物的人性心理学思想做点分析。

人性论是中国古代心理学思想的首要而中心之问题,其他问题诸如天人论、形神论、情欲论、知行论、性习论都是对人性问题的具体拓展。

孔子(前551—前479)是儒家学派的创始人,中华民族文化传统的奠基人之一。孔子很少抽象地谈及人性问题,很少就如何为"仁"、何以为"仁"的形而上学依据作出理论上的探究。孟子(前372—前289)与荀子(前325—前238)从不同方面继承并发展了孔子以"仁"为核心的思想学说,中国哲学家冯友兰(1895—1990)分别称他们为儒家的理想主义派和现实主义派。儒家学派的人性心理学思想最有代表性的就是孟子的性善论与荀子的性伪说(冯友兰. 中国哲学简史. 赵复兰译. 北京:新世界出版社,2004:128)。

(1) 孟子的人性论。孟子主张人性本善,承认人的本性中有些因素,本身无所谓善或恶,但若不加节制就会导致恶。孟子认为,这是人与禽兽共同的地方,这反映了人里面有禽兽的本能。但这不是真正的"人性"。孟子看重的是人的道德本性,首先,以"不忍人之心"而论"本心",《孟子·公孙丑上》里说:"人皆有不忍人之心。……今人见孺子将入于井,皆有怵惕恻隐之心。"其次,以"本心"论"本性",同是《孟子·公孙丑上》说:"恻隐之心,仁之端也;羞恶之心,义之端也;辞让之心,礼之端也;是非之心,智之端也。凡是四端于我者,知皆扩而充之矣。苟能充之,足以保四海;苟不充之,不足以事父母。"人心都本有恻隐、羞恶、辞让、是非这"四端",如果加以充分发展,它们便成为孔子所强调的仁、义、礼、智这"四德"。最后,从人心到人性再到天命,《孟子·尽心上》里还说,人心与人性、天命是联系在一起的,"尽其心者,知其性也。知其性,则知天矣。存其心,养其性,所以事天也"。发展人的道德本心就知晓其道德本性,知道了人的道德本性,也就知道了天命天道(冯达文,郭齐勇. 新编中国哲学史:上册. 北京:人民出版社,2004:95)。

(2) 荀子的人性论。荀子与孟子正好相反,主张人性恶。性恶是指人的天性是恶的,而作为人的道德善性则是人为造成的。首先,以自然禀赋论"性",《荀子·正名》里说:"性者,天之就也""不事而自然谓之性"。其次,以情、欲论"天""性",《荀子·天论》说:"形具而神生,好恶喜怒哀乐藏焉,夫是之谓天情。"同是《荀子·正名》里说:"性之好、恶、喜、怒、哀、乐谓之情""情者,性之质也。欲者，情之应也。欲不待可得，所受乎天也"。再次，由自然禀赋的性情是"恶"的，"人之性，恶；其善者，伪也"。最后，"化性起伪"而变恶为善，《荀子·礼论》说："无性则伪之无所加，无伪则性不能自美。性伪合，然后成圣人之名，一天下之功于是就也。"《荀子·性恶》说："故圣人化性而起伪，伪起而生礼义……"。

孟子的性善论与荀子的性恶论是中国古代儒家人性善恶之争最有代表性的、两种对立的观点，他们对性及善、恶的界定形成了人性论方面的两种原初基调，他们的观点与方法对后世产生了极深远的影响，比如对汉代董仲舒、宋朝朱熹的影响就很大，对明清时期民间最流行的启蒙读物《三字经》的影响就更加明显了。

2. 古代西方心理学思想举例

大约与中国先秦时期同时，古希腊文明成为整个西方现代科学包括心理学的源头。苏格拉底（前469—前399）、柏拉图（前427—前347）与亚里士多德（前384—前322）等人在智者普罗泰戈拉（前481—前411）"人是万物的尺度"命题的基础上，深入地探讨了人性问题，形成了较系统的人性论观点（[美]梯利．西方哲学史．葛力译．北京：商务印书馆，1995：93-97）。

（1）苏格拉底的人性论。苏格拉底不关心自然知识而重视人类本身及社会道德的研究，教人要"认识自己"、认识"真正的我"。这个"我"是指我的灵魂、心灵、理智，只有灵魂、理智才能使人明辨善恶是非。苏格拉底认为"美德就是知识"，知识是可教的，但不是来自客观自然界，而是人心灵先天就有的。因此，从本性上讲，人是善的，通过教育先天之善就能变成现实之善。苏格拉底重视知识与理性，开创了西方人本善的传统。

（2）柏拉图的人性论。柏拉图承扬了老师苏格拉底的人性论，认为人的本性即是神创的不死灵魂，灵魂由居于脑部的理性、居于心脏的意志和居于腹部的欲望三部分组成。神创的灵魂自有善性，灵魂各部分基于自己的本性而活动，都是善的表现。但只有让理性统帅各个部分，协调各部分的活动，才能达到整体的善；如果灵魂各部分不服从理性，就会产生相互冲突，破坏灵魂的和谐秩序，恶即来自于灵魂的冲突与失衡。

（3）亚里士多德的人性论。亚里士多德批判继承了老师柏拉图的人性论，认为一个人由灵魂与肉体构成，"形式"灵魂决定"质料"肉体，并且人的本质是其灵魂。在灵魂的构成上，与柏拉图不同，亚里士多德认为有理性与非理性两部分。理性即理智、智慧，非理性包括情感、欲望。强调理性的作用，认为理性应当控制与领导非理性，如此人才会有德性。亚里士多德反对柏拉图的灵魂不朽、转世的观点，认为灵魂不能离开肉体而存在。灵魂就像"蜡板"，人在本性上无所谓善与恶，只是由于后天在灵魂"蜡板"上的印刻不同，才出现善与恶。

从苏格拉底到柏拉图再到亚里士多德，人性的善恶问题，灵魂的结构、功能问题等原点问题都得到了初步表述，对西方心理学有着深远影响。比如，柏拉图最早提出了心理活动知情意三分法，亚里士多德最早提出了心理活动知意二分法。这两种分类法至今仍有它们各自的生命力。

(二) 心理学的科学发展

1. 心理学发展中的主要流派

（1）冯特与科学心理学的诞生。冯特（1832—1920）是心理学发展史上的划时代人物，他以建立心理学实验室、培养心理学人才队伍、构建心理学理论体系等巨大贡献而成为科学心理学的创始人。

1879年心理学实验室的建立以及为发表实验报告而于1881年创办的新心理学的专门杂志《哲学研究》使莱比锡大学成为国际心理学教学和研究中心，吸引了许多来自世界各地的学子，后来不少成为世界著名的心理学家，比如，德国的屈尔佩、克勒佩林，美国的霍尔、卡特尔、安吉尔、贾德，英国的铁钦纳、斯皮尔曼，俄国的别赫切列夫，等等，这就大大促进了日后欧美心理学的迅速发展。冯特治学严谨，著述甚丰，心理学方面的代表作主要有《对感官知觉学说的贡献》（1856—1862）、《关于人类和动物心理的讲演录》（1863）、《生理心理学原理》（1873—1874）、《心理学大纲》（1863）、《民族心理学》（十卷，1900—1920），等等。这些著作表明冯特的心理学体系包括个体心理学和民族心理学两大部分。个体心理学即实验心理学，主要以自然科学定向去研究个体的意识过程；民族心理学即社会心理学，主要以人文科学定向去研究人类的复杂精神过程（杨鑫辉．新编心理学史．广州：暨南大学出版社，2004：151）。

冯特不仅是科学心理学的开创者，同时也是意识与构造主义学派的奠基人。冯特主张以意识经验为研究对象、以实验内省为研究方法，通过实验内省法弄清意识经验的内容或构造，心理学的任务就在于据此把意识内容分析为各个元素。铁钦纳（1867—1927）是冯特的杰出弟子，他继承和发展了冯特心理学的主要思想，是意识与构造主义学派的著名代表和集大成者。意识与构造主义是科学心理学诞生以来的第一个学派，心理学流派中的机能主义、精神分析、行为主义等都是在对意识与构造主义的批评与改造的基础上得以产生和发展的。

（2）行为主义。铁钦纳到美国以后，美国心理学出现了与构造主义互相对立的机能主义。总体来看，机能主义主张研究意识的机能及意识在适应环境中的作用，这就与重视分析意识内容的构造主义有很大的差异。两个学派之间论争激烈，各持己见、互不相让。华生（1878—1958）面对这种对峙局面，独辟蹊径，倡导从对意识的研究转向对行为的研究，从而诞生了行为主义心理学。

作为机能主义集大成者安吉尔（机能主义心理学家詹姆斯、杜威的学生）的学生，在反对构造主义上，华生倡导的行为主义有过之而无不及。1913年华生发表了《行为主义者心目中的心理学》，正式宣告行为主义革命的开始；1914年华生出版了系统阐述行为主义的第一本专著《行为：比较心理学导言》；1919年出版了他最全面系统阐述行为主义的第二本专著《行为主义的心理学》；1925年华生行为主义心理学的通俗著作《行为主义》一书出版，行为主义心理学很快席卷美国，而且随之几乎遍及全球。

以华生为代表的行为主义被称为早期行为主义，他的心理学有两个突出特点：一是以可观察到的行为取代意识作为心理学的研究对象；二是反对内省法，大力倡导用自然科学的客观方法研究行为。以古斯里（1886—1959）、赫尔（1884—1952）、托尔曼（1886—1959）、斯金纳（1904—1990）为代表的一大批心理学家既坚持华生行为主义的基本立场，也在不同程度上修正和发展了早期行为主义，被称为新行为主义。其中，斯金纳操作行为主义对心理学的影响最大；托尔曼认知行为主义的认知观点被现代认知心理学所吸收，以致他被认为是认知心理学的开山鼻祖。到了20世纪60年代，许多心理学家开始放弃行为主义的立场而研究人的内部心理过程，认知心理学迅速崛起，一些心理学家折中于行为主义与认知心理学之间，这样，新新行为主义又诞生了。罗特（1916—2014）的社会行为学习理论、班杜拉（1925—2021）的观察学习理论、米切尔（1930—2018）的认知社会学习理论等都是新新行为主义心理学的代表。

（3）精神分析。与心理学在美国得到快速发展并出现众多学派相辉映，欧洲大陆最闪耀的心理学是奥地利精神科医生弗洛伊德（1856—1939）创立的精神分析学派，这是一个起源于精神病治疗实践而非大学心理学实验室的非学院派心理学。弗洛伊德后期还把精神分析的理论与方法广泛应用到人文社会科学的许多领域，成为现代西方主要的一种社会思潮。

在弗洛伊德的精神分析看来，心理学研究的主要对象是无意识，而不是传统心理学所说的意识。在人的全部精神活动中，无意识是主要的，意识反而是次要的。弗洛伊德研究无意识的方法主要有自由联想、梦的解释和日常生活的分析三种。弗洛伊德精神分析心理学的主要代表作有《梦的解析》（1900）、《日常生活的心理病理学》（1901）、《性学三论》（1905）、《精神分析引论》（1917）、《群体心理学与自我的分析》（1921）、《自我与本我》（1923），等等。

在精神分析发展的早期，主要由于学术观点上的分歧，奥地利的阿德勒（1870—1937）、瑞士的荣格（1875—1961）先后于1911年、1914年与弗洛伊德分道扬镳，分别创立了个体心理学和分析心理学。第二次世界大战爆发后，精神分析运动的中心转到了美国，移居美国的哈特曼（1894—1970）、埃里克森

(1902—1994)等人形成了精神分析的自我心理学派；而移居美国的霍妮（1885—1952）、弗洛姆（1900—1980）和美国本土的沙利文（1892—1949）等人则形成了精神分析的社会文化学派。

（4）人本主义。人本主义心理学兴起于20世纪50年代的美国，60至70年代得到迅速发展，1961年《人本主义心理学杂志》的创刊和1963年美国人本主义心理学会的建立标志着人本主义运动的开始。人本主义心理学既反对行为主义的环境决定论，也反对弗洛伊德精神分析的生物还原论，被称为心理学的第三势力。其主张研究人的整体内在意识经验，研究人的本性、尊严和价值，以人的问题为研究中心，帮助人发挥潜能、实现自我。

人本主义心理学是美国特定的时代背景、心理学自身内在矛盾相互冲击的产物，也是当时流行的存在主义、现象学哲学影响的结果。代表人物主要有马斯洛、罗杰斯、罗洛·梅等。

马斯洛（1908—1970），人本主义心理学的主要创立者，1967年当选美国心理学会主席，以其动机论、潜能论、价值论、自我实现论而影响心理学；主要著作有《动机与人格》（1954）、《人格问题和人格发展》（1956）、《宗教、价值和高峰体验》（1964）、《科学心理学》（1966）、《存在心理学探索》（1968）、《人性能达到的境界》（1971）等。

罗杰斯（1902—1987）是马斯洛去世之后人本主义心理学的主要代言人，曾担任美国心理学会第55任主席（1946—1947），1956年荣获美国心理学会首次颁发的杰出科学贡献奖。据一项调查，罗杰斯在第二次世界大战后最有影响的100名心理学家中名列第4位。罗杰斯对心理学的主要贡献表现在：提出人格的自我理论、创立来访者中心疗法、倡导以学生为中心的教育思想。其主要著作有《问题儿童的临床治疗》（1939）、《来访者中心治疗》（1951）、《心理治疗和人格改变》（1954）、《论人之形成》（1961）、《学习的自由》（1969）、《择偶：婚姻及其选择》（1973）、《卡尔·罗杰斯论个人力量》（1977）、《一种存在的方式》（1980）、《20世纪80年代的学习自由》（1983）等。

罗洛·梅（1909—1994）是人本主义心理学内部最具有存在主义倾向的心理治疗学家，其理论可统称为存在分析理论，包括存在本体论、焦虑理论、健康人格论，罗洛·梅的学说还有浓厚的宗教色彩。其主要著作有《咨询的艺术》（1938）、《咨询服务》（1943）、《人寻求自我》（1953）、《存在：心理学与精神病学中的一种新维度》（1958）、《存在心理学》（主编，1960）、《心理学与人类困境》（1967）、《存在心理治疗》（1967）、《梦与符号》（1968）、《爱与意志》（1969）、《力量与纯真》（1972）、《自由与命运》（1981）、《存在的发现：存在心理学著作》（1983）、《我追求的美》（1985）等。

（5）认知心理学。认知心理学是以认知过程为主要研究对象的各种心理学流派和理论。20世纪50—60年代，信息论、系统论、控制论出现，计算机科学技术迅猛发展，还有心理语言学特别是乔姆斯基的语言学理论对信息加工认知心理学的兴起和发展产生了很大影响。狭义认知心理学，即以信息加工观点看待人的认知过程，综合使用实验、口述报告、计算机模拟、理论分析等研究方法为主流的认知心理学大步走向心理学舞台。一般认为，1967年美国心理学家奈瑟（1928—）的《认知心理学》一书的问世，标志着信息加工认知心理学正式作为一个学派而立足于西方心理学界。广义认知心理学则还包括了以下理论流派：以惠特海默（1880—1943）、考夫卡（1886—1941）、苛勒（1887—1967）为主要代表的格式塔学派；勒温（1890—1947）的拓扑心理学；由瑞士儿童心理学家和发生认识论专家皮亚杰（1896—1980）所创立的结构主义学派。

由于信息加工认知心理学在理论观点上的创新和研究方法上的突破，在短短几十年中，在感知觉、注意、记忆、语言、思维、问题解决等认知领域取得了丰富成果。这些成果不仅充实了心理学各个分支的研究，为认知科学的发展提供了富有启发意义的新观念和新思想，而且与人本主义一起成为当代西方心理学研究的两大取向。

纽维尔（1927—　　）、西蒙（1916—2001）、奈瑟等是信息加工认知心理学亦即狭义认知心理学的创始人。狭义认知心理学的研究模式以往占统治地位的是符号加工模式，现今却是网络联结主义模式。

"如果说60年代之前行为主义和精神分析平分了西方心理学的话，那么从一定意义上说，今日的西方心理学几乎为人本主义心理学与认知心理学所平分。换句话说，人本主义心理学和认知心理学是当代西方心理学的两支力量：认知心理学在实验心理学中占据支配地位，而人本主义心理学在临床领域则居于优势地位。"（叶浩生．西方心理学的历史与体系．北京：人民教育出版社，1998：622-623）这样的评语可以作为冯特以来西方心理学发展历史的简明小结。

2. 心理学发展中的基本问题

从某种意义上讲，科学主义和人文主义这"两种文化观"的冲突从冯特起就存在了，不仅如此，这种冲突在几大心理学流派之间依然存在。

（1）研究对象：意识或无意识抑或行为。在心理学的研究对象上，各个学派的看法存在着严重分歧。冯特否定灵魂为心理学的研究对象，倡导对意识内容的实验内省研究，提出要分析整体意识的全部元素；机能主义则主张研究意识的适应性等机能；行为主义根本就否定意识，主张研究动物与人的行为；精神分析轻视意识而重视无意识心理，并认为心理结构中无意识对意识的优先重要性；人本主义似乎主张对意识与无意识的并重研究，研究人的本性与全部内在意识经验；

认知派心理学却主张研究人的重要意识活动——认知过程的各个方面。

应该说，所有心理学学派都在人的整体心理现象的研究上有各自独特的视角与领域，对心理学的科学化有分量不一的努力与贡献。但实在地讲，由于人是至为复杂的生命存在体，以上学派即使在研究对象这一基础问题上也都还存在或大或小的不足与缺憾。对心理现象的科学化研究，离不开对人性的科学化解读与自知之明的系统把握。

（2）研究方法：实验或思辨及其他。在研究方法方面，心理学各个学派之间的分歧同样存在。冯特主张采用实验法，同时使用内省法亦即思辨法及比较法、历史法等；行为主义则主张严格的自然科学化的客观实验；精神分析以其独特的医学临床实践而特立独行；人本主义由于以人的问题为中心的研究取向，不唯实验或思辨而综合使用多种方法（尽管如此，实验法于此学派还是相对疏离的）；认知心理学则相对完整地应用包括实验与思辨在内的多种方法。

应该说，研究对象的确定性，规约了相应的研究方法。各个学派的研究方法自然有其合理性，也有其固有的欠合理性。因此，一般地讲，研究方法的综合化是条出路。但是，具体研究方法离不开科学方法论的导引，而这一点对心理科学而言，科学的人性观无疑有着绕不过去的定位意义。心理学研究方法的科学化任重而道远。

（3）研究课题：基础或应用及综合。在研究课题上，心理学各个学派的重点也有差异。冯特是侧重基础理论研究的，不主张进行应用研究；除了冯特，前面提到的几个心理学流派均主张或践行基础研究与应用研究并重的方略。比如，行为主义既有条件反射的学说又有行为疗法的一套技术；精神分析不但有潜意识理论而且有精神分析的一套治疗方法；人本主义有其现象学的心理学理论，同样有其"来访者中心"治疗技术；认知派凯利的个人构念心理学及其固定角色疗法也很有特点；等等。

应该说，心理学的各个学派在或基础研究或应用研究甚或综合研究方面都进行了卓有成效的努力，这必将成为心理学新发展的坚实根据。但是，学术心理学与应用心理学对立的史实后果已经昭示：心理科学的进一步发展必须走多样化基础上的综合化研究、整体化视界下的多样化研究这样的复杂路子。

美国心理学家金布尔在调查的基础上，提出了依照六个对立维度将心理学家划分为两大阵营的看法：①强调科学价值—强调人文价值；②决定论—非决定论；③客观主义—主观主义；④实验室研究—现场研究、个案研究；⑤强调规律的一般性—强调规律的特殊性；⑥元素论—整体论。持对立维度第一序列观点的属于科学主义阵营，除了决定论这一维度外，持第二序列观点的属于人文主义阵营。依现实情况来看，科学主义和人文主义的对立还有存在的时空。可以相信：

随着心理学的发展成熟，两者的和谐必有到来的一天。那时，心理学为探索与造福人类自身的景象将越发精彩纷呈。

（三）心理学与社会服务

当下，心理学以其实际发展水平服务于人类社会；更基本的是，心理学力图以其特有的发展性研究目标造福于人类自身。

1. 心理学家的专业分类与职业服务

前面介绍了心理学的一些分支学科，正是这些不同学科的心理学家在以其各自的专业工作为社会服务着。表 1-3 部分地展现了这一情况。

表 1-3　心理学家的专业分类与职业服务

专业分类	服务工作
实验心理学家	运用科学方法，进行下列各个领域中的心理研究：动物行为等比较、学习、认知、个性、动机与情绪
发展心理学家	儿童发展、成人发展及老年化的基础和应用研究，残障儿童的临床治疗与研究，学前问题研究，助老计划的研究等
教育心理学家	课堂动力学研究、教学风格及学习变量研究、试卷编制、教育评估、学校问题咨询等
临床/咨询心理学家	对情绪或行为问题的咨询和治疗、临床治疗问题的研究，治疗方法的研究等
工业/组织心理学家	人员选拔、工作分析、在职培训效果评估、改善工作环境及人际关系的研究
工程心理学家	机器、控制系统、飞机和汽车设计中的心理学问题研究，商贸企业、工厂和军队的有关课题
学校心理学家	学生的心理测试、学习指导、情绪问题咨询、择业咨询、困难学生的发现治疗、提高课堂学习动机水平和效率的方法研究等
消费心理学家	包装和广告的研制与测试、营销方法研究、产品使用者特点调查、消费者民意测验
医学心理学家	应激、个性与心脏病、高血压、溃疡病等疾病之间关系的研究，治疗各种与疾病和能力有关的情绪障碍
环境心理学家	城市噪声污染、拥挤、人对环境的态度、人类空间利用等问题的研究，为城市古建筑的保存和改造以及住宅、学校、企业的环境设计做顾问
司法心理学家	犯罪和防止犯罪的研究、服刑期中自新计划的编制、法庭动力学研究、法律制定中的心理学问题、警务人员选拔等
社区心理学家	以居民区或社区为服务和研究对象，通过对心理疾病的预防、教育、咨询，促进社区心理健康水平的提高

资料来源：Dennis Coon. 心理学导论：思想与行为的认识之路.9 版. 郑钢，等译. 中国轻工业出版社，2004：28.

目前，美国的心理学研究不论是基础研究还是应用研究在世界上都是领先世界的，它的社会服务也是最普及的。

2. 心理学的目标与人类福祉

发展到今天的心理学已以其独特的研究目标在努力为人类造福，对人类心理及行为进行描述、理解、预测和控制即为其四大目标。

（1）心理及行为的描述。即弄清人的心理现象及行为表现有哪些，就是解决心理事实是什么的问题，这是人类认识自身的基础。比如，人认识外界以及自身通过哪些具体的心理活动？人有哪些欲望和情绪？记忆有多少类型？思维的创造性有哪些主要表现？人与人在人格上有什么差异呢？对以上问题的回答，都需要在认真观察和详细记录的基础上，进行适当的分类、概括等，这就是描述。

（2）心理及行为的理解。即弄清人的心理及行为发生、变化的原因是什么，就是解决心理事实为什么的问题，这是人类认识自身的深入。比如，为什么有的学生聪明一点而有的愚笨一些？是遗传使然还是教育不得法？为什么有人落落大方而有人却羞羞答答？是先天气质影响的还是交往困难造成的？对如此问题的回答，都需要通过调查、分析，进行解释性比较、概括及抽象等，这就是理解。

（3）心理及行为的预测。即弄清人的心理及行为在何种情况下会发生、变化，就是解决对待心理事实怎么办的问题，这是关乎我们自身幸福的意向。比如，了解到一个人性格是内向的，你就不会期望其在公众社交场合能说会道，因为你已经根据其性格特点与行为表现之间关系的经验做出了判断。这样有根据地对未来的行为表现进行的预期判断就是预测。

（4）心理及行为的控制。即弄清影响人的心理及行为的条件有哪些，就是解决对待心理事实怎么办的问题，这是直接造福社会的行动。这里所说的控制是指根据预期结果改变影响行为的条件，而不是那种威胁人身自由的控制。比如，有经验表明，采用优秀生和困难生同桌帮扶的座位编排方法有助于改善困难生的学业和人格。这就是运用了行为控制的方法。

三、心理学的方法

如果要科学地研究人的心理现象，实现为人类服务的目标，心理学就必须在科学方法论的指导下，遵循客观性与伦理性要求，针对所要研究的课题，做好研究设计，采用适当方法、按照一定步骤开展研究。

（一）心理学研究的基本方法

心理学研究的方法很多，主要有实验法、观察法、调查法和测验法等，这些方法都有它们各自的特点及适用条件。科学心理学因实验法而生，故先介绍之。

1. 实验法

实验法是研究者有目的、有计划地操作控制某种变量的变化以弄清它对其他变量所产生的影响的方法。这里，"某种变量"为自变量，"其他变量"为因变量，而自变量以外影响实验结果的所有变量则为无关变量。心理学的实验法，必须设计实验组和控制组，并使这两组各方面的条件尽量相同；必须控制无关变量，对实验组施加自变量的影响，控制组则不施加影响，比较这两组的反应以确定自变量与因变量之间的内在关系。总之，对变量的操纵和对因果关系的揭示是心理学实验法的基本含义。根据对自变量控制的程度，实验法可分为现场实验法和实验室实验法。比如，超级市场中的背景音乐对顾客的消费行为有何影响？对这一问题就适合采用现场实验法。而少年与儿童在视听觉刺激的简单反应时有无差异？对这一问题就只能采用实验室实验法。

实验法的优势与不足都由研究者操控变量而产生，为了克服实验室实验法脱离实际情境的根本不足，现代心理学在"生态学运动"背景的影响下大量使用了现场实验法。当然，现场实验法研究的情境与被试都是难以控制的，这又是其局限。无疑，在现代科学技术条件下，实验法的实验室研究与现场研究、实验法与其他方法都有一个相互取长补短并且有望得到改进的问题。

2. 观察法

观察法是研究者有目的、有计划地观察记录被观察者的心理-行为表现以获得研究资料的方法。比如，通过观察一个学生在不同课程课堂上的系列情绪行为反应，就可能获得该生在兴趣倾向性、思维发散性、意志自制性以及人格社交性等方面的资料。观察可以在完全没有操作控制的自然情境下进行，也可以在预先设置但被观察者感觉自然的情境下进行。从这个角度看，观察法有自然观察法和控制观察法。如果考虑到观察者和被观察者之间的关系，那么，观察法可以分为参与观察和非参与观察两种。前者指观察者直接参与到被观察者的实际环境中，通过与被观察者的共同活动从内部进行观察；后者指观察者不参加被观察者群体、不参与他们的活动、以局外人的身份进行观察。比如，任课教师作为观察者对课堂教学过程师生互动中学生的行为表现的观察即为参与观察，而听课教师的相应观察则是非参与观察。

观察法的突出优点是收集的资料比较客观真实；主要缺点是许多希望观察到的行为无法预先测知，有相当的被动性而影响研究效果。不论如何，由观察法获得的大量资料是发现和提出问题的前提，是包括心理学研究在内全部科学研究的起点。特别是随着科学思想与技术的更新，观察法仍然是现代心理学研究最基本的一种方法。

3. 调查法

调查法是访谈法与问卷法的总称，访谈法是研究者通过与研究对象进行口头交谈的方式来收集心理-行为资料的方法，问卷法是研究者使用设计好的问卷让研究对象回答问题以收集心理-行为资料的方法。比如，我国中央电视台的心理访谈节目就大量地使用了访谈法；黄希庭等人"当代中国青年的价值观"这一课题的研究就以大学生为样本大量地使用了问卷法。

调查法特别是问卷调查能够在短期内收集到大量的资料，这是其根本优势。但是，研究结果往往难以排除主客观因素的一些干扰。因此，为了进行科学的调查，必须有经过检验的问卷，也必须有受过培训的调查者。如此，才可能对调查所获资料做出合理解释。

4. 测验法

测验法是研究者采用标准化量表对一定样本对象进行研究并推论总体对象的相应心理-行为的方法。大体有两种情况：一是研究个体心理-行为在某一层次上的差异，二是研究个体心理-行为在两种及以上之间的关系。前者如，使用经过我国心理学家吴天敏修订的中国比奈智力量表可以了解学生在智力上的差异；后者如，经过测验获得学生在智力水平、动机强度、学习成绩的资料，就可能对这三者的关系做出科学解释。测验可以是文字形式的，也可以是操作形式的。上面提及的"中国比奈智力量表"就是文字形式的，而著名的罗夏墨迹测验则是非文字的操作形式。

测验法由于使用标准化量表，因而易于控制，结果方便处理，是一种量化程度高、效果准确可靠、省时省力的方法。当然，测验法存在着难以进行定性分析、难以揭示变量之间的因果关系等不足。但是，在计算机发达又普及的今天，它以迅速、准确而有效地收集到丰富的数据资料之优势为心理学研究服务。

心理学的研究方法还有很多，比如个案研究法、语义分析法、内容分析法、口语报告法以及内省思辨法、经验总结法，等等。上面介绍的方法各有其优缺点，简而言之，实验法可用来进行因果关系的证实研究，观察法可以描述心理现象并获得大量资料，访谈法与问卷法能够描述心理现象并做出初步说明，测验法能够解释变量间的相关关系。自然，由于我们人的心理现象极其复杂，对之难以采用单一方法，往往需要根据研究课题的特点和研究者的条件，多种方法兼而用之，如此形成互补，保证心理学研究水平的不断提高。

（二）心理学研究的基本步骤

研究人员选用一定方法，对特定课题进行研究，既需要预先制定研究步骤，也要求根据实际情况进行必要调整。形成假设、收集资料、分析资料、做出结论是心理学通用的研究步骤。

1. 形成假设

比如，"当代中国学生的人格特点研究"这一课题的形成，可能是因为学生人格之于国民素质的根本要求，也可能是由于这一问题之于当代中国发展的紧迫需要，还可能源自对当代中国学生人格实际表现的深切思虑，甚或三者的综合考虑。在问题之上形成的研究课题往往同时包含了一定假设，就以上课题而言，假设可以是"市场经济对中国学生人格产生了重大影响"，这样就使研究有了相对具体的方向，做出可行的研究设计，进行合目的的观测研究。

2. 收集资料

形成假设后就要收集资料，以便能够根据相应资料来验证假设的真伪。为此，必须根据研究设计选择合适方法，从而保证研究的有效性。就以上课题而言，可以利用问卷法、测验法等获得部分资料，还可以采用个案研究法、文献内容分析法等获得部分资料。在收集资料的过程中，研究者应当尽量收集与假设有关的所有资料。

3. 分析资料

占有收集到的原始资料之后就可以进行整理、加工与分析了。可以是定性的分析，也可以是定量的分析，而且定性分析与定量分析往往需要结合使用。心理学中的定性分析和定量分析都有了比较成熟的方法技术，定性分析通常采用比较与分类、归纳与演绎、抽象与具体、分析与综合等逻辑方法，定量分析则采用描述统计、推断统计等一元或多元分析的量化方法。随着统计分析软件包的不断开发利用，计算机在统计分析上的作用将得到更好的发挥。

4. 做出结论

通过对研究资料的分析，就可以对相应课题做出结论了，也就可以对假设进行检验了。由于问题的复杂性，心理学假设的验证往往需要进行多次，能重复验证的假设就有了一定的科学价值，有可能发展成为相应的理论；得不到验证的假设就会被否定，失去固有的意义。

本讲小结

1. 什么是心理学

心理学是研究心理现象与本质、揭示心理特点与规律的一门发展中的科学。人的心理现象包括心理状态、心理过程、心理动力、心理特征、心理行为这五种形式。

人的心理本质是人在社会化过程中通过操作事件而实现的对客观现实的反映。

2. 科学心理学是如何产生发展的

1879年冯特创建第一个心理学实验室，使心理学从哲学中独立出来，科学心理学得以产生发展。冯特构造主义之后，西方心理学出现了机能主义、行为主义、精神分析、认知心理学、人本主义等学派，科学主义与人文主义是当代西方心理学研究的两大文化取向。这些学派在心理学的研究对象、研究方法和研究课题等基本问题上存在着分歧。

3. 心理学怎样服务于人类社会

心理学以其不断发展的分支学科为人类服务，普通心理学、发展心理学、认知心理学、生理心理学、实验心理学、社会心理学、人格心理学、变态心理学等属于基础学科；属于应用学科的有教育心理学、管理心理学、消费心理学、工业心理学、法律心理学、心理咨询学、心理测量学等；不同学科专业的心理学家以其各自领域的工作为社会服务，这些工作围绕描述、理解、预测和控制心理-行为这四大目标为人类造福。

4. 心理学怎样研究人类问题

心理学研究的方法主要有实验法、观察法、调查法和测验法等；心理学研究有形成假设、收集资料、分析资料、做出结论等四个基本步骤。

专业术语

心理学、心理现象、心理状态、心理过程、心理动力、心理特征、心理行为、心理本质、社会化、事件、操作、反应、人性论、构造主义、机能主义、行为主义、精神分析、人本主义、认知心理学、实验法、观察法、访谈法、问卷法、测验法

思考问题

1. 心理学对于人类的幸福真的重要吗？请列举一些实例加以说明。
2. 请根据自己的阅历，评价"人心不同，各如其面"这一观点。
3. "有的心理学家还不如一些看相先生会揣摩人的心思呢！"您怎样看待这一说法？
4. 学习了本讲，您学习心理学课程的兴趣发生了怎样的变化？

拓展读物

1. 理查德·格里格，菲利普·津巴多. 心理学与生活［M］. 王垒，王甦，等译. 北京：人民邮电出版社，2003.

2. 丹尼斯·库恩. 心理学导论：思想与行为的认识之路［M］. 郑钢，等译. 北京：中国轻工业出版社，2004.

3. 叶浩生. 西方心理学的历史与体系［M］. 北京：人民教育出版社，1998.

4. 墨顿亨特. 心理学的故事［M］. 李斯，王月瑞，译. 海口：海南出版社，1999.

5. 黄希庭，张志杰. 心理学研究方法［M］. 北京：高等教育出版社，2005.

第二讲　心理状态——心理活动是波动的

本讲要目
一、注意
二、意识
三、无意识

一、注意

（一）注意及其作用

美国心理学家詹姆斯（Willian James，1842—1910）早就说过："人人都知道什么是注意。它的本质就是意识的聚焦、集中。"这话有一定道理，但不全面。

1. 注意的定义

注意是心理过程对一定对象的选择性反应，主要表现为指向及集中。人在一定时间里可认知的对象是很多的，但只能清晰认知到少数对象，多数对象认知得比较模糊，这就是注意的本质——心理反应的选择性。具体说来，这种选择性主要表现为指向性和集中性。指向性和集中性正是注意的两个基本特点，这也表明注意具有方向性和持续性的特点。比如，上课的时候，学生长时间专心听老师讲课、认真思考老师提出的问题，都是学生做出的选择性反应，注意的指向性和集中性都有所体现；又如，开车时，驾驶员仔细观看前方，遇到突然横闯公路的行人立即刹车，则是驾驶员做出的选择性反应，注意的指向性和集中性也有所体现。

注意的对象可以是外界事物，也可以是自身的行为和心理。人在觉醒时，心理活动一般总是指向在一定对象上。平时说某人"不注意"亦即"开小差"或"走神"，并非说其什么也不注意，而是说他（她）把注意放在和当前任务无关的对象上了。有个"开小差"的故事，说中国古代著名棋师奕秋教两个弟子，一个弟子虽然表面上似乎也在那听讲，但是心不在焉，"一心以为有鸿鹄将至，思援弓缴而射之"，结果自然是棋艺不精通。这位弟子本应注意师父的话（属于外界事物），但其注意却在援弓缴而射鸿鹄这个与学棋无关的心思（属于自身心理）上了。

作为一种心理状态，注意主要是意识性质的，它一般是在有机体觉醒时发生的，昏睡时意识大多停止了正常的活动，因而也就不能指向和集中在某个特定对象上。但是，注意这种心理状态也可以是无意识性质的。比如，一个熟睡的母亲，只要身边的孩子一有动静，她就可能会从睡梦中清醒，马上去留心自己的宝贝；又如，一个睡梦中的战士，嘈杂的声音未必能惊醒他，但军号声却可能很快将其唤醒。这说明，即使在非觉醒条件下，警觉性能够以无意识的形式体现出来。可见，觉醒是注意产生的一般条件，人在清醒时一般总会有所注意，但也存在着非觉醒状态下的无意识注意。

人在注意的时候，常常伴随着一些显著的外部行为表现，这是考察、研究一个人注意的客观指标。主要有：适应性动作，如侧耳倾听、眉头紧皱等；无关动作停止；内脏活动变化，如心跳加快、呼吸缓慢甚至屏息等。但是，也可看到注意外部表现与其内心状态不吻合的情况，这就需要仔细辨析了。

2. 注意的功能与作用

（1）注意是一种复杂的心理状态，选择与分配是其基本功能。

选择功能。即个体不可能同时加工处理许多不同的信息，需要通过注意机制筛选进入认知加工系统的信息，适时检测分辨哪些信息是值得注意的，哪些信息是可以忽略的，这就保证了信息加工的有效性。

分配功能。即个体有时同时执行多项任务，需要通过注意机制来分派认知能量，对主要认知活动维持较长时间的指向，并有序地转移指向，达到任务之间相互配合的效果，这样也就增强了信息加工的有效性。

（2）注意所特有的功能决定了注意有如下作用：

注意是认识活动的必要条件。我国古代思想家荀子说："君子壹教、弟子壹学，亟成。"壹就是专一、集中注意。意思是老师专心地教、学生专心地学，就能很快有收获。俄国教育家乌申斯基把注意比喻为通向心灵的门户，知识的阳光只有通过注意这扇门户才能照射进来。事实表明，有些学生学习成绩差，并非智力低下，而是学习时注意不集中。

注意是实践活动的必要条件。马克思说:"在劳动的全部历程中,他还必须有那种有目的的意志,也就是要把注意集中起来。并且一种工作的内容和进行方法对劳动者越少有吸引力,他越是不能把这个工作当作自己的体力和精力的活动来享受,这种注意就越是必要。"实践活动需要人们集中注意,有时还要适当分配与转移,这样才能提高工作效率,减少差错与事故。

(二) 注意的基本事实

1. 外部注意与内部注意

前面已述,注意的对象可以是外界事物,也可以是自己的行为与心理。根据注意对象的情形,可将注意分为外部注意与内部注意。

(1) 外部注意。即由个体之外的刺激物引起的注意。这里的刺激物包括:具体事物,如自然的或人工的景物;具体人物,如男女老少各色人;具体行为,如动物行走、他人及自己的言行等。总之,个体心理活动以外可感知的所有对象均能成为外部注意的内容。

(2) 内部注意。即由个体自身的心理因素引起的注意。这里的因素可以是:认知活动,如思考的问题;情绪活动,如体验到的愉快与痛苦;意志活动,如解决动机冲突与决策;等等。总之,把注意指向自己的心理活动的注意就是内部注意。

其实,内部注意表明了个体自我意识的反观作用。而且,从外部注意到内部注意的发展是个体心理发展的重要事件,在一定程度上反映了个体心理走向成熟。

2. 无意注意与有意注意

美国心理学家詹姆斯早曾把注意划分为无意注意和有意注意,这种分类法一直被沿用下来,它的根据是注意的产生、保持有无预定目的及要否意志努力。

(1) 无意注意。是指事先没有预定目的、无须意志努力的注意。比如,老师讲课,学生正专心听,忽然有人推门进来,大家都不由自主地看他,这时的状态就是无意注意。动物也有无意注意,这是注意的初级表现形式,往往是被动产生的,有自在的特点。

无意注意产生的原因既有刺激物的客观条件,又有个体自身的主观因素,而且这两方面的原因常常交织在一起。具体说来,大凡刺激物具有强烈性、对比性、变动性、新异性的特点都很自然地能引起人的无意注意。比如,闪电雷鸣、鹤立鸡群、灯光闪烁、奇装异服等就极易引起人的注意。至于个体主观因素,主要有需要、兴趣、心境、精神状态等,这些因素对于无意注意的产生来说是重要的过滤转换器。同一刺激物,有人注意到了,也有人没注意,关键是这些因素的过滤转换作用所致。

（2）有意注意。是指事先有预定目的、有时还需要意志努力的注意。比如，学生对于自己不感兴趣的课程，但认识到它的重要性，强迫自己认真听课，这时的状态就是有意注意。有意注意是人类所特有的，是注意的高级形式，往往是主动产生的，有自觉的特点。

有意注意产生和保持的主要条件有：目的具体化，如预习之所以有助于提高听课效果，就是因为通过预习发现了问题，因而在课堂上注意更加集中于这些问题上；任务意义化，如学习外语往往会碰到单词、语法的枯燥，但认识并体验到掌握它们的意义后，就会设法克服困难，刻苦攻读；活动组织化，即把智力活动与实际操作结合起来有利于保持有意注意，如健美操教练边讲解边示范，学员更容易保持注意从而掌握动作要领；干扰最优化，即避免、控制内外干扰性刺激有助于集中有意注意，如对学习时无关噪声、身体疲劳等因素通过意志加以适当调节，就能更好维持有意注意。

在实际生活中，无意注意和有意注意往往很难截然分开，常常需要这两种注意的共同参与。不仅如此，两种注意还可以相互转化。比如，一个人在偶然的机会看一次京剧表演，这时就产生了无意注意。看多了，虽然发现并非出出戏都那么有意思。但是，觉得对京剧这一国粹应该有更多的了解。于是，耐着性子坚持观看，这时有意注意就表现出来了。无意注意转化为有意注意，这是一方面。另一方面，有意注意也可以转化为无意注意。比如，上面的例子。经过相当时日的勤奋学习，不仅学会了欣赏京剧，而且学会了一些表演技巧。这样，兴趣越浓，爱好越深。于是，有意注意向无意注意转化。对于这种现象，苏联心理学家多布雷宁称之为有意后注意。它仍是一种自觉的注意，只不过不太需要意志努力罢了，也是注意的高级形式。

从个体注意发展总体方向来看，总是先有外部注意后有内部注意、先产生无意注意后出现有意注意。沈德立、阴国恩的研究表明，儿童青少年无意注意的发展与有意注意的发展有所不同，一般是有意注意的发展随着年龄增长而递增，即年龄越大有意注意的发展水平越高。无意注意的发展则不然，其发展是先随年龄增大而递增，初中二年级达到最高水平，而后出现缓慢下降趋势。苏联心理学家维果茨基（1896—1934）认为，有意注意是儿童在和成人交往过程中随着语词的掌握，成为心理活动的调节因素时而逐渐形成的。这一观点揭示出，个体有意注意的发展和个体意识的总体发展有着一致的趋势。

（三）注意学说

19世纪末实验心理学的建立，促进了人们对注意的重视；20世纪初，行为主义和格式塔心理学兴起，却从理论上排除了对注意的研究；20世纪五六十年代，注意重新受到认知心理学家的重视，他们提出了多种注意学说，用来说明注意的选择与分配两种基本功能的实现问题。

1. 过滤说

英国心理学家布罗德本特（D. E. Broadbent）是这一学说的主要代表，于1958年提出。他认为，人面临大量信息，但个体在同一时间内加工信息的能力极为有限，需要过滤器调节，从而使中枢神经系统不致负担过重。注意就是一个过滤器，按照"全或无"原则工作，在信息负荷超过认知加工容量的情况下，阻断一部分信息、放行另一部分信息进入加工系统。比如，当两个耳朵同时听到不同的刺激，它们就成为两个相互独立的感觉通道。注意这个过滤器在同一时间只能接受一个通道的信息，即选择其中一个通道的信息进行加工，而忽略另一个通道的信息。布罗德本特还认为，注意的选择性在感觉水平就实现了，此时还未对刺激产生意义认知。

早在1954年，布罗德本特所做的双耳分听实验，可以作为他学说的证据。在一个实验中，被试通过耳机接受声音刺激，他采用两种呈现刺激的方式：第一种是两耳同听相同的一组数字，如左耳＝右耳＝734215；第二种则是两耳分听，如左耳＝734，右耳＝215。呈现的速度为每秒两个数字，要求被试听后再现数字。实验结果是：第一组被试，采用同听方式呈现数字的正确率高达93%，采用分听方式的正确率降低到65%；而第二组被试的情况大为不同，正确率降低到约20%。

2. 衰减说

美国心理学家特瑞斯曼（A. M. Treisman）是衰减说的主要代表，于1960年提出，用来修正布罗德本特的过滤说。衰减说也将注意看作一个控制系统，负责信息的加工处理。但反对过滤器将信息完全阻隔于认知过程以外的观点，将注意比作一个衰减器，没有完全关闭信息通道，只是被衰减。这样，一些重要的信息仍可进入认知加工过程，并反映到意识中。

特瑞斯曼也用双耳分听实验验证自己的假设。特瑞斯曼曾要求被试双耳听两个材料：

追随耳，"There is a house understand the word."。

非追随耳，"Knowledge of on a hill."。

实验结果表明：大多数被试听到"There is a house on a hill."。

可见，被试并非只注意追随耳中的信息，也注意到了非追随耳中的信息，而这只有在两个通道都接通的情况下才能实现。为此，特瑞斯曼引入了阈限概念。

认为非追随耳中的信息，由于受到衰减、不被激活，因此不被识别。但是，一些特别有意义的项目，由于激活阈值较低就能被激活而被识别。除了项目的意义，其他如熟悉程度、上下文和指示词以及个人的心理倾向等都是影响阈限的因素。1971年，布罗德本特接受了特瑞斯曼的修正。

3. 完全加工说

与过滤说、衰减说这两个知觉模型不同，1963年多尤奇夫妇（J. A. Deutsh & D. Deutsh）提出了完全加工说。完全加工说认为注意的选择功能作用晚于知觉，当信息进入工作记忆时，才出现信息的选择。各个通道输入信息都可以进入高级分析水平，得到完全的知觉加工。信息进入工作记忆后，重要的信息得到精细反应，不重要的信息则得到不反应；在反应重要信息时，如果有更重要的信息进来，又会做出另外的反应。

1968年，诺曼（Norman）对完全加工说做了进一步的完善，认为所有信息都被传入工作记忆中，信息传递是以平行方式进行的，但是平行传递超越了工作记忆的容量，只有进行选择。一些信息未被注意，只是由于对其他信息做出了反应。这样，就有一些信息经过知觉识别后未能得到继续加工，因而不能从记忆中提取出来。

4. 多态模型

1978年，约翰斯顿和海因兹（Johnton & Heinz）提出了多态模型，虽然也是基于加工容量有限性原则，但这个模型更加灵活，大体可以兼容以上学说。他们认为，注意是一个十分灵活的系统，不仅可以在知觉层次与反应层次进行选择，而且可以在不同的任何一个阶段对信息做出选择。

第一阶段，感觉阶段。刺激的物理特征得到加工，建立其感觉表征。过滤说的注意选择即发生于此。

第二阶段，语义阶段。此时，认知系统建构出刺激的语义表征。由于语义加工需要比较多的知识，比感觉加工要付出更大的努力，因此，如果感觉表征提供了足够的信息让个体做出选择，个体将不必进行语义层次的选择。衰减说的注意选择大体发生在此阶段。

第三阶段，意识阶段。在这个阶段，感觉表征或语义表征进入个体的意识。此时发生的选择相当于完全加工说所称的选择。

5. 能量分配模型

与以上各种注意选择模型有所不同，1973年，卡尼曼（Kahneman）提出了能量分配模型，认为认知加工资源深受唤醒水平的制约，而唤醒又受到各种因素的影响，如强烈刺激、情绪、药物等。唤醒水平越高，个体得到的认知加工资源

（可及能量）也就越多，不同唤醒水平激发的加工资源就通过一定的策略分配给不同的认知任务，而影响资源分配策略的因素相当多，如：可及能量、当时意愿、对完成任务所需能量的评价、长久起作用的个人特质等。一般来说，可及能量会更多地分配给个体比较感兴趣的、喜欢的或重要的任务。

1975 年，诺曼和博布罗（Norman & Bobrow）对卡尼曼的能量分配模型做了进一步的发展。个体有时不能完成任务，是因为任务本身太难而非资源有限。比如，在一个很强的噪声背景下检测一个微弱的声音信号，那是很难的，无论个体多么努力！为此，诺曼和博布罗进一步区分了材料限制加工和资源限制加工。卡尼曼的注意能量分配模型体现的正是资源限制加工——只要得到较多资源，就能顺利完成任务。而材料限制加工则强调刺激本身的限制——如果刺激本身难以加工，就是分配到较多资源那也不成。

6. 图式模型

1976 年，奈瑟（Neisser）提出的注意模型——图式模型更是与众不同。他有一个"摘苹果"比喻：树上有很多苹果，一部分被摘下来了，另一部分还留在树上。留在树上的苹果只不过是没被摘下，谈不上被"过滤"或"衰减"。个体注意到的材料就是被摘下的苹果，而没有注意到的材料就是那些还在树上的苹果。奈瑟认为，注意不是过滤器、不是衰减器，也不是根据刺激意义来决定是否进入记忆；个体所注意的对象，与他当前任务所激活的图式密切相关。

二、意识

（一）意识及其作用

从词性上看，意识既可为动词也可为名词。作动词用时是指觉知到的活动，而作名词用时是指与物质相对立的活动的结果。心理学的意识主要是前一种含义（车文博，1987）。

1. 什么是意识

（1）意识的定义。意识是人类个体对一定对象所能觉知到的心理活动。首先，心理学的意识与哲学的意识尽管有联系，但又有区别。就学科倾向而言，意识在哲学上的主体是人类，而在心理学上的主体则是人类个体。其次，在这样的主体论前提下，个体意识的对象是可以成为其内容的一切存在，包括物质世界（自然世界、人造世界）、思想世界（知识世界、精神世界）和个体自有的社会世界（语言世界、制度世界）。具体一点，物质世界既可以是自然界的一切物，也可以是人类群体建造的一切物;思想世界既可以指人类有史以来的一切知识,也可以指观照一切知识的元知识——思维方法论;而社会世界既包括用以记载思想、交流感情的各种语言体,也包括使社会成员有序生存的各种制度。再次,一切存在只有内化并成为人觉知到的心理活动时,意识才得以产生,即人所能觉知到的心理活动才是意识。从个体发展来看,思维诞生了个体意识才得以出现,即思维是个体心理活动发展起意识这样的高级形态的标志。从种系发展来看,意识是人类所特有的、高级形态的心理活动,而语言是人类意识产生的标志。

(2) 意识的特点。心理学所说的意识具有两个核心特点:言语性与创造性。

意识的言语性。这一特点是指个体没有掌握语言就无法产生意识。意识之所以是能觉知到的心理活动,是因为个体在成长发展过程中多样而复杂的活动催生了言语行为,掌握了词这一语言要素让人从感觉外部对象开始就有了全新的认知功能。以词为载体的认知使人的条件反射比其他所有动物的条件反射都来得丰富、概括而高级,其他动物只有相对简单、具体而低级的条件反射。因此,动物也有多种多样的心理活动,但只有人的心理活动发展到了意识层次。动物也有认知,但只有人才能觉察认知,即知道为什么认知、怎样认知。当然,人依然保留着非意识层次的、与动物心理类似的原始而基础的心理活动。即便如此,人的全部心理活动往往受到言语的浸染。

意识的创造性。这一特点是指个体能超越本能的制约而取得非原始的存在。动物心理及行为是在漫长进化进程中经由种族遗传而获得的,只有人的心理及行为是在复杂社会化历程里在遗传基础上生成的,意识则是人的心理及行为的高级形式。深受言语浸染的思维能使个体将原生欲望转化成更好满足自己的新生对象,这一过程是在社会化的学习与活动中完成的。一般来说,学习与活动越深入,则创造性越高级。当然,创造性却又不都是意识的作为,创造性离不开与意识对立统一的无意识的补充,创造性是主体在意识和无意识两个层面的同构,是个体全部心理活动的共同表现。即使这样,创造性的实现往往需要意识对无意识的自觉摄取。总之,意识这一心理高级形式是个体进行的创造性反应。

2. 意识的功能与作用

(1) 意识的功能。意识是高级的心理活动状态,反映与能动是其基本功能。

反映功能。即个体习得语言后实现的对一切存在的积极反应,是心理过程在活动中的主动开展。意识的反映功能促动个体开展各种心理活动,保证对世界及自身的认知和体验。由于个体的差异性,使意识反映在主动性的共同前提下表现出选择性。比如,同样以人为对象,解剖学家反映的是人体的生理结构,社会学家反映的是人的相互关系,伦理学家反映的人的道德规范,心理学家反映的是人自身的心理及行为。

能动功能。即个体借助言语行为实现的对一切存在的自觉反映，是反映功能在活动中的深入。这一方面指通过活动，把已经内化即观念性对象外化成为客观现实，实现对世界的改造；另一方面指通过活动，实现对人体自身的调节和控制。在古代，佛教瑜伽学派的大师可以通过控制自己的隔膜肌等使胸腔内压力加大到足以使静脉血向心脏的回流延缓，进而停止自己的心音。现代科学也证明：意识、心理因素对人身体健康状况有着重要影响，可以引起或者抵制人体生理的某些疾病。

（2）意识的高级功能决定了它有着特别作用。

认识作用。人认识世界需要认知活动、情感活动和意志活动的统一，这个统一就是由意识来完成的。认知不仅有直接的、没有言语和经验参与的感知性活动，而且有间接的、有言语和经验参与的理智性活动，认知要解决的是有关对象属性的本有知识；情感既包括那些不学就能的原生情绪，也包括通过学习而产生的社会情感，情感解决了人对有关对象体验的依附知识；意志是人在认知与情感之后的对有关对象意图的控制知识。俗话说，萝卜青菜，各有所爱。对萝卜、青菜的单纯认知是一样的（本有知识无差异），但对它们的情感评价有所不同（依附知识有差异），之后，买它们或者种它们的意图及行为就各不相同了（控制知识有所不同）。

改造作用。人改造世界也需要认知活动、情感活动和意志活动的统一，这个统一也是由意识来完成的。个体认识世界可以是主观心理途径的，也可以是客观行为途径的，还可以是主客观连通途径的。但是，意识（无疑地，主体是人）改造世界最终必然要落实到客观行为上。当然，客观行为实施之前已有相应的目的、计划。马克思说："蜜蜂建筑蜂房的本领使人间许多建筑师感到惭愧。但是，最蹩脚的建筑师从一开始就比最灵巧的蜜蜂高明的地方，是他在用蜂蜡建筑蜂房以前，已经在自己的头脑中把它建成了。"也正是在这个意义上，意志的作用得以凸显，并可以集中体现意识的能动功能。

（二）意识的基本事实

1. 客体意识与主体意识

意识的内容对象可以是外在的物质世界和外化的社会世界这些客观存在，也可以是反映自身的能动活动以及内化而来的知识与精神这些主观存在。根据意识的内容对象，可将意识划分为客体意识与主体意识。

（1）客体意识。对个体而言，引起意识的对象首先是多彩的物质世界。比如，花草树木、飞禽走兽、山川河湖等自然物体，瓜果蔬菜、高楼大厦、车船飞机等人造物体。其次有生动的社会世界。比如，父母亲人、生人熟客、老师同学等角色人物，语言文字、风俗习惯、制度规约、道德法律等人为构件。总之，客体意识是对自身以外一切存在所能觉知到的心理活动。

（2）主体意识。对人类个体来说，意识可以将自己的身心活动、将人类积累的文化精神内化而成的心灵作为觉知的对象。比如，对自己身体属性的认知评价、对自己心理属性的认知评价、对自己与他人关系的认知评价，对经过学习获得的人类所积累知识的认知评价、对蕴含于各种知识中的思想精神的认知评价，还有对人生价值意义进行自我探索的认知评价。所有这些认知评价都不可避免地带上多样性的情感态度，以及相应的应对、调整甚至改变的意志行为。个体的主体意识从一定意义上讲也就是自我意识，包括个体自我意识和群体自我意识。

在个体意识的发展中，客体意识在先、主体意识在后。在这一过程中，活动作为联结主体与客体的中介，对应的意识具有重要意义。活动意识本身就属于主体意识的内在内容，是联结主客体对象的心理通道，它所反映的是主客体的关系。

2. 理性意识与非理性意识

不仅可以根据意识的内容对象进行分类，而且可以意识的活动形式进行分类。这样，意识就有理性意识与非理性意识之分。

（1）理性意识。理性意识是指自觉的、理智化和逻辑化的意识活动状态。通过把感觉、知觉和表象上升为概念、判断、推理，并运用这些逻辑思维形式进行思维活动，由此产生各种理论化、系统化的各种思想、观点和学说。

（2）非理性意识。非理性意识是指自发的、较少反思和逻辑的意识活动状态。比如，直觉、顿悟、灵感、情绪、情感、兴趣、习惯乃至信仰等，都被称为非理性的意识活动。非理性意识与理性意识一起共同体现着人的主体性。

有人认为意志也属于非理性意识，其实，意志体现的是理性意识对非理性意识的积极把握、自主作为。现代脑科学的研究表明，人的意识活动是大脑左右两半球功能相互作用、相互代偿的过程，意志在活动中实现了理性意识与非理性意识之间的交互作用。

总之，人类个体的心理活动存在意识与无意识两种状态、两个层次。意识心理状态无论从内容还是从形式看都是非常复杂的系统，是主体开放性与封闭性、有序性与无序性在活动中的协调统一。

（三）意识理论

1. 冯特的意识心理学

在科学心理学诞生之初，冯特就倡导对意识内容的实验内省研究，提出要分析整体意识的全部元素，心理学必须研究三个相互联系的课题，即意识的元素是什么？这些元素是怎样结合的？结合的原则是什么？

（1）意识的元素。冯特根据实验的内省分析，认为构成意识的基本元素有两个：感觉和情感，而且这两种有着相互联系的元素都具有性质和强度的特性，冯特就是根据这两种特性对感觉和情感进行分类。按照性质来分类，感觉有视觉、听觉、嗅觉、味觉、触觉和肌觉等，而情感则有严肃、愉快、悲哀、忧郁、阴沉等；按照强度来分类，这两种元素都可以用相应的大小观念来表示，如微弱、强烈、相当强烈、非常强烈等。每种元素的不同强度构成一种维度上的连续体，连续体的两个极端，就是最小感觉和最大感觉、最小情感和最大情感。冯特发现情感有愉快与不愉快、兴奋与压抑、紧张与松弛三对不同的性质，每一种基本情感都可以根据它在三维的每一维度上的定位生动地描述出来。冯特的情感三度说引发了大量研究和争论（图 2-1）。

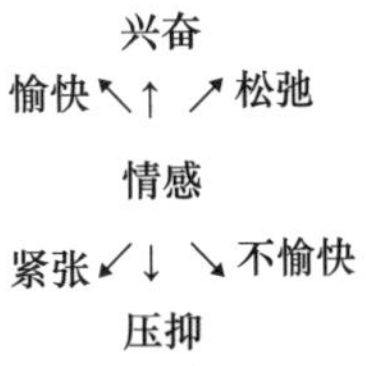

图 2-1　冯特的情感三度说

（2）意识元素的结合。冯特认为，意识元素的结合是通过联想和统觉这两种方式来实现的。

联想。联想是英国联想主义心理学的一个核心概念，冯特用以说明意识元素的被动的、消极的结合方式。意识元素可以结合成各种心理复合体，把由感觉组成的心理复合体称为观念，而情绪和意志则是由情感组成的心理复合体。具体来说，联想包括融合、同化、复合、相继联想四种基本形式。融合就是不同的意识元素融为一体，从这一复合体中很难再辨认出个别的意识元素，比如空间知觉就是网膜视觉和眼球运动觉结合而产生的；同化是指差异很小的两个物体处于彼此熟悉的关系中往往会产生同等性的观念；复合是指不同种类的感觉或情感共同组成一个复合体，比如听到枪声，脑子里出现枪的形象，同时产生恐惧；相继联想则是记忆过程的联想，通过记忆把过去的感觉、情感回忆起来并与现在的心理元素相结合。

统觉。统觉是德国理性心理学中的一个概念，冯特用以说明意识元素的主动、积极的结合方式。只有通过这一方式，进入意识的内容才能得到清晰的注意和理解。统觉是在意志影响下把各种元素联系成一个统一体、提高到注意焦点的主动过程，具有创造性综合的功能；各种意识元素就是通过统觉的创造性综合而组成与原来成分不同的、具有新质特点的心理复合体；人的理性认识活动主要是通过统觉的创造性综合来实现的。冯特还认为统觉有简单与复杂之分，简单的统觉功能是关联、比较，复杂的统觉功能是综合、分析。总之，统觉比知觉、记忆更加高级，它使得各种意识元素以处于注意焦点的那些心理内容为中心，形成复杂的意识状态。

（3）意识元素结合的原则。

创造性综合原则。由各种意识元素组成的复合体并非原有元素的简单相加，元素的组合产生了新的性质。比如，一个声音复合体，就其感觉特性来说，总是多于个别声音的简单综合，这在交响乐里得到了充分的体现。

关系原则。不同元素之间的相互关系决定了各个元素的意义，亦即每一种基本的意识状态总是在与其他意识状态所处的关系中获得它的意义。比如，按照韦伯-费希纳定律，对两种感觉的差异量值的判断与这些感觉的大小成一定的比例，即感觉的差异依存于其绝对大小的关系。

对比原则。这一原则实际上是关系原则的特例。据此原则，两种相反或相对的意识状态在一定范围内具有相互加强的趋势。这在情绪方面表现得最为明显，比如，不愉快之后随之而来的愉快就显得特别明显。

冯特的意识心理学重意识内容的分析及其结合，这与重意识"活动"的意动心理学形成对立，被认为是构造主义与机能主义对立的先声。这个关于心理学研究对象的争论，一直延续到今天。

2. 詹姆斯的意识流理论

科学心理学创始人冯特的意识心理学虽然不无整体观，但重心在对意识的内容进行元素分析。美国心理学之父、机能主义心理学家詹姆斯（1842—1910）明确反对当时流行的冯特式心理学，即把心理现象人为地分析为若干元素、反过来又认为心理仅仅是这些元素的集合的做法，认为"心理学是关于心理生活现象及其条件的科学""心理学的定义最好按照兰德教授的词句界说为意识状态的描述和解释"。并且明确主张，意识不是一些割裂的片段，而是一种整体的经验、一种川流不息的状态。这就是詹姆斯的意识流理论，根据这一理论，意识有如下特性。

（1）意识具有私属性。每一个思想都倾向于成为某个人的私人意识的一部分，每一个思想都属于某甲或某乙所有，而不会既是你的也是我的或非你的也非我的。詹姆斯强调了意识的自我主观性，否定了意识中共有的东西的存在。

（2）意识具有常变性。每一种意识的状态都是心物总体的一种机能，它变动不居，只能出现一次，不能复返。"物可再至，但感觉或思想则否。"詹姆斯主张意识是变化的，否定了意识中稳定的东西的存在。

（3）意识具有连续性。意识虽然不断变化，却从来不会中断。或许表面看来存在着某些意识上的间断，但这并不足以否定意识连续不断的性质。詹姆斯认为，一般心理学讲的感觉、知觉、表象等只是意识流的"实体状态"，好像它们可以分开，其实这些"实体状态"之间还有"过渡状态"把它们连成一片，不过这种稍纵即逝的、不固定的"过渡状态"通常不为人所注意罢了。詹姆斯曾用栖息与飞翔来比较这两种状态，认为意识就是这两种状态的交替呈现所构成的，因而是连续不断的。詹姆斯就这样区别了意识的两种状态，也强调了二者之间的联系。

（4）意识具有对象性。意识必定有它自身以外的对象，而意识又具有对这些对象认识的功能。但他所说的对象只是指当前意识状态之外的现象，并不是指在主观世界之外还存在着的客观世界。

（5）意识具有选择性。意识总是对它的对象的一部分比另一部分更为关切，总是选择一个对象或对象的一个方面，同时又排斥着其他对象或对象的其他方面。选择性注意的过程和审慎的意志过程都是意识选择性的明显表现。意识的选择性受到习惯、兴趣等因素的影响。

詹姆斯的意识流理论不仅对现代心理学有所影响，而且对西方哲学和文学艺术也有相当影响。

3. 维列鲁学派的意识观

维列鲁学派又称社会文化历史学派，是指由苏联心理学家维果茨基（1896—1934）、列昂节夫（1903—1979）和鲁利亚（1901—1977）创立的心理学派，他们肯定"意识"的研究对心理学的重要意义，不仅对苏俄心理学产生了深远影响，而且对世界心理学的发展做出重要贡献。

（1）意识的社会起源说。维果茨基将人的心理机能区分为既有联系又有区别的两种形式：一种是自然的、直接的低级心理机能，另一种是社会的、间接的高级心理机能。人的心理以社会文化的产物——符号为中介，人正是借助于符号，特别是语词系统的中介，从根本上改变一切心理活动，形成人所特有的高级心理机能——意识。当然，意识最初并不是从内部自发产生的，而是在人们的协同活动、在人与人的交往中形成起来的。因此，意识最初必须在人的外部活动中形成，然后才转化至内部。这也是维果茨基意识理论的"中介"与"内化"概念，中介、内化正是意识起源于社会文化活动的机制。

（2）活动说。维果茨基早在20世纪20年代就注意到活动在意识形成中的重要作用，认识到意识与活动的统一性，活动是意识的客观表现。维果茨基说："人的心理过程的变化与他的实践活动的变化是同样的。"这后来成为备受苏联心理学家推崇的"意识与活动统一"的原则。列昂节夫丰富、发展了维果茨基的活动说，在1975年出版的《活动、意识、个性》一书中系统地提出了活动理论。

（3）意识的神经心理说。鲁利亚认为人的意识活动的源泉是在人的社会活动中，既然人脑是意识活动的器官，没有高级神经活动过程的规律就不能实现人的活动（包括意识活动）。鲁利亚认为，意识活动是人脑三个基本机能联合区整合活动的结果。第一机能联合区是"调节紧张度和觉醒状态"的联合区，位于中脑、脑桥、延髓中央部分的神经结构——网状结构；第二机能联合区是"接受、加工和保存信息"的联合区，位于大脑皮层后部，包括大脑皮层的视觉区（枕叶）、听觉区（颞叶）和一般感觉区（顶叶），以及相应的皮下组织；第三机能联合区是"规划、调节和监督复杂活动形式"的联合区，位于大脑皮层前部，主要是前额叶。每一机能联合区的作用虽然有所不同，但却是相互联系、相互协调的，保证复杂意识活动的实现。

三、无意识

（一）无意识及其作用

"无意识"这一概念在心理科学的普及无疑是与弗洛伊德的名字联系在一起的，尽管在弗洛伊德之前已有人论及。由于问题的复杂性，人们在无意识的界定上仍未达成共识。从概念特性上看，无意识与意识相对，意识是正概念，无意识则是负概念。

1. 什么是无意识

（1）无意识的定义。无意识是人类个体没有觉知到的心理活动。首先，在对象上，无意识与意识是同一的，即物质世界、思想世界和社会世界都是无意识的对象，只是这些对象现时没有被觉知到而已。需要注意的是，无意识的内容并不包括纯粹的客观存在，即暂时没有被反映的对象。比如，没有认识到的物体、没有学习过的文章、没有接触的语言文字。总之，凡是心理视线外的一切存在只是纯粹的存在，谈不上是意识还是无意识。其次，所有存在经过内化但又暂时不被个体觉知到的心理活动就是无意识，被个体觉知到的内化存在就成了意识。从个体心理发展来看，思维、自我意识诞生之前的心理活动都是属于无意识性质的，就是思维、自我意识诞生之后，只有被觉知的心理活动才能够成为意识的，那些没有被觉知的心理活动就成为无意识的内容。从种系发展来看，无意识是动物与人类所共有的，但人类之无意识根本不同于动物之处在于言语、意识对它的反观作用，以及由此表现出来的对活动和意识目的性的默许及至跟随。

（2）个体无意识特点。个体无意识具有如下特点：泛言语性和泛原生性。

泛言语性。这一特点是指无意识心理活动受到言语的浸染作用。无论是睡眠中的心理现象，还是自动化的行为方式，或者是其他途径形成的无意识心理现象，都与人的言语活动有着千丝万缕的联系，言语活动对它们的产生、发展和呈现都能起到浸染作用。不仅如此，就是个体意识出现之前的短暂时期，无意识心理活动与言语的生成、获得也是大体同步进行的。总之，不管何时，没有被言语构建到的现时心理现象就成为无意识的内容。

泛原生性。这一特点是指无意识心理活动的原始自然生成。这既可以表明人类与动物在无意识上的共同性、连续性，也可以表明个体无意识的压抑性及至非自觉性。个体言语活动未发展出来之前的心理现象、因与社会规约相冲突而只能不由自主地出现在意识阈之下的心理现象、现时是意识的只因未予特别注意而自然转化的意识阈之下的心理现象，等等。这些都是无意识原始自然生成的情况。

2. 无意识的功能与作用

（1）无意识是初级的心理活动状态，反应和自动是其基本功能。

反应功能。是指个体凭借本能实现的对一切存在的消极反应，是心理过程在实际活动中的被动开展。无意识的反应功能发动个体产生各种心理活动，为个体心理活动的开展提供原始动力和广阔背景。无意识的反应功能与意识的反映功能是相互依存的，没有无意识的反应功能就没有意识的反映功能；而没有意识的反映功能，无意识的反应功能就失去其应有的人类意义。

自动功能。是指个体凭借本能实现的对一切存在的不由自主的反应，是反应功能在活动中的自然体现。这既指无意识对一切存在刺激的必然反应，又指这种反应产生以后对心理世界的必然影响。无论是觉醒状态还是睡眠状态或其他异常意识状态，个体对一定量的刺激作用能够无须自觉地做出反应，这种反应自然而然地生成相应的心理意义。无意识的反应功能与自动功能保证了人类个体心理的自在性，无意识与意识一起协同地推动着人类走向自由自在的境地。

（2）无意识的功能决定了它的适应作用与自组织作用。

适应作用。个体认识世界与改造世界的基础是对生存环境的适应，这种适应最初正是无意识的。即使是意识诞生之后，对环境的适应并不是时时处处都是意识着的，已经熟悉的环境、已经熟练的行为很大程度上就是无意识的。这是人类承接动物心理功能的体现，也是人类意识向无意识转化的表现。

自组织作用。个体操作事件、接受刺激必然有所反应而生成心理意义，后形成的心理活动必然与先形成的心理活动整合产生新的心理格式。这个心理格式可以是和谐的，也可以是错乱的，但个体都会对格式里的心理内容进行结构化、有序化的处理。无意识水平上的这种处理就是心理的自组织作用。没有无意识的自组织作用，心理发展是不可想象的。

（二）无意识的基本事实

就心理来源而言，无意识与意识应该是相通的。这样，无意识也就有客体无意识与主体无意识、理性无意识与非理性无意识之分。只是无意识与意识正好相反相成，在无意识中，主体无意识、非理性无意识是占主导的，客体无意识、理性无意识是辅助的。

1. 客体无意识与主体无意识

对个体来说，引起无意识的对象与引起意识的对象是相同的，即多彩的物质世界与纷繁的社会世界。但是，这些对象经过意识的过滤后往往随即转换为无意识的内容，原先觉知到的对象成为无须特别注意的东西，即作用对象从意识阈之上潜沉到意识阈之下的记忆灰箱或记忆黑洞。

同样，作为主体意识内容的一切对象也存在着从意识阈之上潜沉到意识阈之下的记忆仓库的事实。加上从客体意识转化而来的内容，主体无意识就越发复杂而生动了。这些正是人难以"自知之明"的根本原因。

2. 理性无意识与非理性无意识

理性无意识就是理性意识的无意识化、习惯化、自在化，非理性无意识也就是非理性意识的无意识化、习惯化、自然化。它们分别是理性意识活动、非理性无意识活动从意识阈之上压抑、转换至意识阈之下的心理状态。比较起来，理性无意识更多具有潜沉性质，非理性无意识则较多压抑性质。非理性无意识与理性无意识一起描写着全部心理的底色，是个体自我的宿营地。

总之，在个体无意识的形成中，先天潜能的激活升华与后天意识的转化生成及其共同合一是其基本来源和路径。无意识状态与意识状态在言语、心象、技能这些心理工具的引导作用下一同反映个体心理活动的复杂性、主体性、创造性。

（三）无意识学说

1. 弗洛伊德的无意识论

与传统心理学主要研究意识现象不同，弗洛伊德把无意识看作精神分析心理学研究的主要对象。

（1）无意识的重要性。对弗洛伊德来说，无意识在人的全部精神活动中占主要地位，它远比意识来得重要。"精神过程本身都是无意识的，有意识的精神过程不过是一些孤立的动作和整个精神生活的局部。"（转引自叶浩生《西方心理学的历史与体系》第297页）对此，弗洛伊德借用费希纳的冰山比喻，说人的精神活动就像大海中的一座冰山，露在水面上可见的一小部分是意识，潜在水面下的大部分就是无意识。弗洛伊德将无意识定义为不曾在意识中出现的心理活动和曾是意识的但已受压抑的心理活动。无意识是心理活动的深层基础和个体活动的内驱力，决定着人的全部有意识的生活。

（2）无意识的复杂性。弗洛伊德认为，无意识可以划分为前意识和潜意识两部分。前意识是指能够从无意识中回忆起来的经验,是潜意识和意识之间的中介环节。潜意识是指未被觉醒的心理过程,是在一定时间内被压抑的、被排挤的、不可回忆的经验。人的精神活动,就是由意识、前意识和潜意识这三个由上而下的层次构成的。

(3) 潜意识的内容。潜意识为什么是不可召回、难以甚至无法回忆的经验呢?因为潜意识的内容包括个人的原始本能冲动以及与之有关的欲望,特别是性欲望,还有就是遗忘了的童年经验和创伤性经验。由于这些欲望、冲动、经验不被社会风俗、道德、习惯所容纳,因而被排挤到意识阈之下。但它们并没有消失,而是在潜意识世界里不自觉地积极活动并寻求满足。

(4) 潜意识的日常表现。比如,催眠状态下恢复起来的童年经验,作为愿望替代满足的梦,失言、笔误、疏忽、丢失等日常错误,创造性活动中的灵感、直觉,神经症,等等。

弗洛伊德的无意识论,在心理学的研究对象上开创了无意识心理研究的新纪元。弗洛伊德较为系统地揭露了埋藏在心灵深处、受意识表层封锁和压抑的无意识世界,被称为无意识领域的哥白尼。当然,弗洛伊德远未揭示无意识的全部事实,他关于无意识比意识更重要的观点也只是一家之言。

2. 荣格的集体潜意识论

如果说弗洛伊德的无意识论是无意识心理研究史上的第一个里程碑,那么,荣格的集体潜意识论就是无意识心理研究史上的第二个里程碑。

(1) 心理整体观。荣格把人的心理现象区分为意识、个体潜意识和集体潜意识,这三个不同的层次彼此相异而又相互作用,构成为一个复杂多变的整体。其中,意识是人的心理中唯一能够被个体直接知道的那部分,它的一个主要作用在于促进个性化,自我(ego)是意识的核心,是个体自觉意识的心理组织(郑雪,2017)。

(2) 个体潜意识。荣格不否认意识的存在和作用,但对人格及其发展影响最大的是潜意识,包括个体潜意识和集体潜意识。个体潜意识是潜意识的表层,它是一个经验仓库,容纳了所有与意识自我不协调的心理活动和心理内容,与意识存在着双向流动。

个体潜意识往往以"情结"的形式表现出来。在荣格看来,凡是一个人沉湎于某种东西而不能自拔时,其背后就有情结存在,情结使他的心灵被某种东西强烈地占据了,他的思想、情感、言语和行为都被其所左右,使他难以思考其他的事情,而他本人没有意识到。比如自卑情结、美色情结、金钱情结、权力情结、完美情结等等。情结可能同时具有消极或积极的作用。荣格早期认为,情结起源于个体的童年经验,后来发现情结最深沉的根源是集体潜意识。

（3）集体潜意识。集体潜意识也是一个经验仓库，但它储存的不是个体后天的经验，而是其人类祖先及至动物祖先在漫长的历史演化过程中世代积累的经验，是人类对某些事件做出特定反应的先天遗传倾向，这些经验以原始意象的形式保持下来。比如，人对黑暗有恐惧反应，人无须亲身经历黑暗的威胁，就很容易产生恐惧反应。这是因为我们的原始祖先有了代代相传的经验，这些经验早已深深地镂刻在人的大脑中。

集体潜意识的主要内容是原型，它深深地埋藏在心灵之中，因为不能在意识中表现，所以就只能在梦、幻想、幻觉和神经症中以象征这种有意义的意象的形式表现出来。原型非常多，人生有多少个典型的情景就有多少个原型。荣格把毕生大部分时间和精力用于原型研究，确定和描述过几十种不同原型，最主要的是人格面具、异性原型（包括阿妮玛——男性心灵中的女性意象和阿妮姆斯——女性心灵中的男性意象）、阴影（也叫同性原型，是人的心灵中通过遗传获得的最隐秘、最狂野的倾向，是破坏性、创造性的双重发源地）、自性（self）（这是集体潜意识的核心，人格发展的最高目标即自性实现）。

荣格的集体潜意识论揭示了进化和遗传为心理所提供的图式。人的心理是通过进化和遗传而预先确定了的，决定了对后天生活经验的反应方式，从而开创了心理的遗传进化论研究的先河。当然，荣格的理论有着相当浓的神秘色彩，值得深研。

3. 弗罗姆的社会潜意识论

随弗洛伊德、荣格之后，弗罗姆（1900—1980）提出的社会潜意识论可以看作是无意识心理研究的第三个里程碑。

（1）社会潜意识的本质。弗罗姆认为，他使用的潜意识概念既不同于弗洛伊德，也不同于荣格，潜意识是一种功能性概念而不是实体性概念。潜意识与意识一样，都是一种主观状态，潜意识是未觉察到的经验、感情、欲望等，觉察到的则是意识。社会潜意识就是一个社会的大多数成员共同存在的被压抑的领域。这些共同的被压抑的因素正是一个具有特殊矛盾的社会所不允许它的成员意识到的内容。如果大多数成员意识到社会的不合理并充满怨恨情绪，就会威胁到现存的社会秩序。

（2）社会潜意识的内容。弗罗姆认为，在弗洛伊德那里，潜意识的内容是在我们之内的被压抑的甚至是坏的东西，是与文化、超我不相容的；在荣格那里，潜意识的主要内容是原型、象征，是启示的源泉。弗罗姆认为，这都是对真理的歪曲。实际上，潜意识既包含最卑贱的、也包含最崇高的，既包含最糟的、也包含最好的。这些被压抑的心理内容的主要原因是个人害怕孤立和排斥，压抑有着一套过滤器，这种社会过滤器由三个要素组成：语言、逻辑、社会禁忌。借助社会过滤器，每个社会成员都共同排斥某些思想、情感，使之不被思考、感受和表达。

（3）社会潜意识的作用。社会潜意识是除了社会性格之外联系经济基础和上层建筑的另一中介环节。社会利用过滤器的压抑作用，将那些与一定经济基础不相符合的经验排除在意识之外，而将与一定经济基础相符合的经验上升为意识形态。意识形态反过来强化压抑过程，进而作用于经济基础。社会潜意识与社会性格一样，都是人们在一定处境下为满足与世界建立联系的需要、为逃避孤立和排斥而形成的心理机能。

弗罗姆的社会潜意识论更多地考虑到社会政治、经济、文化因素对个体心理与精神的现实影响，仅就这点而言，它拓宽了弗洛伊德、荣格的潜意识理论的内涵，增强了精神分析的生命力。

本讲小结

1. 什么是注意

注意是心理过程对一定对象的选择性反应，主要表现为指向及集中。

注意是作为人类及其个体认识活动、实践活动必要条件的心理状态。

注意可以分为外部注意与内部注意，也可以分为无意注意与有意注意。

2. 怎样保持适宜的注意状态

选择与分配是注意的基本功能，过滤说、衰减说、完全加工说、多态模型、能量分配模型、图式模型等都是现代认知心理学对注意功能的阐述。保持适宜的注意状态就是要发挥好注意选择与分配的双重功能。

3. 什么是意识

意识是人类个体对一定对象所能觉知到的心理活动。

意识有认识作用与改造作用。

意识可以分为客体意识与主体意识、理性意识与非理性意识。

4. 怎样保持良好的意识状态

反映与能动是意识的基本功能，冯特的意识心理学、詹姆斯的意识流理论和维列鲁学派的意识理论都在一定程度上揭示了意识的本质。保持良好的意识状态不仅需要对意识内容做科学的整体分析、了解意识的个体特点，而且需要把握意识对活动、文化、大脑皮层的依赖性。

5. 什么是无意识

无意识是人类个体没有觉知到的心理活动。

无意识有适应作用与自组织作用。

无意识可以分为客体无意识与主体无意识、理性无意识与非理性无意识。

6. 怎样保持良好的无意识状态

反应和自动是无意识的基本功能，弗洛伊德的无意识论、荣格的集体潜意识论、弗罗姆的社会潜意识论是认识无意识本质的三个里程碑。保持良好的无意识状态既需要了解弗洛伊德的原欲论，也需要了解荣格的原型论，还需要了解弗罗姆的压抑论，正确对待原欲、原型以及压抑。

专业术语

注意、内部注意、外部注意、无意注意、有意注意、注意选择、注意分配、意识、客体意识、主体意识、理性意识、非理性意识、联想、统觉、意识流、无意识、客体无意识、主体无意识、理性无意识、非理性无意识、集体潜意识、社会潜意识

思考问题

1. 试述注意在个体心理生活中的重要性。
2. 试述个体意识的基本特征。
3. 你能列举一些无意识心理现象吗？

拓展读物

1. 叶浩生．西方心理学的历史与体系［M］．北京：人民教育出版社，1998．
2. 威廉·詹姆斯．心理学原理［M］．郭宾，译．北京：九州出版社，2007．
3. 叶奕乾，何存道，梁宁建．普通心理学［M］．2版．上海：华东师范大学出版社，2004．
4. 黄希庭．心理学导论［M］．3版．北京：人民教育出版社，2015．

第三讲　认知过程——认识世界的历程

本讲要目

一、感知

二、记忆

三、思维

一、感知

人们认知世界是从感觉与知觉开始的,实际生活中感觉与知觉往往难以区分,通常可统称为感知。感知是初级的认知活动。

(一)感知及其意义

1. 什么是感觉与知觉

感觉是个体对直接作用于感觉器官的刺激物的个别属性的认知。比如,对于苹果这个刺激物,通过视觉器官,可以看到颜色;通过触觉器官,可以感到光滑;通过嗅觉器官,可以闻到香味;通过味觉器官,可以尝到甜味。所有这些都是个体对当前刺激物某一属性的直接反应,都是具体的感觉。感觉的产生需要两个条件:一是适宜刺激,二是健全感觉器官。

知觉是个体对直接作用于感觉器官的刺激物的整体属性的认知。知觉是在感觉基础上产生的,是个体借助过去经验对感觉信息进行加工与解释的认知过程。比如,构成一朵花的感觉成分有颜色、气味、花瓣形状等,没有对花的这些个别属性的感觉,就不可能形成对花的整体知觉。在知觉一朵花时,我们还能够根据经验说出它的名字,这就是对感觉信息的解释。知觉虽然以感觉为基础,但还涉及记忆甚至思维等心理成分,是比感觉更复杂的一种认知活动。

2. 感觉与知觉的意义

感觉和知觉是人认识世界的开始,也是人们其他心理活动的基础,一个人如果没有感觉和知觉,就不可能形成记忆、思维、情感、意志等复杂的心理活动。可以说,感觉和知觉是一个人正常心理活动发展的内在必要条件。

感知是维系身心健康的内在必要条件。"感觉剥夺"的实验表明,对于正常人来说,没有感觉的生活是不可忍受的。加拿大心理学家赫布(D. O. Hebb)等人于1954年进行了第一个感觉剥夺实验,实验中让被试进入与外界完全隔离的房间内,躺在一张舒适的小床上,眼睛戴上眼罩、耳朵被堵住、手也被套上,除了进食与排泄不得进出。结果表明:即使给予很高的报酬,很少有被试能在这种环境中生活上一周;实验后四天,被试进行精细活动的能力、识别图形的知觉能力、连续集中注意的能力以及思维能力均受到严重影响。被试在实验后要经过一段时间才能恢复到正常水平。可见,人们在日常生活中"漫不经心"地接受刺激而产生的感觉对于维持身心健康是何等重要。

(二)感知的基本事实

1. 感觉的基本事实

根据刺激物的来源和相应的感觉器官,感觉可以分为两大类:外部感觉和内部感觉。

(1)外部感觉。外部感觉是个体反应机体以外的刺激的感觉,包括视觉、听觉、嗅觉、味觉和肤觉。视觉与听觉是认识外部世界的主导感觉,正常人从外界获取的信息总量中,90%以上是通过视觉与听觉。嗅觉往往具有情绪性,如花香能够通过嗅觉体验引发愉快情绪。味觉易受其他感觉影响,如美食需色、香、味俱全,就是视觉和嗅觉参与了味觉体验。肤觉主要包括触觉、冷觉、温觉和痛觉,其感受器散布于全身皮肤表面。在人体所有的感觉中,肤觉的分布面积最大。肤觉带来的触摸可以唤起情绪和生理上的反应,这就具有极大的人际心理作用。

(2)内部感觉。内部感觉是个体反应机体内的刺激的感觉,包括内脏感觉(机体觉)、运动觉(动觉)和平衡觉(静觉)。内脏感觉是对内脏器官活动状态如饥渴、饱胀、便意、恶心、疼痛等的感觉,其特点是不精确、分辨力差。许多内脏的感受器无法引起感觉,直到病变时才产生痛觉,这就给人带来麻烦甚至不幸。运动觉是身体活动时所产生的感觉,人在感知外界事物过程中几乎都有动觉的反馈信息参与。言语器官肌肉的动觉信息同语音听觉和字形视觉相联系，是思维活动产生的重要基础。平衡觉是反映头部运动速率和方向的感觉。平衡觉和视觉、内脏感觉关系密切，当其感受器——内耳的前庭器官受到刺激时，仿佛看到视野中的物体在移动，使人头晕，同时还会引起内脏活动的剧烈变化，使人恶心呕吐。这就要求对从事航空、航海、舞蹈等职业的人进行平衡觉的测试。

2. 知觉的基本事实

根据对象的不同，知觉可以分为物体知觉与社会知觉；根据知觉映象是否符合实际，知觉又可以分为正确的知觉与错觉；还有幻觉等等。

（1）物体知觉。物体知觉是对事物的知觉，任何事物都是在一定的空间和时间里运动着，因此，物体知觉包括空间知觉、时间知觉和运动知觉。空间知觉是对物体在空间的存在形式，如形状、大小、远近、深度、方位等空间特性的知觉，主要依靠视觉和听觉获取信息。时间知觉是对时间的时刻、长短、顺序等特性的知觉，具有相当的主观性。运动知觉是对物体在空间位移和位移快慢的知觉，有真动知觉和似动知觉之分。

（2）社会知觉。社会知觉是对人物的知觉，包括对他人的知觉、人际知觉和自我知觉等。社会知觉往往比物体知觉复杂，也容易产生或多或少的偏差，首因效应、近因效应、晕轮效应以及社会刻板印象中的偏差是常见的。

（3）错觉。知觉映象有的符合客观实际，有的则不符合，不符合实际的知觉就是错觉。物体知觉与社会知觉中都存在着错觉，比如，"度日如年""以貌取人"等都是错觉。错觉产生的原因很复杂，可能是由生理和心理等多种因素引起的。在认识客观世界时要尽量避免错觉，但错觉现象在艺术、工程设计以及军事伪装等方面有着广泛的利用价值。

（4）幻觉。幻觉是在没有刺激物的直接作用下而自发产生的知觉。根据感知器官的不同，有幻听、幻视、幻嗅、幻味、幻触、内脏幻觉等。幻听最为常见，常常伴有幻想以及焦虑或恐惧等情绪反应。幻觉产生的原因很复杂，极度的疲劳、高度的紧张、强烈的愿望以及适度的催眠和酒醉等都有可能诱发幻觉。幻觉特别是幻听往往是精神分裂症的先兆，但在一些文化或宗教情境中幻觉却是一种渴望得到的特殊礼物——神秘的顿悟。

（三）感知的基本规律

1. 感觉的基本规律

感觉的基本规律可以通过感受性及其变化加以揭示。

（1）感受性与感觉阈限。前面已述，适宜刺激是感觉产生的一个条件。但太弱、太强的刺激都不能引起感觉，比如落在皮肤上的尘埃、频率高于20000赫兹的声音我们都感觉不到。各种感觉器官对适宜刺激的感受能力称为感受性，感受性用感觉阈限的大小来衡量。感觉阈限就是引起感觉的持续一定时间的刺激量，感受性与感觉阈限成反比关系。

（2）感受性的变化。

感觉适应。由于刺激物对同一感觉器官的持续作用而引起感受性提高或降低的现象叫感觉适应。

视觉适应是常见的一种感觉适应现象，分为感受性降低的明适应与感受性提高的暗适应两种情况。乍入暗室，最初什么也看不清，稍后就能看清周围的物体，这是暗适应，说明视觉器官对弱光的感受性提高了。而从暗室走到光亮处特别是在强光下，最初的瞬间会两眼发眩，看不清周围的东西，稍后才能看清物体，这是明适应，说明视觉器官在强光刺激下感受性降低了。在各种感觉中，嗅觉、味觉和皮肤感觉的适应特别明显，而且表现为感受性的降低。听觉的适应很不明显，痛觉则很难适应，痛觉作为伤害性刺激的信号而具有生物学的意义。

感觉对比。感觉对比是同一感觉器官接受不同的刺激而使感受性发生变化的现象，有同时对比和先后对比两类。

两种刺激物同时作用于同一感觉器官而产生的感觉对比为同时对比。视觉对比有无彩色对比和彩色对比，前者引起明度感觉的变化。比如，把灰色小方块放在白色背景上看起来觉得暗一些，而将之放在黑色背景上则显得亮一些。彩色对比引起颜色感觉的变化，而且是向着背景色的补色变化，比如，把灰色小方块放在绿色背景上，看起来小方块显得带红色；而将之放在红色背景上，则显得带绿色。

两种刺激物先后作用于同一感觉器官而产生的感觉对比为先后对比。比如，吃了糖接着吃橘子，觉得橘子很酸；喝了中药汤接着喝凉开水，觉得开水有点甜；凝视红色物体后，再看白色物体就显得带青绿色。

感觉相互作用。感觉相互作用是某种感觉器官受到刺激而使其他器官的感受性产生变化的现象。比如，用刀子沿着玻璃边擦出来的吱吱声会使不少人的皮肤产生寒冷的感觉；微光刺激能提高听觉感受性，强光刺激能降低听觉感受性。

联觉是感觉相互作用的一种特殊形式，是指一种感觉引起另一种感觉的现象。联觉的形式很多，最常见的是颜色联觉，即色觉可以引起温度觉。所谓冷色调、暖色调即由此而来。色觉还可以引起轻重觉，如黑色的家具给人以沉重的感觉。联觉的个别差异很大，有的人联觉很鲜明，有的人则几乎不产生联觉。

感受性的练习。感受性可以通过练习而得到提高。这在感觉缺陷者和专门从事某种特殊职业者身上表现得特别明显。盲人、聋人、聋盲人由于丧失了视觉、听觉这些重要的感觉，生存生活迫使他们运用其他感觉器官，这些感觉就相应地发展起来了，从而弥补了视觉和听觉的缺陷。比如，有些盲人有高度发达的听觉和触觉，可以通过拐杖击地声的回响来辨别路况，可以通过触摸阅读盲文。专门从事某种特殊职业者由于长期使用某种感官，相应的感觉能力就特别发达了。比如，有经验的飞行员能听出发动机的转速或异常声，音乐演奏家有非常精确的听觉，调味师有高度完善的味觉和嗅觉，等等。

2. 知觉的基本规律

知觉的基本规律主要体现在知觉的选择性、知觉的整体性、知觉的理解性和知觉的恒常性等方面。

（1）知觉的选择性。知觉的选择性是指人根据当前的需要，对刺激物有选择地作为知觉对象进行组织加工的特性。人从许多刺激物中选择某些刺激物并对其进一步加工而被清楚地知觉，这就成为知觉对象，而同时作用于感官的其他刺激物仅被模糊地知觉，这就成了知觉背景。从背景中区分出对象第一依赖于对象与背景的差异，差异越大区分越容易，反之则越困难；第二依赖于注意的选择作用，注意指向的事物就成为知觉的对象，其他事物则成了知觉的背景。

知觉的对象与背景既相互依存又可以相互转化。

（2）知觉的整体性。知觉的整体性是指人根据已有的知识经验把知觉对象的多种属性组织成为统一整体的特性。格式塔学派曾对知觉的整体性进行过许多研究，提出了一些组织原则，比如：接近原则，在空间上彼此接近的对象容易被知觉为一个整体；相似原则，在大小、形状、颜色等方面相似的对象容易被知觉为一个整体；连续原则，具有连续性特点的对象容易被知觉为同一个整体；等等。

知觉整体性不仅与知觉对象的特点相连，而且与知觉者的主观状态有关，特别是一个人已有的知识经验可以对当前的知觉活动提供补充信息，从而形成完整的知觉印象。

（3）知觉的理解性。知觉的理解性是指人根据已有的知识经验对知觉对象予以解释并赋予一定意义的特性。在对知觉对象的理解中，言语的提示起着重要作用。人在知觉某一对象时，通常要说出它的名称，这就使得那些与言语相联系的映象激活起来，使得知觉对象获得确定的含义。

（4）知觉的恒常性。知觉的恒常性是指人的知觉映象在一定范围内不因知觉条件的变化而改变，而是保持相对不变的特性。知觉的恒常性在视知觉中表现得很普遍，主要有大小恒常性、形状恒常性、颜色恒常性、明度恒常性等。知觉的恒常性也是过去经验作用的结果。如一扇门从关到开，不同位置的这扇门，视网膜成像各不相同，但我们都知觉为长方形。

二、记忆

记忆是比较高级的认知活动，是感知到思维的中间过程。

（一）记忆及其意义

1. 什么是记忆

记忆是个体对过去经验的再次认知。人们感知过的事物、思考过的问题、体验过的情感、练习过的动作等都可以是过去经验而成为记忆的内容。

记忆是一种复杂的心理过程，包括识记、保持、再认或回忆三个基本环节。从信息加工观点来看，记忆就是对输入信息的编码、储存和提取的过程。识记即信息的编码，保持即信息的储存，再认或回忆即信息的提取。

2. 记忆的意义

记忆是心理过程在时间上的持续，记忆将前后经验联系起来，使心理活动成为统一的过程。没有记忆，就没有个体心理的发展，就会始终处于婴儿的蒙昧状态。当然，人具有惊人的记忆容量，人脑可储存10^{15}比特信息，脑的容量是目前世界上任何计算机所不可比拟的。如何开发记忆潜力是包括心理学家在内的科学家们着力攻克的、富有实际意义的一个课题。

（二）记忆的基本事实

1. 内隐记忆与外显记忆

根据记忆时意识参与的程度，记忆分为内隐记忆与外显记忆。

（1）内隐记忆。内隐记忆是指在无意识情况下，个体过去经验自发地对当前作业产生影响的记忆。其突出特点是强调信息提取过程的无意识性。个体不能够回忆其本身，但能在行为中证明其效应——正是先前的学习，使之在完成当前作业时更容易些。内隐记忆在日常阅读、电视的阈下广告、人际交往中的印象形成等都有其影响。

（2）外显记忆。外显记忆是指个体有意识地提取过去经验来完成当前作业的记忆。其突出特点是强调信息提取过程的有意识性。外显记忆能够用语言进行比较准确的描述，可以通过回忆将记忆中的信息表述出来。知识的学习、考试等活动大量地依赖于外显记忆。

2. 形象记忆、语义记忆、情绪记忆、动作记忆

根据记忆内容的表现形态，记忆分为形象记忆、语义记忆、情绪记忆、动作记忆。

（1）形象记忆。形象记忆是以感知过的事物的形象为内容的记忆。它所保持的是有关事物的具体形象，以表象的形式储存，大多数人以视觉和听觉的形象记忆为主。形象记忆具有形象性、直观性，与形象思维联系密切。

（2）语义记忆。语义记忆是以各种有组织的知识为内容的记忆。它所保持的是以语词所概括的有关事物的性质、意义及其关系等，以概念、公式和定理等形式储存。语义记忆具有抽象性、概括性，与抽象思维关系密切。

（3）情绪记忆。情绪记忆是以体验过的情绪或情感为内容的记忆。它所保持的是经历过的事件而引发的积极愉快或消极痛苦的情绪与情感，以感受、体验等形式储存。情绪记忆具有生动性、深刻性，往往比其他记忆更为牢固，对人的个性影响很大。

（4）动作记忆。动作记忆是以做过的运动或动作为内容的记忆。它所保持的是练习过的运动项目或操作过的动作而形成的动作系统，以动作表象的形式储存。动作记忆具有操作性、形象性，对动作技能技巧的形成作用显著。

3. 瞬时记忆、短时记忆、长时记忆

根据记忆信息储存的时间长短，记忆分为瞬时记忆、短时记忆、长时记忆。

（1）瞬时记忆。瞬时记忆又称感觉记忆，是在瞬间保持感觉刺激的映象的记忆。它是记忆信息加工的第一个阶段，进入各种感觉器官的信息，首先被登记在感觉记忆中。比如，视觉信息通过眼睛被登记在图像记忆中，听觉信息经由耳朵被登记在声像记忆中。图像记忆和声像记忆也正是研究得较多的感觉记忆。

视觉刺激停止后，视觉系统对信息的瞬间保持就是图像记忆。这一记忆是斯珀林（Sperling，1960）首先发现的。根据实验研究，斯珀林认为，人的记忆系统有一个短暂的感觉储存阶段，输入的信息以感觉痕迹的形式暂且被登记下来。听觉刺激停止后，听觉系统对信息的瞬间保持就是声像记忆。这一记忆是由莫里（Moray，1965）等人仿照斯珀林的实验研究而被确定的。

瞬时记忆有如下一些特征：①在瞬间能储存大量信息，进入感官的信息几乎都被储存。②保持时间很短，视觉信息约在1秒内衰退，听觉信息约在4秒内衰退。③信息未经任何加工，是按刺激的物理特征原样直接加以编码和储存的。④一部分信息由于模式识别而被送到短时记忆中，并在那里获得意义。由于注意的作用，信息从感觉记忆传输到短时记忆，信息也因此得到进一步的加工。否则，瞬时记忆中的信息是觉察不到的。

（2）短时记忆。早在1890年，美国心理学之父詹姆斯（James）就提出了双重记忆的假设，将记忆分为短时记忆和长时记忆。短时记忆是指脑中的信息在1分钟之内加工编码的记忆。比如，当你打电话时查了电话簿，记住了一个8位数的号码,你一个一个往下拨,这就需要短时记忆;如果没打通,稍后再拨,又需要再查号码,这是因为短时记忆消失了。

短时记忆中的信息来自于感觉记忆并对其进行操作加工。比如上课记笔记,就需要不断地暂时把视线离开黑板,凭借对板书的短时记忆来操作。可见,短时记忆是在感觉记忆之后的高一级加工水平阶段,短时记忆中的信息经过复述之后才可能转入到长时记忆中,否则就会遗忘。

短时记忆有以下一些特征:①容量有限。美国心理学家 G. 米勒(G. Miller, 1956)提出短时记忆容量为 7±2。这个数据有两层意思:一是短时记忆的容量有相当稳定的限制,大约在 5 至 9 个单位之间;二是它的单位是信息的项目或组块(Chunk)。组块是指将若干项目联合成有意义的、较大单位的记忆项目,是信息加工的意义单元。比如,记忆 6324719854 这个数字,读一遍后进行回忆,定会出错,因为它超出了短时记忆的容量。如果将它分为 3 组:632-4719-854,那你就可能回忆起来,因为 3 个单位在短时记忆的容量之内。可见,可以通过增加包含在每一组块中的信息量来扩大短时记忆的容量。②保持时间在无复述的情况下一般只有 5~20 秒,最长不超过 1 分钟。美国学者彼特森夫妇的实验研究表明,学习任何材料后,若使用分心技术干扰复述,则在间隔 18 秒后信息就会忘掉绝大部分。③主要加工方式是复述。复述有维持性复述和精制性复述,前者指重复识记信息的过程,后者指将识记信息与已储存的信息建立联系的过程。实践与研究都表明,精制性复述的效果优于维持性复述。复述能使信息保持在短时记忆中,一旦复述停止或受到干扰,信息将迅速遗忘。不仅如此,复述还是信息从短时记忆进入长时记忆的传输机制。

(3) 长时记忆。长时记忆是指信息储存时间在 1 分钟以上的记忆。从德国心理学家艾宾浩斯(1885)开始用实验法研究记忆以来,长时记忆的研究取得了丰硕成果。这些将在"记忆的基本过程"里做适当的介绍。

长时记忆主要有如下一些基本特征:①容量无限。长时记忆的容量虽然在理论上有一个限度,但实际上是无限的。储存的信息大量的是短时记忆的信息通过复述加工而来,也有一些是感知时印象深刻而一次性直接进入长时记忆的。②长时记忆中的信息保持时间长久,能够按时、日、月、年乃至终身计算,在理论上是永久存在的。③编码加工方式以意义编码为主。意义编码有语义编码和表象编码两种形式,前者是加工言语信息的编码方式,后者则是加工处理非言语信息的编码方式,两者又被称为信息的双重编码。④信息储存方式有程序性记忆和陈述性记忆。前者即技能记忆,绝大多数不能言传,是个体经过观察学习和实际练习而形成的对具有先后顺序的活动的记忆;后者即事实记忆,可以言传,在需要时可以将情景、概念、公式、定理等事实性信息陈述回忆起来。

总之，记忆是一个活跃的系统，用信息加工的观点看，包含着瞬时记忆、短时记忆、长时记忆三个相互联系的不同阶段。

（三）记忆的基本过程

1. 识记

记忆过程始于识记，识记是个体获得经验的过程。

（1）识记的基本事实

根据识记时有无明确目的，识记有无意识记和有意识记。

无意识记没有明确的识记目的，具有很大的自发性。凡是对人有重要意义、与兴趣密切联系、能引起强烈情绪体验的对象容易在无意间记住。生活经验的积累、社会影响的潜移默化往往通过无意识记来进行。

有意识记有明确的识记目的，具有很强的自觉性。有意识记往往需要使用一定的识记方法来完成，系统知识的掌握、复杂技能的学习主要依靠有意识记来完成。在有意识记中，目的任务越具体明确则保持效果越好。识记任务的远近对保持的长久性也有影响。

根据识记时能否理解材料，识记有机械识记和意义识记。

对无意义的或不能理解其意义的材料的识记即为机械识记，它采用的基本方式是多次重复。主要有两种情况：一是识记材料本身无意义，只能进行机械识记；二是材料本身有意义，但限于知识水平或学习习惯，也只好采用机械识记。

通过理解材料内容的含义或意义的识记就是意义识记，它的基本条件是识记者能理解材料内容并进行适当的思维加工。主要涉及两个方面：一是材料本身是否反映事物的本质及其联系；二是识记者所具有的知识与思维水平。有时识记材料本身无意义，但可以人为地赋予意义，使机械识记转化为意义识记，这就体现了识记者积极思维的动机与能力。

（2）影响识记效果的因素

识记的任务。识记的任务不同，识记时的态度、动机就会不同，对材料的组织加工侧重点也就有所不同，因而影响识记的效果。

材料的性质。识记材料按性质不同可分为直观材料（实物、标本、模型、图片等）和文字材料，文字材料又有形象词与抽象词的不同。对这些材料识记的效果因人而异，幼童对直观材料的识记常优于文字材料，相对于幼童，成人则对文字材料识记较好；无论儿童还是成人，形象词的识记都好于抽象词。

识记的方式。识记的方式可分为整体识记、部分识记和综合识记。一般来说，综合识记比较有效。但是，以上三种方式的优劣并不是对所有材料都一样。具体而言，材料数量少又有意义联系的可采用整体识记；材料意义联系较少，可采用部分识记；而材料有意义联系但数量多且难，则采用综合识记较好。

识记的方法。识记方法基本的有意义识记和机械识记。经验和实验都证明以理解为基础的意义识记比机械识记的效果要好。这是因为，记忆时理解了的知识与头脑里巩固的知识发生了内在联系的缘故。为此，学习者应在理解的基础上识记，将之与已有的知识系统联系起来并形成新的认知结构。

2. 保持

保持是记忆过程的第二个环节，是识记获得的经验得到巩固的过程。它延续识记，又通过再认或回忆得以体现。

识记后的保持不是消极被动、一成不变的储存过程，随着时间的推移，以往的知识经验、后续的知识经验以及对未来的期望等因素使保持的内容在量和质方面都会发生变化。

（1）保持内容的量变。保持内容在量的方面的变化最明显的一般趋势是减少。即随着时间推移，保持量日趋减少，发生程度不一的遗忘。但是，也有例外，即记忆恢复现象。记忆恢复是指在一定条件下，识记后过些时间的保持量比刚识记后的保持量较高的现象。1913年，英国的巴拉德（P. B. Ballard）发现了这一现象。研究表明，记忆恢复儿童比成人表现更为普遍；学习较难的材料比学习较易的材料更容易出现；学习得不够熟的比学习得纯熟的更易发生。关于这一现象的原因有两种假设：一是认为识记后经过一定时间，学习者把识记材料加工组成了一个统一的整体；二是识记时有积累抑制，过了一定时间后抑制才解除。

（2）保持内容的质变。保持内容在质的方面的变化的一般趋势是：不重要的细节消失，主要内容以及显著特征保持，使得记忆内容概括化、简略化；某些特征和线索有选择地被保持，同时增添一些特征，使得记忆内容更为合理、更合乎逻辑；某些内容无意中被改造而出现扭曲现象。记忆扭曲现象的原因有两种解释：一是认为记忆扭曲的个体从接受刺激开始，信息处理的方式就是有所选择，而非全盘照搬；二是认为储存在长时记忆中的信息既与旧经验交叉，又与新信息互动，结果出现了认知结构的改造。保持内容的质变可能有积极意义，也可能有消极意义。

3. 再认与回忆

再认与回忆是记忆过程的第三个环节。

（1）再认。识记过的对象重新出现时能够辨别出来就是再认。比如辨别出看过的作品、听过的歌曲、学过的知识、做过的动作、到过的情境等都是再认。即经历过的事物再次出现，能够加以确认。

再认的速度和准确性主要取决于以下两个条件：一是识记的精确、巩固程度，即保持牢固，再认就快而准；二是再认对象和保持经验之间的一致性，一致性程度极高或极低都容易再认。

由于再认时有目标刺激，不像回忆那样要在记忆中搜寻确认目标刺激。因此，再认一般比回忆简单、容易。

（2）回忆。识记过的对象能够在脑中重新出现其印象就是回忆。比如，脑中重现出童年的趣事、过往的悲伤事件、阅读过的文章、做过的动作等都是回忆。即经历过的事物不在眼前，能够在脑中重新呈现。

回忆有时比较容易，有时则会碰到较大困难，需要经过一番思索才能完成，这叫作追忆。追忆是意志努力、积极思维的过程。必要的联想、适当的推理以及良好的情绪等都有助于恢复遗忘了的经验从而完成追忆。

回忆或再认都不是简单的、消极的过程，而常常是一种复杂的、积极的过程。

4. 遗忘

遗忘是对识记过的东西不能再认与回忆。遗忘与整个记忆过程特别是保持对立统一，一个人如果不遗忘那些不必要的经验，以减轻记忆负荷，要保持大量的信息就很困难。遗忘有假性的、有真性的。提笔忘字、一时说不出熟人的名字、一出考场就想出答案等都是假性遗忘。而识记过的材料不经过重新识记，就不能再认与回忆的现象就是真性遗忘。其中，能再认但不能回忆的是不完全遗忘，不能回忆也无法再认的是完全遗忘。

（1）遗忘的原因。对于遗忘原因的解释，主要有 4 种理论：衰退说、干扰说、提取失败说和压抑说。

衰退说。这一学说认为遗忘是"记忆痕迹"得不到强化而逐渐减弱以至消失的结果。"记忆痕迹"只是比喻的说法，根据信息加工观点，记忆痕迹是指对输入信息的编码。因此，衰退即在于编码的缺失。比如，问你人民币 1 元硬币正反两面有何信息，你可能回答不出来。这是因为缺乏有意注意、缺失编码，信息从一开始就没有进入长时记忆中。衰退说有事实根据，也符合常识，尽管难以用实验方法证明之。

干扰说。这一学说认为遗忘是由于在识记和回忆之间受到其他信息干扰的结果，一旦排除干扰，记忆就能恢复。干扰说最有力的实验证据是前摄抑制和倒摄抑制的研究。前摄抑制是指先识记的信息对回忆后识记的信息所产生的干扰作用，倒摄抑制是指后识记的信息对回忆先识记的信息的干扰作用。研究表明，先后两种识记的信息在相似性、难度、巩固性等方面不同，干扰抑制就有所不同。相似性很大或很小，干扰小；后识记的信息难度大，倒摄抑制影响就大；先识记的信息巩固程度高，倒摄抑制影响就小。干扰说还有不少证据，比如睡眠记忆的研究，就寝前或晨起后识记的信息保持较好的现象，等等。干扰说有实验证据和事实根据。

提取失败说。与衰退说相反，这一学说认为遗忘不是由于记忆痕迹的衰退，信息仍储存在记忆系统里，只是一时难以将需要的信息提取出来。像前面说到的提笔忘字、一时说不出熟人的名字等，这些明明知道但就是不能回忆起来的现象被称为"舌尖现象"。就像馆藏上万册书刊的图书馆，如果没有合理的编码和正确的检索线索，要找出你想要的一本书将是非常困难的。因此，很多记忆的失败可能只是编码不准确或缺乏检索线索所导致，而非真正的遗忘。内隐记忆的研究、大量的"舌尖现象"等为提取失败说提供了证明。

压抑说。与前面三种学说偏重知识信息不同，压抑说解释的主要是有关情绪信息方面的遗忘。精神分析学派的创始人弗洛伊德在对精神病人进行催眠治疗时发现，许多人能够回忆起童年生活中的许多琐事，而这些事情平时是回忆不起来的，它们大多与罪恶感、羞耻感相联系。这些信息处于潜意识水平，是压抑的结果。记忆系统会对痛苦的消极信息进行监控，抑制住这些信息，从而缓解焦虑、保护个人的自我同一感。遗忘不是保持的消失而只是被压抑了，一旦触及线索或者经过恰当治疗，潜意识水平的情绪就可能返回到意识水平。压抑说有临床事实根据，也有一些实验研究根据。

因此，遗忘的原因是复杂的。以上学说都能解释部分遗忘现象但却无法解释所有的遗忘事实，应当把各种学说综合起来加以考虑，并不断寻找新的解释。

（2）遗忘的进程。德国心理学家艾宾浩斯（1850—1909）最早对记忆进行了系统的实验研究。他以自己为被试，以无意义音节（由2个辅音和1个元音字母组成，如CIY、XEC、GAW等）为记忆材料，以重学法的节省率为保持量的指标，实验的目的在于探讨识记后保持量的变化。他将实验结果绘成曲线图，发现识记后不同时间里的保持量是不同的，即遗忘的进程是不均衡的：识记后的短时间内遗忘较快、较多，以后保持量渐趋稳定地下降，到了一定时间几乎不再遗忘。之后，其他人用不同的识记材料、不同的检验保持量的方法进行了大量实验研究，得出了与艾宾浩斯基本一致的遗忘曲线。这样看来，遗忘是时间的函数，遗忘的规律是"先快后慢"。

（四）记忆策略

记忆策略是复杂的，但也有规律可循。比如以下的PQ4R通用学习法与常用的记忆术。

1. PQ4R法

记忆有意义的信息比如学习课本可采用此法。下面以一章内容的学习为例，加以说明。

（1）预习（prepare）：浏览整章各节的内容，了解它所讨论的一些总课题。把以下提问、阅读、思考和复述四个步骤应用到节以下的各纲目的内容上。

（2）提问（question）：对各纲目提出问题。通常只需将各纲目的标题改为适当的问句即可。如可将"遗忘的原因"改为："遗忘的原因主要有哪些？"

（3）阅读（read）：仔细阅读该纲目的内容，尝试回答自己提出的问题。

（4）思考（reflection）：在阅读时积极思考，力图理解，想出一些例子来解释，将之与原有知识联系起来。

（5）复述（repeat）：在学完一个纲目的内容后，尝试回忆所含知识并回答自己所提出的问题。如果不能回忆，就重新记忆困难的部分。

（6）复习（review）：学完整章后，默默回忆其中的要点，再次尝试回忆自己所提出的每个问题。

PQ4R法对有意义的信息进行了积极的组织，学习者充分了解全部材料是怎样组织起来的，因而产生极佳效果。

2. 记忆术

记忆术的要点在于通过意义化、形象化、趣味化、有序化等手段使识记敏捷、保持牢固、回忆或再认迅速。无论是记忆有意义的信息还是记忆无意义的信息，记忆术都有特效。

（1）意义化：将无意义的信息赋予人为意义，或使意义不明的信息明晰化。如，817263549这个数字，只要发现每两位相加都等于最后的9，奇位数从8起依次减1，偶位数从1起依次加1。发现了规律，即信息意义明晰了，就很好记了。

（2）形象化：将抽象的信息转化为形象的信息。如，马克思的出生时间是"1818年5月5日"，可作这样的意义化：马克思一巴掌一巴掌打得资本家呜呜地哭。如此记忆，效果非常好。

（3）趣味化：将枯燥的信息转化为生动有趣的信息。如，将中国历史朝代编为口诀："唐尧虞舜夏商周，春秋战国乱悠悠。秦汉三国晋统一，南朝北朝是对头。隋唐五代又十国，宋元明清帝王休。"整齐押韵又有趣，极易记诵。

（4）有序化：通过分类将凌乱的信息变成有条理、有体系的信息网，非常有利于整个记忆活动。

三、思维

思维是高级的认知活动，对感知与记忆进行整合统驭，从而发挥认知的整体作用。

(一) 思维及其意义

1. 什么是思维

思维是个体借助经验对事物进行的间接与概括的认知。经验既为思维相对摆脱感知创造了前提,又成为感知转化为思维的条件。比如,教师根据表情的有关知识推断学生听课的成效就很好地体现了教师的教学思维。在这里,通过观察、学习和实践积累了有关表情的经验,据此做出了听课表情与听课成效关系的判定。又如,中医医生通过望、闻、问、切等对病人的疾病做出诊断并对症下药就很好地反映了医生的医疗思维。在这里,通过观察、学习和实践积累了有关疾病的知识,据此做出了病症与病因及药品之间关系的判断。从这两个例子可以看出,由于经验积累的缘故,思维具有间接性和概括性的双重特点。

思维的间接性是指借助经验实现对感知不能直接了解的事物的认知;思维的概括性是指借助经验完成对一类事物或事物之间关系的认知。间接和概括的双重认知使得思维突破感知的直接性、个别性和表面性,同时又为感知及记忆活动提供组织性、全面性和深刻性。这样,思维连带感知、记忆就成为一体的认知,与人类的实践活动紧密结合,实现着人类自身发展的美好目标。

2. 思维的意义

思维对于人类的根本意义在于:一切成就、发明和创造从根本上讲都是思维的结果。虽然思维能力并不限于人类才有,但其他动物最多具有形象思维,只有人才有以语言为基础的抽象思维。因为发达的思维水平,人类成为万物之灵。人类发展最重要的一项资源正是思维能力,个体发展最重要的一项能力也就是思维能力。如何开发思维潜能、发展思维能力一直是人类发展需要解决的一项大课题。

(二) 思维的基本事实

思维是非常复杂的认知活动,可以从多个角度进行分类。

1. 按思维的凭借物分类

根据思维的凭借物,思维分为动作思维、形象思维与抽象思维

(1) 动作思维。动作思维是以实际动作为凭借物的思维。比如,3岁前幼儿的思维就属于动作思维,他们的思维过程离不开摆弄物体的活动。又如,体操运动员一边进行操作一边进行的思维也属于动作思维。但成人很难有纯粹的动作思维,表象与经验往往参与其中。动作思维是从动作到动作的过程。

(2) 形象思维。形象思维是以有关事物的表象为凭借物的思维。比如,3~6岁幼儿的思维主要是形象思维,解决"2+3=?"这一问题,他们往往是这样想

的：2个糖果和3个糖果合起来就有5个糖果，于是2+3=5。又如，作家写小说创造典型形象、画家创作美术作品等都离不开形象思维。形象思维是从表象到联想再到想象的过程。

（3）抽象思维。抽象思维是以概念为凭借物的思维。比如，数学定理的证明、文章中心思想的概括、科学假设的提出、人物品德与才能的评价等都有赖于相关概念及其构建。抽象思维是从概念到判断再到推理的过程，又有形式逻辑思维与辩证逻辑思维之分。前者如，若$a>b$，$b>c$，则可得出$a>c$；后者如，"运动是绝对的，静止是相对的"。

在个体思维的发展中，总是按动作思维到形象思维再到抽象思维的顺序发展，它们的间接性与概括性水平有高低之分。但是，不能说动作思维的水平就低于形象思维、形象思维的水平就低于抽象思维。因为这是三种不同性质的思维，有时无法进行水平上的简单比较。

2. 按思维探索的方向分类

根据思维探索的方向，思维分为聚合思维与发散思维。

（1）聚合思维。聚合思维是把问题所提供的各种信息聚合起来，朝着一个方向得出唯一正确答案的思维。比如，学生a、b、c、d的身高分别是1.72米、1.69米、1.80米、1.78米，问哪个学生最高？解决这个问题的思维就是聚合思维。数学教学中的"一解多题"大体就是培养聚合思维能力。

（2）发散思维。发散思维是根据问题所提供的信息，朝着不同方向探求多种可能答案的思维。比如，问圆形的东西有哪些？你可以说出排球、车轮、杯子、纽扣、水滴、太阳等答案。解决这个问题的思维就是发散思维。数学教学中的"一题多解"即重视培养发散思维能力。

美国心理学家吉尔福特认为发散思维具有流畅性、变通性和独特性三个特征，是创造思维的主要成分，但实际上，在创造活动中发散思维与聚合思维紧密地联系着。

3. 按思维的逻辑性分类

根据思维的逻辑性，思维分为分析思维与灵感思维。

（1）分析思维。分析思维是严格遵循逻辑规律进行分析与推导从而解决问题的思维。比如，学生通过多步的推理和论证解决数学几何证明题，就采用分析思维。分析思维是在意识状态下进行的，具有明确的逻辑性。

（2）灵感思维。灵感思维是借助直觉启示产生突然领悟从而解决问题的思维。比如，相传阿基米德在澡盆里悟出判定王冠中黄金成分的方法，发现了著名的浮力原理；"交响乐之父"海顿因偶然买回一堆玩具而获得启示，一气呵成脍炙人口的"玩具交响曲"等，都是灵感思维的例证。灵感思维是在无意识状态下进行的，具有明显的突发性与突破性。

灵感思维很复杂，它与分析思维的根本不同似乎在于：人这一思维主体处于自在状态，解决问题时表现出完全不同的逻辑水平。

4. 按思维的创造性分类

根据思维的创造性，思维分为常规思维与创造思维。

（1）常规思维。常规思维是运用已获得的知识经验，按现成的方法、固定的模式来解决问题的思维。如学生运用已学会的数学知识解决同一类型的题目。这种思维创造性水平低，常常是旧知识经验在新情况下的运用。

（2）创造思维。创造思维是组织和改造已获得的知识，以新颖、独特的方式来解决问题的思维。如设计师发明了一部新的机器，艺术家进行新作品的构思与创作，学生独立地想出新的解题方法，等等。创造思维没有固定的模式，往往是一个曲折而复杂的过程。

格式塔心理学家韦特海默（1880—1943）曾列举数学家高斯（1777—1855）的例子来说明这两种思维的区别。高斯6岁初入学时，老师出了一道算术题：1＋2＋3＋4＋5＋6＋7＋8＋9＋10＝？其他学生都采用传统的、老师教过的累加方法计算，唯独高斯采用了新方法：1＋10＝11，2＋9＝11，3＋8＝11，4＋7＝11，5＋6＝11，然后将5个11相加。韦特海默称高斯这样的思维为创造思维，而其他同学的思维则称为常规思维。

另外，根据思维的知识形态，思维还有宗教思维、艺术思维与科学思维之分。这种分类一般是从人类社会发展的角度进行的，个体在这个思维维度上的基本事实也有所不同，值得深入探讨。

（三）思维过程

思维过程很复杂，以下从三个方面进行探讨。其中，描述思维过程的认知活动是初级的探讨，分析问题解决的思维过程是中级的探讨，而揭示创造思维的基本过程是高级的探讨。

1. 思维过程的认知活动

思维过程包括分析、综合、比较、分类、系统化、抽象、具体化等认知活动，其中分析与综合是最基本的认知活动，其他思维认知都是通过分析与综合来实现的。

（1）分析与综合。分析是将经验对象分解为各个要素或不同功能从而获得各部分认知的思维活动。比如，将人体生命分解为生理和心理两个系统，获得对生理和心理在结构与功能两大方面的认知。综合则是对分析出来的要素或功能进行整合从而获得整体认知的思维活动。比如，有了对人体生理和心理在结构与功能两大方面的认知，可以获得身心交互作用的生命整体认知。显然，分析与综合是彼此相反而又相互联系的统一过程，遵循着分析前综合—分析—分析后综合的交叉反复。

分析与综合在不同的思维形式里都可以体现出来。既可以在动作思维中进行，比如先把机器的零件卸下，检查后再组装起来；也可以在形象思维中实现，比如用作图法计算出圆柱体的表面积；还可以在抽象思维中完成，比如应用数学定理解答数学方程。

（2）比较。比较是确定各个经验对象之间异同的思维活动。经验对象之间存在着同一性和差异性是比较的前提，当我们为了解决它们性质的异同、数量的多少、质量的优劣、形式的美丑等问题时，就得运用比较。

比较有纵向比较和横向比较两种形式，纵向比较有助于发现变化，横向比较则有助于找到差异。既要有纵向比较也要有横向比较，才能获得对有关对象的全面认知。在进行比较时，必须始终按照同一标准这一根本规则进行，才能获得对有关对象的科学认知。

（3）分类与系统化。分类是将不同经验对象归入一定类别的思维活动。比如，根据自我内容的不同，可以将自我分为生理自我、心理自我和社会自我；根据自我形式的不同，可以将自我分为自我认识、自我体验和自我控制。分类可以是前科学分类也可以是科学分类。前者根据对象的外部特征和表面属性进行，后者则根据对象的内部特征和本质属性进行，它们在描述对象的有序化任务上起着不同作用。

系统化是将不同经验对象归入一定类别系统的思维活动。它是在分类的基础上进行的，完成了一定范围内全部分类以及一定意义上的层次化。比如，教师指导学生对课程的某单元的全部知识点进行归类、编写提纲、绘制分类表就是系统化的表现。系统化有助于知识经验的结构化，也有助于保持和运用。

（4）抽象与具体化。抽象是将经验对象的本质特征与非本质特征加以分离的思维活动。比如，有羽毛、卵生是鸟的本质特征，会飞是其非本质特征。经过抽象，人们就可以认知对象的本质与规律。

具体化是将抽象出来的本质特征运用到一定对象上的思维活动。比如，鸡有羽毛、是卵生动物，鸡属于鸟类。这样的思维就是具体化。具体化使得人们彻底理解经验对象的本质和规律。

2. 问题解决的思维过程

（1）杜威的观点。美国机能主义心理学家杜威（Deway，1910）的观点具有代表性，在此做一简要介绍。杜威根据自己的大量观察和逻辑分析，认为问题解决一般包括以下五个步骤。

失调。感受到问题的存在，进行初步的怀疑、推测，产生一种认知的困惑感或对问题的意识状态。这是一个心理前提。

诊断。确定和界说问题，从问题情境中明确问题的已知条件、要达到的目标以及要填补的问题空间。这是有效解决问题的关键。

假设。在分析问题空间的基础上，激活有关的背景知识和先前获得的解决问题的方法，从而提出各种方案，形成假设。

推断。对解决问题的各种假设进行逻辑的或实际的检验，推断这些方法可能出现的结果，并对问题再做明确的阐述，从中选择最佳方案。

验证。找出经检验证明为解决某一问题的最佳方法，并把这一成功的经验组合到已有认知结构中去，以便于解决同类的或新的问题。

我国心理学界一般认为问题解决的思维过程有四个阶段，即发现问题、明确问题、提出假设和检验假设。这种观点与杜威的观点基本相通。

（2）影响问题解决的因素。问题解决受多种因素的影响，有客观因素，也有主观因素。有些因素能促进问题的解决，有些因素则妨碍问题的解决。这里分析比较重要的，特别是有研究根据的一些心理因素。

知识经验。知识经验越丰富，越有利于问题的解决。专家与新手的区别在于，前者具备有关问题的知识经验并善于实际运用这些知识来解决问题。西蒙等人对这个问题进行过研究，他们把有25个棋子的国际象棋棋盘以5秒的时间向大师和一般棋手呈现（5秒的时间，被试完全能看清棋盘，但不能存入长时记忆）。分两种实验条件：一是其他棋手下到一半的棋局，二是随机摆上25个棋子的棋局。呈现的棋局撤走后，要求被试把刚才看过的棋局在另一棋盘上摆出来。结果发现：对于条件一，大师能恢复23个棋子，一般棋手只能恢复6个左右；对于条件二，大师与一般棋手能恢复的数量相等，都是6个。根据研究西蒙认为，任何一个专家必须储存5万～10万个组块的知识，费时多在10年以上。由于专家具有大量的知识以及运用知识的各种经验，因而能够熟练地解决领域内的各种问题。

问题表征。问题表征即对问题的理解和表达方式，它直接影响到问题的解决。如图3-1（a）（图来自网络）所示，请用不中断的4条直线不倒退地连接9个点。看似简单，却也不易。原因是问题表征受到知觉整体性的影响：这9个点容易被组织起来，构成一个封闭的四边形，从而使人难以突破四边形的边界。但只有突破边界，问题方可得到解决，如图3-1（b）所示。

定势。作为一种心理准备状态，对问题解决定势有积极或消极作用。陆钦斯的量水实验很好地说明了定势在解决问题中的消极作用。在这个例子里，定势使问题解决的思维活动出现刻板化现象。

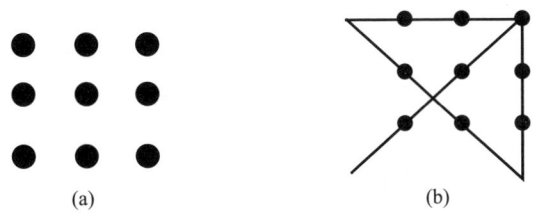

图 3-1　九点图及其解法

酝酿效应。当反复思考一个问题却没有结果时，把问题暂时搁置一段时间，过后再来解决反而可能找到解决办法。这种现象就是酝酿效应。思尔卫拉（Silveira，1971）用实验说明了这种效应。给被试提出经济项链问题："有 4 条链子，每条链子有 3 个环。打开一个环花 2 分钱，封闭一个环花 3 分钱。开始时所有环都是封闭的。任务是把 12 个环连接成一个大链子，但花钱不能超过 15 分钱。"实验中的 3 组被试都用半小时来解决问题。结果：一组半小时里 55% 的人解决了问题；二组在半小时解决问题中间插入半小时做其他事情，64% 的人解决了问题；三组在半小时解决问题中间插入 4 小时做其他事情，85% 的人解决了问题。实验中主试要求被试大声说出解决问题的过程，发现二、三组被试回头来解决问题时并不是接着已完成的解法去做，而是像原先那样从头做起！可以说，酝酿效应打破了不恰当思路的定势，促进了新思路的产生。

动机强度。动机是影响问题解决的重要因素。可以将动机强度与解决问题效率的关系描绘成一条倒置的 U 形曲线（图 3-2）。即在一定范围内，解决问题的效率随着主体动机的增强而提高，但是动机强度超过了一定限度后，解决问题的效率反而下降。适中的动机水平有利于问题解决，过强或过弱的动机水平都不利于问题解决。因为太强的动机使人处于高度的紧张状态，容易忽视重要线索；而动机太弱，主体又容易被无关因素所吸引。

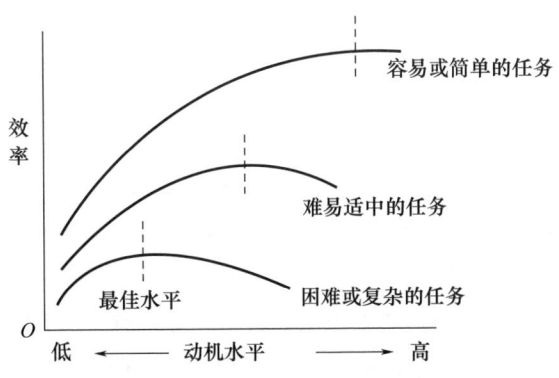

图 3-2　倒置的 U 形曲线与叶克斯-多德森定律

情绪状态。情绪状态对问题解决也有明显的影响。叶克斯-多德森定律（图3-2）表明，作业绩效与唤醒水平之间成曲线关系，即唤醒水平太低或太高，作业绩效都不好，只有在中等的唤醒水平时，表现出最佳绩效。此外，对于困难问题来说，适宜的唤醒水平比简单问题时要低一些。这说明问题解决效率受问题的难易程度和主体的情绪状态的双重影响。

此外，人格特质也是重要的、影响广泛的心理背景因素。

3. 创造思维的基本过程

（1）瓦拉斯的观点。关于创造思维的过程的研究，主要来自对科学家、艺术家创造过程的分析，以及对他们的日记、传记的研究。英国心理学家瓦拉斯（Wallas，1926）提出的四阶段理论最具影响，在此做一简要介绍。

准备期。创造思维从收集对创造活动的必需信息、掌握有关技术等准备工作开始。这一阶段，最重要的是明确创造目的，研究前人的经验，掌握丰富的知识和必要的技能。为了发展创造性思维，应该有相当广博的知识和技术准备。这一阶段往往很费时。比如，爱因斯坦名著《相对论》的写作只花了5周时间，但准备工作却花了7年之久。

酝酿期。将收集到的资料经过深入的思考和探索难以产生有价值的想法之后，将问题暂且搁置，思路似乎中断了，实际上仍在无意识中断续进行。这一阶段，最主要的是摆脱了长期的精神紧张，思维处于自在的再加工，等待新思想、新心象的出现。

豁朗期（灵感期）。由于某种机遇突然使新思想、新心象浮现出来，百思不得其解的问题一下子迎刃而解。这一阶段，最突出的是灵感的出现，所以又称灵感期。灵感有时产生在与创造无关的活动中，有时产生在睡梦里。比如，法国数学家笛卡尔提出解析几何学得自梦中的灵感；德国化学家凯库勒提出苯的分子结构灵感也来自于梦。

验证期。这是对豁朗期产生的新思想、新心象进行评价、补充和修正使创造工作趋于完善的时期。可以通过逻辑推理的方式确定思想观点，通过实验或调查进行检验；也可以根据这些思想观点，用文学艺术的方式加以表现，通过具体作品展示出来。

（2）创造思维过程的特征。前面已述，吉尔福特认为发散思维具有流畅性、变通性和独特性三个特征。实际上，这三个特征也正是人在创造思维过程中表现出来的主要特征。此外，还有其他一些特征。

流畅性。即在限定时间内产生观念的数量，多则好，少则差。吉尔福特把思维流畅性分为四种形式，即用词的流畅性、联想的流畅性、表达的流畅性和观念的流畅性。

变通性。即思维变化多端，摒弃旧的习惯思维方法、开创新的思维方向的能力。富有创造性的人思维方向多、范围广，创造性贫乏的人通常只想到一个方向而缺失灵活性。

独特性。指产生超乎寻常的独特、新颖的见解的能力，也包括重新定义或按新的方式对所见所闻加以组织的能力。

敏感性。指及时识别并把握独特、新颖观念的能力。

确证性。指对初步把握的新异观念加以验证并坚持的能力。

以上五个特征在创造思维过程中虽然都有所表现，是相互联系的，但在不同阶段的表现又是有所不同的，不存在固定的表现模式。

（四）思维形式

思维形式问题很重要，个体思维能力依托于思维的内容与形式的双重发展。不同性质的思维活动所规范的内容与形式都有所不同，这里主要对抽象思维与形象思维的最基本形式做简单介绍。

1. 概念

（1）概念及其意义。概念是人们对某类事物的属性的概括。每一个概念都有它的内涵和外延，内涵是概念所指称事物的属性，外延是概念所指称的全部事物，内涵与外延的关系是成反比例的。概念与语词关系密切，语词是概念的形式，概念是语词的内容。实词能表达概念，虚词不能表达概念。

概念是思维特别是抽象思维的最基本形式。思维活动、问题解决、创造思维等都是在概念基础上进行的，都是通过概念及判断、推理实现的。从某种意义上说，掌握概念是思维能力发展与培养的根本。

（2）概念的结构。关于概念的心理结构，目前心理学主要有两种理论：特征表说和原型说。

特征表说认为，概念是由定义特征和概念规则两个因素构成的。定义特征是一个概念必须具有的本质特征，概念规则是具体整合定义特征的规则，包括肯定、否定、关系等。人们头脑里的概念就是由定义特征和概念规则有机结合而成的。

罗施（E. H. Rosch，1975）等人研究了概念的从属关系，分析了概念的分层次组织特征。如表3-1所示，上层概念包含着基层概念，基层概念又包含着下层概念，概念之间具有从属关系。罗施认为三种水平的概念中，基层概念最重要。人在学习中首先接触的多是这种概念，它在人类语词中是最重要的。

原型说认为，概念主要以原型即它的最佳实例来表示，人们主要是从最能说明概念的一个典型实例来理解概念的。在罗施的实验中，向被试呈现属于不同语义概念的许多语词实例，要求他们就其代表相应概念的程度做出等级评定，结果得出了概念的原型和范畴成员的代表性程度。例如，椅子和沙发是家具概念的原型，而柜橱和床则是偏离原型距离较远的实例。概念容许其实例在一定的范围内发生变化，但原型是核心，原型为各具特点的众多实例组成一个整体提供了基础。概念就是由原型和范畴成员的代表性程度这两个因素构成的。

表 3-1　上层、基层、下层概念的实例

上层	基层	下层	
乐器	吉他 钢琴 圆鼓	民间吉他 大钢琴 定音鼓	古典吉他 竖式钢琴 低音鼓
水果	苹果 桃子 葡萄	美味苹果 蟠桃 深紫色葡萄	薄皮苹果 水蜜桃 无核白葡萄
工具	锤子 锯子 起子	圆头锤 弓锯 菲利普起子	羊角榔头 横切锯 通用起子
服装	裤子 袜子 衬衫	牛仔裤 长袜 礼物用白衬衫	针织裤 短袜 针织衬衫
家具	桌子 灯 椅子	厨房用桌 落地灯 厨房用椅	餐室用桌 台灯 起居室用椅
车辆	小汽车 公共汽车 卡车	双座轻型汽车 城市公共汽车 小吨位卡车	四门轿车 长途汽车 拖拉机牵引的大卡车

可以认为，特征表说对于说明科学概念可能是合理的，原型说对于说明日常概念显然更加合理。

（3）概念形成的因素。个体形成概念主要有两条途径：一是在日常生活中通过观察、交往、模仿，在感性概括的基础上掌握日常概念；二是通过参加专门的学习、教学活动，在抽象概括的基础上掌握科学概念。

在教学过程中，学生形成科学概念的影响因素很多，以下略做一些分析。

日常概念。日常概念是许多科学概念形成的基础，日常概念会影响到科学概念的形成，这种影响可能是积极的也可能是消极的。比如，心理学中的"记忆""情绪""动机"等科学概念与日常概念基本一致，日常概念产生积极影响；而"感觉""气质""人格"等科学概念与日常概念有很大不同，日常概念就产生消极影响。

实例变式。提供概念所包括的实例的变式，不充分或不正确的变式会引起缩小概念或扩大概念的错误。比如，有的儿童认为鸡不是鸟类，就是因为他们把"会飞"这一显著特征归入概念的内涵；有的儿童认为蝴蝶是鸟，则是因为他们没有把"有羽毛"这一本质特征纳入概念的内涵。因此，既要提供具有本质特征但不具有显著特征的正例，也要提供具有显著特征但不具有本质特征的反例。

下定义。用简明的语言表述概念的内涵，给概念下定义有助于掌握科学概念。对概念形成有积极作用的定义，必须以丰富的感性材料为基础。教学中下定义要适当、适时，既能表述概念的内涵，又要适合学生的水平。定义有不同的深度，可以结合学生的发展实际，采用深度不同的定义。

具体化。运用概念于实际，是概念的具体化过程，而概念的每一次具体化，都会使得概念进一步丰富和深化，对概念的理解就更加全面、深刻。概念的具体化可以用举例说明概念的方式，也可以用做习题的方式，还可以用解决实际问题的方式，等等。

2. 表象

表象也是思维特别是形象思维的最基本形式。

（1）表象及其意义。表象是个体回忆起来的有关事物的形象。从记忆的角度看，有形象记忆保存的视听形象，有情绪记忆保存的情景画面，还有动作记忆保存的动作映象，等等。表象和语词一起构成为记忆的基本形式。缺乏丰富表象为内容的形象思维是枯竭的形象思维。对形象思维来说，形象记忆保存的视听形象又具有特别的意义。

（2）表象种类。表象有具体表象和一般表象；有记忆表象和想象表象。

具体表象是关于某一具体事物的表象，一般表象则是关于同一类事物的表象。前者更多体现了直观性，这与感知相似；后者具有更多的概括性，这又与抽象思维相似。正是表象的直观性与概括性使得形象思维不同于抽象思维。

表象不仅有记忆表象，而且还有想象表象。想象是在记忆表象的基础上加工改造产生新表象的过程，由想象产生的新表象就是想象表象。根据记忆表象生成想象表象正是想象这一形象思维的高级形态积极活动的结果。

（3）表象发展。经过感知产生记忆表象，个体对记忆表象进行加工改造产生新表象就是想象，这是形象思维发展的路径。记忆表象被语词类化，作为概念的形象依附发挥作用，这是抽象思维发展的路径。表象发展对于个体的形象思维与抽象思维尽管意义不一，但都能产生各自的特有作用。语词对概念及表象具有双重记载作用，不断丰富各种表象、学习好通用语言与专业语言对于个体思维能力的发展及培养意义非凡。

本讲小结

1. 什么是感知

感知是感觉与知觉的统称，是个体对直接作用于感觉器官的刺激物的外部属性的认知活动。感知是认知的起点，也是保证心理活动正常发展、维系身心健康的内在必要条件。

2. 感知的基本事实

感觉可以分为外部感觉与内部感觉，外部感觉包括视觉、听觉、嗅觉、味觉与皮肤觉，内部感觉包括内脏感觉、运动觉和平衡觉。

知觉可以分为物体知觉与社会知觉，物体知觉有时间知觉、空间知觉和运动知觉，社会知觉有对他人的知觉、人际知觉和自我知觉等，物体知觉与社会知觉过程中都可能产生错觉及幻觉。

3. 感知的基本规律

感觉的基本规律通过感受性及其变化表现出来。感受性与感觉阈限成反比关系，感受性的变化有感觉适应、感觉对比、感觉相互作用等规律。

知觉的基本规律主要通过知觉的选择性、整体性、理解性和恒常性等特性表现出来。

4. 什么是记忆

记忆是个体对过去经验的再次认知，也可以定义为对输入信息的编码、储存和提取的过程。记忆过程包括识记、保持、再认或回忆三个环节。记忆是感知到思维的中间过程，是个体心理得到连续发展的条件。

5. 记忆的基本事实

记忆可以根据意识参与程度分为内隐记忆和外显记忆；可以根据内容分为形象记忆、语义记忆、情绪记忆和动作记忆；可以根据保持时间分为瞬时记忆、短时记忆和长时记忆。

6. 记忆过程

识记是记忆过程的第一个环节，有无意识记和有意识记、机械识记和意义识记之分。影响识记的主要因素有识记任务、识记材料、识记方式和识记方法等。保持是记忆过程的第二个环节，保持既有量的变化也有质的变化。再认或回忆是记忆过程的第三个环节，是复杂的、积极的过程。遗忘与记忆全过程对立统一，解释遗忘原因的学说主要有痕迹衰退说、信息干扰说、提取失败说和动机压抑说。遗忘的一般进程是先快后慢。

7. 记忆策略

比较成熟的记忆策略有 PQ4R 法以及通过意义化、形象化、趣味化、有序化等手段提高记忆效率的记忆术。

8. 什么是思维

思维是个体借助经验对事物进行的间接与概括的认知；间接性和概括性是思维的两个基本特点。思维是高级的认知活动，思维能力是最重要的内在资源。

9. 思维的基本事实

根据凭借物，思维有动作思维、形象思维和抽象思维；根据探索方向，思维有聚合思维和发散思维；根据逻辑性，思维有分析思维和灵感思维；根据创造性，思维有再造思维和创造思维；根据知识形态，思维有宗教思维、艺术思维与科学思维。

10. 思维过程

思维活动的一般过程包括分析、综合、比较、分类、系统化、抽象、具体化等认知活动。美国心理学家杜威认为，解决问题的思维过程包括失调、诊断、假设、推断、验证五个步骤，影响问题解决的因素主要有知识经验、问题表征、定势、酝酿效应、动机与情绪状态等。英国心理学家瓦拉斯认为，创造思维包括准备期、酝酿期、豁朗期和验证期四个阶段，创造思维过程有流畅性、变通性、独特性、敏感性和确定性等特征。

11. 思维形式

思维活动既有思维内容也有思维形式，概念与表象分别是抽象思维和形象思维的最基本的形式。关于概念的结构有特征表说和原型说两种学说；影响科学概念获得的因素主要有日常概念、实例变式、下定义、具体化等。

专业术语

感觉、外部感觉、内部感觉、感受性、感觉阈限、感觉适应、感觉对比、感觉相互作用、知觉、物体知觉、社会知觉、错觉、幻觉、知觉选择性、知觉整体性、知觉理解性、知觉的恒常性、记忆、识记、保持、再认、回忆、内隐记忆、外显记忆、瞬时记忆、短时记忆、长时记忆、记忆恢复现象、遗忘曲线、前摄抑制、倒摄抑制、舌尖现象、记忆术、思维、动作思维、形象思维、抽象思维、聚合思维、发散思维、创造思维、灵感思维、分析、综合、问题表征、定势、酝酿效应、概念、表象、想象

思考问题

1. 感受性的变化有哪些基本情况?
2. 知觉的基本规律有哪些?
3. 分析影响识记效果的因素。
4. 遗忘的原因有哪些?
5. 举例说明思维过程的主要认知活动。
6. 举例说明影响问题解决的有关心理因素。
7. 试论述创造思维的过程及其特点。
8. 举例说明影响科学概念的有关因素。

拓展读物

1. 叶奕乾,何存道,梁宁建. 普通心理学 [M]. 2版. 上海:华东师范大学出版社,2004.
2. 黄希庭,郑涌. 心理学十五讲 [M]. 北京:北京大学出版社,2005.
3. 黄希庭. 心理学导论 [M]. 3版. 北京:人民教育出版社,2015.
4. 郭永玉,王伟. 心理学导引 [M]. 武汉:华中师范大学出版社,2007.

第四讲　情意过程——情绪与意志的和谐

> **本讲要目**
> 一、情绪
> 二、意志过程
> 三、情意和谐

情绪过程和意志过程密切联系在一起，它们都影响着认知过程，都可以成为认知活动的动力因素、背景因素。因此，这里就把情绪和意志放在一起进行阐述。

一、情绪

情绪（emotion）、情感（feeling）、感情（affection）三个词经常混用，可以认为情感是情绪的感受方面，情绪是情感的表达方式，感情则是情绪、情感的统称。

（一）什么是情绪

1. 情绪的定义

情绪是个体对客观事物是否符合需要产生的体验以及相应的行为反应。情绪是包括主观体验、生理唤醒与行为反应的心理过程。

情绪首先是一种主观体验。"人非草木，孰能无情？"各种情绪，比如喜悦、愤怒、悲伤、恐惧、苦恼、郁闷等，是人人都有过的切身体验。这些体验基于客观事物与人的需要之间的关系，需要得到满足就会引起肯定的情绪、得不到满足就会产生否定的情绪。事物是否符合个体的需要又有赖于认知的评估作用，也就是客观事物与个体需要之间的关系经过认知评估就产生相应的情绪体验。情绪体验主要通过快感度、强度、紧张度以及复杂度这四个维度表现出差异。

情绪有相应的生理唤醒。情绪一经产生，个体就会产生一系列的生理反应。这些反应主要包括心率、血压、血容量、肌电、脑电、皮肤电方面的变化，以及体温、呼吸、内外分泌腺等功能的改变。它们是情绪变化的客观表现，成为情绪测量的生理指标。意识往往难以控制情绪的生理反应。研究表明，不同情绪状态存在着不同的生理反应模式。

情绪还有相应的外部行为。情绪通过人的面部、体态、言语等表现出来即为表情，它以有形的方式体现着情绪的内在体验，成为人际交往和沟通的重要工具，是了解情绪主观体验的一种指标。表情的识别是社会认知的重要内容。

情绪是原始的，是人和动物所共有的；情感则是人类所特有的心理活动，具有一定的社会历史性。我国心理学家黄希庭教授认为："情绪这个概念既可以用于人类，也可以用于动物，情感这个概念通常只用于人类，特别在描述人的高级社会性情感时。"（黄希庭．心理学导论．2版．北京：人民教育出版社，2007：460）对于情绪与情感的区别，这样的说法简洁明了。这里不再做过多的论述。

2. 情绪的特点

（1）两极性。情绪的两极性是指每一种情绪在性质与作用上都有与之对立的另一种情绪。

首先表现为肯定和否定两种对立的体验。如果个体的需要能够得到满足、愿望能够实现、观点获得支持认可，那么就会产生肯定的情绪，如满意、快乐、敬慕、热爱、兴奋等；反之就会产生否定的情绪，如不满、悲哀、蔑视、憎恨、沮丧等。

其次表现为积极的增力作用和消极的减力作用。积极的情绪驱使个体积极地去行动，如愉快、激情等能激发人去从事各种社会活动；消极的情绪则减弱个体的积极性，如忧愁、悲伤、失望等会降低人的活动能力。有的情绪在一定的情境中，既可以产生积极作用，也可以产生消极作用。如恐惧可以抑制人的行动，也可以激活人的抗争精神；悲痛会降低活动能力，也可以激化为奋发力量。

生理学家在动物和人的上丘脑、边缘系统及相邻部位发现了主导积极情绪和消极情绪的神经中枢，它们被称为"愉快中枢"和"痛苦中枢"。这个发现为解释情绪的两极性提供了依据。但是，情绪的两极性是相辅相成的，在一定条件下还可以相互转化，这主要取决于需要状态和认知评估的变化。

（2）表情性。古人云："情动于中而形于外。"情绪的表情性是指情绪的内在体验往往会通过人的面部、体态、言语等表现出来，即人类的表情有面部表情、体态表情和言语表情三种。

首先是面部表情。由面部肌肉的运动和面色的变化所表达,其中以眉毛、眼睛、鼻子、嘴巴和整个面部肌肉的变化为主。伊扎德将人的面部分为额眉—鼻根区、眼—鼻颊区和口唇—下巴区,认为这三个区域的活动构成了不同的面部表情。比如,喜悦时,额眉—鼻根区放松,眉毛下降;眼—鼻颊区眼睛眯小,面颊上提,鼻孔扩张;口唇—下巴区嘴角后收、上翘。这三个区域的肌肉运动组合起来就构成了笑的表情。在不同的面部表情中,起主导作用的肌肉各不相同。比如,笑时嘴角上翘;惊奇时双眼和嘴巴张大;悲哀时双眉和嘴角下垂。

其次是体态表情。由除面部之外的身体姿态和动作的变化所表达,其中以头、手、脚的动作变化为主。比如,高兴时手舞足蹈、昂首挺胸、欢呼跳跃;愤怒时双手握拳、捶胸顿足、全身发抖;悲伤时低头肃立、步履沉重、动作迟缓。舞蹈和哑剧就是演员使用体态表情和面部表情表达情感及思想的艺术形式。

最后是言语表情。由音调、音色、节奏、速度等言语特质的变化所表达。比如,高兴时,音调高昂、节奏轻快、语音高低差别较大;愤怒时,音调高亢、急促、尖锐、严厉;悲伤时,音调低沉、言语缓慢、语音高低差别较小;恐惧时,音调高而急促、声音刺耳、颤抖。歌唱家、演说家主要是借助于言语表情来打动听众的。

在以上三种表情中,面部表情在表达情绪及人际交往中起着主要作用,体态表情和言语表情往往是情绪表达的辅助手段。但是,三种表情是一个有机系统,如果出现三者不协调、不一致的状态,往往意味着存在情绪伪装。

人类的表情具有先天性、普遍性和文化性。达尔文早在1872年的《人类和动物的表情》一书中就认为,人类的情绪表达是从其他动物的类似表达进化而来的,人类表达情绪的许多原始方式本身具有某些生存价值的遗传模式。比如,人在愤怒时所表现出来的咬牙切齿、鼻孔和眼睛张大等反应,就是准备搏斗的适应性反应,这些表情动作通过遗传得以延续保留下来。这说明人类表情具有先天性。这个观点还得到了当代不少研究的支持。其次表情具有普遍性。有些面部表情似乎全世界都是一样的,代表相同的意义,生活在不同文化的人,都能识别特定面部表情所代表的情绪。美国的艾克曼和弗里森(Ekman, P. &Friesen, W. V, 1971, 1975)共同开展的系列研究证明了愉快、愤怒、悲哀、惊奇、厌恶和恐惧这6种表情具有跨文化的普遍性。(哈克.改变心理学的40项研究:探索心理学研究的历史.白学军,等译.北京:中国轻工业出版社,2004:225-235)。第三表情还具有文化性。对于特定的情绪表达模式来说,人类分享着相同的基因遗传机制,但是不同的文化对情绪的掌控却存在着不同的标准。因此,不同文化背景的人的基本情绪尽管都有一致的面部表情,但在情绪的具体表现方式与表达程度上却有所不同。由于表情的文化差异性，加之存在装饰，识别表情既是复杂的也是重要的。

3. 情绪的功能

情绪对个体的认知、行为以及人际交往都有影响，表现出一系列功能，具有积极和消极的双重意义。

（1）适应功能。即情绪是个体适应生存和发展的一种重要方式，情绪影响着个体的生存适应活动。哭是婴儿最早出现的情绪，也是最有特征的适应方式，婴儿用哭声向大人表达他们身体的饥渴或不适。笑对婴儿来说最初只是生理舒适的反应，后来在与成人的不断接触中，产生了微笑与依恋。成人正是通过婴儿的情绪反应及时为他们提供各种生活条件。在成人的生活中，情绪直接反映着生存的状态，如愉快表示适应良好，适应不良则往往焦虑与烦恼；人们不断进行情绪调节，比如用微笑表示友好，用移情维护人缘，就是为了身心健康而适应社会生活，进而获得更好的生存和发展。

（2）动机功能。即情绪是动机系统的一个基本成分，情绪影响着个体的行为效率。积极情绪会成为行为的积极诱因，消极情绪会成为行为的消极诱因，这样就使得个体追求导致积极情绪的目标而回避导致消极情绪的目标。适度的情绪兴奋会使身心处于最佳活动状态，能促进个体积极地行动，从而增进行为的效率。比如，有研究表明，适度的紧张和焦虑能促进人积极地思考和解决问题。另外，情绪对生理内驱力也能起到放大信号的作用，成为驱使人们行动的强大动力。比如，人在氧气不足的情况下会产生补充氧气的生理需要，但这种生理内驱力本身可能没有足够的力量去激励行为，而此时产生的恐惧感和急迫感却会产生强大的驱动力。

（3）组织功能。即情绪是一个独立的心理过程，对其他心理过程而言是一种监测系统，是心理活动的组织者。情绪促成知觉选择，情绪的偏好是影响知觉选择性的因素，比如，婴儿喜欢红色、黄色，他们选择玩具多是红、黄色的物品。情绪影响记忆，人们容易记住喜欢的信息，更容易回忆起与识记时处于同样情绪的信息。情绪也影响思维与意志，积极情绪对思维、意志具有支持作用，消极情绪对思维、意志则有瓦解作用。

（4）信号功能。即情绪的外显形式——表情与语言一样是人际交往的主要工具。表情是思想、情感的信号，在一些场合只能通过表情来传递信息，如微笑表示赞赏、点头表示默认等。表情还是言语交流的重要补充，如手势能使言语信息更加确定。表情的信号意义有助于人与人之间的相互了解，即使语言不通也能借助表情进行一定交流。情绪的适应功能也是通过信号功能得以实现的。

（5）感染功能。即个体之间情绪产生相互影响致使认知及行为发生变化。在一定条件下,一个人的情感可以使他人产生相似的或与之相联系的情感,这就是常说的情感共鸣。这是情绪感染功能的典型表现。比如,激动人心的演讲、扣人心弦的表演、感人肺腑的报告等都能引起观众的共鸣。相似经历或类似遭遇是感染功能得以实现的客观前提,个体的移情能力是感染功能最大化的主观条件。

在以上五种功能中,动力功能与组织功能主要表现在个体心理-行为系统内,其他的适应功能、信号功能和感染功能则主要作用于个体与个体心理-行为系统之间,它们一起为个体的整体发展、个体的社会化与个性化服务。

(二) 情绪的基本事实

1. 情绪的基本形式

情绪的形式复杂多样,从与人的内在需要关联的角度看,可以认为快乐、愤怒、恐惧、悲哀是情绪的基本形式,也是动物与人类共有的原始情绪,其他各种复杂情绪都是在这些基本情绪的基础上演化、派生而来的。

(1) 快乐。快乐是个体满足需要、实现愿望、达到目的时紧张解除后产生的情绪。快乐的强度与达到目的的艰难性、偶然性有关。一个目标越是难达到,达到后的快乐体验就越强烈;目的极为重要,并且是意外地达到,则会引起极大的快乐。快乐从强度上可以区分为满意、欣喜、欢乐、大喜、狂喜等。

(2) 愤怒。愤怒是个体愿望得不到满足、实现愿望的行为一再受到阻挠引起紧张积累而产生的情绪。愿望受阻就是遭受挫折,当个体明白挫折的原因时,通常就会表现出愤怒的反应,对象明确的愤怒往往诱发攻击行为。个体如果弄不清什么原因阻碍他达到目的,一般只会感到沮丧而不会感到愤怒。愤怒从强度上可以区分为不满、生气、愠怒、大怒、暴怒等。

(3) 恐惧。个体企图摆脱、逃避某种情境时产生的情绪,这种情绪往往是由于个体缺乏掌控情境的能力所引起的。比如,在遇到地震等重大自然灾害时,人们无力应付,往往就会惊恐万分。恐惧比其他情绪更具有感染性,一个人的恐惧往往会引起其他人的恐惧和不安。恐惧从强度上可以区分为不安、忧虑、害怕、惧怕、惊恐、惊骇等。

(4) 悲哀。个体失去某种他所重视的和追求的事物时产生的情绪。失败、分离会引起悲哀。悲哀的强度取决于失去的事物在个体心理价值上的大小,心理价值越大引起的悲哀就越强烈。悲哀从强度上可以区分为失望、难过、悲伤、哀痛、惨痛、绝望等。

此外,也可以把与接近外界事物的愿望紧密相关的一些情绪,如惊奇、厌恶看作是基本情绪。因为从道理上说,愿望与需要的关系非常密切。

2. 情绪的基本状态

情绪的状态复杂多变，根据情绪波动性的主要特征，如强度、紧张度与持续性，可以将心境、激情、应激看成是个体情绪的基本状态。

（1）心境。心境是比较微弱、平静而持久的情绪状态，具有弥散性的特征。弥散性使心境不具有特定的对象，比如"人逢喜事精神爽"，是说处于某一心境的人，往往以同样的情绪看待各种事物；而"忧者见之则忧，喜者见之而喜"，说的则是心境不同的人对同样一件事体验各不相同。

引起心境的原因是多方面的，凡是对人有影响，特别是有明显意义的事件都可能引起某种心境。比如，工作顺利与否、家庭和睦与否、人缘融洽与否、身体健康与否等都会造就不同的心境。此外，时令季节、气候条件、生态环境、人口密度等生存条件，也会影响人的心境。心境还跟生物节律有关。当体温处于一天的低点时，人也倾向于感到情绪低落，当体温处于高峰时，即使一夜没睡，也可能有一个积极的心境。

心境的持续时间依赖于引起该种心境的客观事件和个体的性格特征。事件越重要，引起的心境就越持久；性格开朗的人比性格内向的人受不良心境影响的时间短暂一些。而某一种心境经常出现就可能演化成一种性格特征；不同性格特征的人，经常性心境也有所差异。

心境对生活、工作和学习都有影响。积极的心境使人精神振奋、充满活力、乐观向上，大胆面对困难和挫折；消极的心境使人精神萎靡、意志消沉、悲观颓废，碰到事情回避、退缩。因此，心境是生活质量、工作水平、学习效率与幸福指数的重要心理因子，值得我们善待。

（2）激情。激情是比较强烈而短暂的情绪状态，具有爆发性的特征。爆发性使个体自我深深卷入，丧失程度不一的自控力，往往伴有明显的身体变化，对行为后果一时失去恰当的评估。比如，暴怒时，拍案大叫、暴跳如雷；狂喜时，捧腹大笑、手舞足蹈；绝望时，心灰意冷、麻木不仁。

激情通常由与个体关系重大的事件所引起，如巨大成功后的狂喜、遭受惨败后的绝望、至亲突然死亡后的哀痛、遭遇意外的奇耻大辱，等等，都是激情状态。激情的发展大致有三个阶段：第一，意识减弱，个体的言行受当时的情绪体验左右；第二，失去意志的监督，发生失去理智的言行；第三，激情爆发后的平静现象，出现特定的心境。

激情有积极和消极之分，它的意义由其社会价值及健康价值所决定。对于需要管理的消极激情，如遭遇挫折后的愤怒往往会引起攻击行为，可以采用合理释放、及时转移和意念克制等方法加以调节，特别是在激情发生的初始阶段能够取得较好效果。

(3) 应激。应激是在出乎意料的紧迫或危急情况下出现的情绪状态，具有紧张性的特征。应激比激情更强烈，个体必须对意外的环境刺激快速做出适应性反应。比如，面对突然发生的火灾，个体迅速做出判断，使机体各部分动员起来进入高度的紧张状态。

在应激状态下，人的机体会产生一系列生理及心理反应。比如腺体和神经递质的活动使机体紧急动员起来，肌肉紧张，血压、心率、呼吸发生显著变化。这些活动有助于个体适应急剧变化的环境刺激，维护机体功能的完整性。但是，长期处于应激状态也引起人体生物化学保护机制的溃退，从而导致某些疾病的发生。在生理变化的同时还伴有如焦虑、恐惧、激动、脾气暴躁、愤怒、自卑等情绪。由于心理紧张，容易出现注意力分散、记忆衰竭、思维中断、决策失误等反应。应激影响健康的问题，已经受到学者们的高度重视，相关研究取得了不少成果。

在应激过程中会产生应付机制，人在对付内外环境的突然变化时必须付出一定努力，评价事件的重要性，评价自己的适应能力，采取应对策略。应付机制的评价过程可以分为初级评价、再评价和次级评价。初级评价是评价自己在突发事件中是否处于危险之中，以便决定情绪反应的性质；随着事件的发展，从环境变化中获得一些信息反馈，促进情绪的变化，这就是反馈引起的再评价；之后评价与选择应付方式，包括寻找更多信息、用直接行动改变情境、调整心理活动适应现实变化，这是次级评价。总之，应付就是调整情绪，改变引起应激的人与环境之间的关系的一种处理方式。

3. 情感的基本形态

前面已述，情感是情绪的感受方面，根据感受内容的表现形态，情感有美感、道德感、宗教感和理智感等基本形态。这些文化性情感可以反映人的精神面貌，有时也可称为情操，特别是道德情操。

(1) 美感。美感是个体对有关对象是否符合审美需要而产生的情感体验。个体根据社会化过程中形成的审美标准对自然景物、人文景观、人体相貌、言谈举止以及艺术作品等对象进行评价所产生的情感就是美感。美感体验有两个显著的特点，即愉悦性与向往性。俗话"爱美之心，人皆有之"就很好地体现了这两个特点。

审美标准是美感产生的关键，根据对象满足审美标准的程度，美感从美到丑有不同的模糊等次。美感体验存在普遍性也存在差异性，这与审美标准的文化制约有关，还和个体的个性品位有关。

美感能使人精神振奋、心情愉悦、心智通畅，美育意义重大。

(2) 道德感。道德感是个体对有关对象是否符合道德需要而产生的情感体验。个体根据社会化过程中掌握的道德规范对各种社会生活现象进行评价所产生的情感就是道德感。道德感的显著特点是崇高性与单极性。爱与恨是道德情感的两极，社会行为经过个人道德信条的过滤就只被赋予或爱或恨的单一情感价值。

道德规范的内化是道德感产生的关键，个体主要是通过对社会行为的是与非、善与恶、荣与辱、公正与偏私、诚实与虚伪、正义与邪恶等性质的判断并在自己的实际行动中体现出真实的道德感。道德规范既有人类共同性又有国家差异性，个体道德感也就相应存在相通性与差异性。

道德是维系社会和谐的重要力量，也是个人安身立命的根本。道德感是道德观念转化为道德信念进而展现出道德行为的关键因素，值得每一个人珍视、善待与培育，德育意义重大。

（3）宗教感。宗教感是个体对有关对象是否符合信仰需要而产生的情感体验。个体根据社会化过程中形成的宗教信仰对有关现象进行评价所产生的情感就是宗教感。宗教感的显著特点是圣洁性与敬畏性。

宗教是历史久远的一种社会现象，因信仰宗教而产生的情感体验当然含有宗教感，不信仰宗教的人也存在类宗教感。对某人、某物或某种力量的无条件崇拜是中外历史上普遍存在的社会现象，这里面就有类宗教感。

宗教是非常复杂的文化现象，人类的心灵深处潜藏着掌控世界的欲望，对宗教的信仰而生发的宗教感以及对准宗教的崇拜而引起的类宗教感都可以产生巨大的社会影响力，值得深研。

（4）理智感。理智感是个体对有关对象是否符合认知需要而产生的情感体验。个体根据社会化过程中掌握的科学真理对有关对象进行认知所直接衍生的情感就是理智感。理智感的显著特征是兴趣性与探究性。

理智感的表现形态多种多样。比如，了解和认识未知事物时的好奇心，探索真理时的求知欲，坚持真理时的自信，解决复杂问题时的疑虑，问题解决后的喜悦，创新成功后的快慰，等等。不管是初级的学习还是高级的研究，理智感都让人直接感受到认知活动的乐趣。

科学研究是人类自身得以不断发展进步的基本行为，认知是最基本的一种心理活动，与认知过程内在相随的理智感又直接为认知活动的推进提供动力。兴趣是最好的老师，理智感是认知活动最好的朋友。

（三）情绪的基本理论

1. 中国古代的情绪观点

中国古人对情绪有不少独特的看法，这里主要就关于情绪的实质的论述做些介绍。

（1）性情说。从性与情的关系探讨情绪的内涵，是中国古代的一种主流观点。

从人性角度揭示情绪的内涵，早在先秦时期就出现了。荀子就说"性者，天之就也；情者，性之质也"，即认为天生的性才是最根本的，情只是在性的基础上表现出来的实际内容。因此，最终是性决定了情。荀子还说"性之好、恶、喜、怒、哀、乐谓之情"，即将情与性联系在一起，情绪只是人性的反映；六种情绪互为对立，说明情绪的两极性。

汉唐时期的学者普遍认为，情在性的基础上产生，欲又产生于情。而情"感于物"而主内，欲"接于物"而处外。董仲舒将性和情加以区分，并认为性善而情恶。后代学者大多继承这一观念，两汉以后，情欲被加上恶名。

宋代以后，中国思想家继承前人思想，继续从性与情的关系角度探讨情的内涵，从而形成了多种性情说。

第一，性情对立说。以程朱理学家为代表，认为情会因外界影响而与性相背，产生对立状态。如《二程集》（二程指程颢、程颐）卷八说："天地储精，得五行之秀者为人。其本也真而静，其未发也五性具焉，曰仁、义、礼、智、信。形既生矣，外物触其形而动于中矣。其中动而七情出焉，曰喜、怒、哀、乐、爱、恶、欲。情既炽而益荡，其性凿矣。是故，觉者约其情使合于中，正其心，养其性，故曰性其情；愚者则不知制，纵其情而至于邪僻，梏其性而亡之，故曰情其性。"

第二，性情合一说。以王安石等人为代表，主张性与情是相互统一、相互制约的。王安石在《性情》中说："性情一也。世有论者曰'性善情恶'，是徒识性情之名，而不知性情之实也。喜、怒、哀、乐、好、恶、欲未发于外而存于心，性也；喜、怒、哀、乐、好、恶、欲发于外而见于行，情也。性者情之本，情者性之用。故吾曰：性情，一也。"认为性与情的关系是内与外、体与用的关系。

第三，性静情动说（情波说）。以《关尹子》、二程、朱熹等为代表。继承南北朝梁代贺玚的观点，从心理状态来阐述情与性的关系，认为性是静的、情是动的。大致成书于五代末宋初的《关尹子》（传为后周尹喜所撰）在《五鉴篇》中从心、性、情的关系出发描述："情生于心，心生于性。情，波也；心，流水；性，水也。"把心理过程视为动态过程，情感则是这一过程的波动状态。《朱子语类》卷五："性是未动，情是已动，心包得已动未动。盖心之未动则为性，已动则为情，所谓心统性情也。……心如水，性犹水之静，情则（犹）水之流。"

总体来说，性情说从人的本性出发阐述情绪的内涵及特点，比较典型地体现了中国古代心理学思想的思辨性及类比性特征。谁能否定个体的生性在其心理（包括情绪）产生发展上的预设作用呢？谁又能说个体情绪不是处于波动状态之中呢？

（2）情二端论。描述情绪的基本形式，揭示情绪的外延，中国古人的见解很多，但好、恶为情绪的根本两极。

先秦时期关于情绪形式的说法主要有"四情说""六情说"和"七情说"。"四情说"，《中庸》的说法是"喜、怒、哀、乐"；《管子》则是"好、恶、喜、怒"和"喜、怒、忧、患"。"六情说"见于《荀子》，提出"好、恶、喜、怒、哀、乐"。"七情说"则是《礼记》和《黄帝内经》的主张，《礼记》七情为：喜、怒、哀、惧、爱、恶、欲；《黄帝内经》七情为：喜、怒、忧、思、悲、恐、惊。中国心理学史家杨鑫辉认为，"四情说"不完整，"七情说"的"欲"和"思"不能纳入情绪形式中，"六情说"最为合理。总体来说，先秦思想家对于情绪的划分有一个两极相对的共同点，好、恶是最基本的情绪，其他情绪由此而生发，正如《左传》所说："喜生于好，怒生于恶……好物乐也，恶物哀也。"中国心理学家潘菽（1897—1988）把这种思想称为情二端论。

汉唐时期关于情绪的分类基本继承先秦，如汉代董仲舒的天人感应四情说："夫喜怒哀乐之发，与清暖寒署，其实一贯也。喜气为暖而当春，怒气为清而当秋，乐气为太阳而当夏，哀气为太阴而当冬。"五情说，如《三国志·魏陈思王植传》在喜怒哀乐基础上增加"怨""恐"。六情说，如《白虎通义·性情》："喜怒哀乐爱恶谓六情。"七情说，如韩愈《原性》："其所以为七情者，曰喜，曰怒，曰哀，曰惧，曰爱，曰恶，曰欲。"

宋元明清时期的学者，也大多继承前人思想，在情二端论的基础上探讨情绪的分类问题。如清初回族著名学者刘智在《天方性理·图传》中就明确表达了情二端论的观点，认为爱、恶是两种最基本的情绪，其他情绪都是爱、恶的变式，说："爱恶二者，浅观之不过七情六欲之总称，扩充之实为出凡作圣之本领。"而关于情绪的分类，主要观点有三：一是四情说。这是对《中庸》等四情说的继承和发展。如朱熹在《中庸章句集注》中说："喜、怒、哀、乐，情也，其未发，性也。"二是七情说。这是继承《礼记·礼运》的思想。如王安石的《性情》："喜、怒、哀、乐、好、恶、欲未发于外而存于心，性也；喜、怒、哀、乐、好、恶、欲发于外而见于行，情也。"三是十情说。这大概是中国古代文献中将情绪种类划分最多的观点，是对情绪分类所做的创新。如吴澄："约爱、恶、哀、乐、喜、怒、忧、惧、悲、欲十者之情，而归之于礼、义、仁、智四者之性。"又如刘智在《天方性理·图传》中说："心七层而其情有十，喜也，怒也，爱也，恶也，哀也，乐也，忧也，欲也，望也，惧也。"

情二端论从情绪的快感度维度对情绪做了比较合乎实际的定性分类，在此基础上提出的各种情绪分类学说，大多将"喜、怒、哀、乐"作为基本形式，这与现代心理学把快乐、愤怒、悲哀、恐惧作为基本的原始情绪相近似。

2. 现代西方的情绪理论

现代西方有关情绪的理论很多，这里侧重从情绪产生的角度做些介绍。

（1）詹姆斯-兰格的外周情绪理论。情绪往往伴随着一定的身体变化，如骨骼肌肉、血液循环、呼吸、腺体分泌的变化。美国心理学家詹姆斯（1884）和丹麦生理学家兰格（1885）认为情绪刺激引起身体的生理反应，而生理反应进一步导致情绪体验的产生，情绪就是对机体状态变化的知觉。对此，詹姆斯有句名言："因为我们哭，所以愁；因为动手打，所以生气；因为发抖，所以害怕。并不是愁了才哭；生气了才打；怕了才发抖。"兰格则说："假如把恐惧的人的身体症状除掉，让他的脉搏平稳，眼光坚定，脸色正常，动作迅速而稳定，语气强有力，思想清晰，那么，他的恐惧还剩下什么呢？"当然，詹姆斯看重的是骨骼肌肉系统的活动，而兰格看重的则是血液及内脏系统的变化。

这种理论重视情绪与机体变化的密切关系，认为情绪产生于植物性神经系统的活动，有其合理的方面。但片面地强调了植物性神经系统的作用，忽视了中枢神经系统的控制和调节作用。这一最早的情绪理论引发了大量争论，促进了情绪的深入研究。

（2）坎农-巴德的丘脑情绪理论。最先对詹姆斯-兰格理论提出批评的是美国生理学家坎农（1927）及其弟子巴德，他们认为植物性神经系统的生理反应无助于情绪的产生，情绪的产生是大脑皮质解除丘脑抑制的功能，即激发情绪的刺激由丘脑进行加工，同时把信息输送到大脑及机体的其他部分。输送到大脑皮质的信息产生情绪体验，输送到内脏和骨骼肌肉的信息激活生理反应。身体变化和情绪体验是同时发生的，而情绪体验是由大脑皮质和植物性神经系统共同激起的结果。

这种理论强调大脑皮质解除丘脑抑制的机制，其积极意义在于把詹姆斯-兰格对情绪的外周性研究推向中枢机制的研究，后来确也发现下丘脑有"快乐中枢"与"痛苦中枢"。但过分强调丘脑在情绪产生上的作用，忽视大脑皮质和否定外周生理反应对情绪的作用，也是错误的。

（3）情绪的行为理论。行为主义将情绪视为在强化刺激和复杂的经典条件作用中习得的行为模式。华生（1929）认为，情绪是一种遗传的反应模式，抚摸等刺激是婴儿产生情绪的强化条件，有了这些条件，婴儿才逐渐学会微笑等情绪反应，婴儿有三种基本情绪反应：恐惧、愤怒和爱。哈洛等人（1933）认为，人类存在着先天无差别的基本情绪，这些无条件的感情反应（感情即主体体验到的中枢生理变化）是情绪产生的根源。原始感情反应在外部环境接触中受到多种联系的奖与惩，由此学习形成了各种情绪，这种社会学习又受到神经中枢的调节。格雷（1971）认为，情绪是由外部事件引起的内部状态，当外部事件与内部状态之间的关系变得混乱时，就产生病理反应。

这种理论是以外部刺激引起行为习得的角度来理解情绪，说明了情绪的客观来源与强化刺激的作用，这是可取的，但忽略了主体认知功能的作用，这一不足后来被情绪的认知理论所克服。

（4）阿诺德-拉扎勒斯的认知评价情绪理论。美国心理学家阿诺德（1950）提出的认知评价情绪理论，首先认为情绪刺激必须通过认知评价才能引起一定的情绪，同样的刺激情景由于对它的估量和评价不同，个体会产生不同的情绪反应。对以往经验的记忆储存和通过表象达到的唤起，在认知评价中起着关键作用。老虎是让人恐惧的，但关在动物园的老虎与山林中的老虎不一样，不会引起人的恐惧。这种认知评价决定了个体对笼中老虎没有恐惧情绪，更多的是好奇与欣赏。其次强调大脑皮层兴奋对情绪产生的重要作用，认为当外界情绪刺激作用于感受器时产生的神经冲动经内导神经传至丘脑，再到大脑皮层，由大脑皮层产生对情绪刺激与情境的评估，形成一种相应的情绪。

拉扎勒斯（1968）发展了认知评价学说，将"评价"扩展为评价、再评价的过程。他认为，这个过程由筛选信息、评价、应付冲动、交替活动、身体反应的反馈，以及对活动后果的知觉等环节组成。情绪的产生是生理、行为和认知三种成分的综合反应，这三种成分的不同组合便构成各种具体情绪模式的特点标志。而对认知起决定作用的是个体心理结构，即信仰、态度和个性特征等，社会文化因素则影响着个体对情境的知觉和评价。

（5）沙赫特-辛格的激活归因情绪理论。美国心理学家沙赫特和辛格（1962）提出的激活归因情绪理论，认为情绪既来自生理反应的反馈，也来自对导致这些反应情境的认知评价。认知解释起了两次作用：第一次是当人知觉到导致内脏反应的情境时，第二次是当人接收到这些反应的反馈时把它标记为一种特定的情绪，其中脑可能以几种方式解释同一生理反馈模式，给以不同的标记。生理唤醒本来是一种未分化的模式，正是认知过程才将它标记为一种特定的情绪。标记过程取决于归因，即对事件原因的鉴别。人们对同一生理唤醒可以做出不同的归因，产生不同的情绪，这取决于可能得到的有关情境的信息。不少实验都支持这一观点，生理反应和对这种反应的标记都在情绪中起作用。

在沙赫特和辛格看来，情绪是认知因素和生理唤醒状态两者交互作用的产物，认知对刺激引起的一定的生理唤醒的引导和解释导致情绪的产生。

总之，情绪的认知理论主张情绪的产生受到环境事件、生理状态和认知过程三种因素的影响，其中认知过程是决定情绪性质的关键因素。这一理论既继承情绪有生物成分和进化价值的观点，又重视社会文化环境、个体经验和人格特征等对情绪的制约作用，还特别强调情绪受主体认知功能的调节。总体来说，这是一种较为合理的理论，有助于推进情绪的研究。

二、意志过程

从表现上看，人与动物在心理上的根本不同之处是意志。意志确实是人之为人的心理之本，是意识能动性的集中体现，也是自我意识的生动表现。由于意志的复杂性，人们对意志的研究还比较缺乏，国内外一些心理学图书甚至不讲意志。这是不对的，当然也是可以理解的。

（一）什么是意志

1. 意志的定义

意志是个体为了一定需要、愿望和目的而自觉行动，并与克服困难相联系的心理过程。为了生存与发展，人必然要展现认知、调适情绪，实现需要与愿望并通过预设目标加以拓展，这一充满意义的过程无疑存在着许多困难与障碍，人所特有的意志就此表达了。比如，38岁的下岗工人、三轮车车夫蔡伟经过自己不懈地勤奋研习，2009年成功叩开了复旦大学古文字学博士生考试的大门，不仅实现了梦想，还成为我国建立学位制度以来第一个以高中文凭考取博士的学子。这一研习过程，无疑充分体现了事件主人顽强的意志力！这方面的实例是很多的。

意志过程不仅表现在心理活动上，而且体现在实际行动中。这种意志行动是有目的的行动，它随着个体实践活动的发展而发展，并在追求目标过程中逐渐提高水平。无意识的本能活动和盲目的冲动行为或一些习惯动作都没有意志的成分，意志总是体现在有目的的自觉行动之中。

为了实现愿望与目标进而满足需要，人们必须从事各种实践活动，而所从事的各种实践活动都离不开一定的意志努力，越是困难的任务越需要意志努力，没有困难的行动无所谓意志，意志总是与克服困难相联系的。意志的强弱，可以用克服困难的难易程度来衡量。

2. 意志的特点

与认知、情绪比较起来，意志有三个突出的特点，即自觉性、控制性和行动性。

（1）自觉性。意志的自觉性是指个体为了实现预定目的而自我觉知并主动作为的特点，这是基于认知而表现为行动的特点。目的的确定以及实现的方式无疑是由认知来完成的，而实现目的的过程必须依赖于意志行动。首先是自我觉知，这是自觉性的认知特征。努力的目标经过自己的充分思虑而确定，这就具有自我觉知；如目标是由他人设定的，个体本人只是执行，这就缺乏自我觉知。小学生往往缺乏明确的学习目的，表现出很大的盲目性，有时还会出现相当的依从性，这是缺乏自我觉知的缘故。敬爱的已故总理周恩来当年为中华之崛起而读书就有清楚的自我觉知，因此表现出强大的学习动力。其次是主动行为，这是自觉性的行为特征。"语言的巨人，行动的矮子"正是对意志薄弱者的形象描绘。不仅要有行动，而且只有主动的、积极的行动才能真正地表明一个人的自觉性。在目标指引下有预见的主动作为，正是强者的显著特征。

（2）控制性。意志的控制性是指个体为了实现预定目的而克服各种障碍的特点，这是自我克服认知、情绪及至行动的任意性的特点。首先是对认知的任意性的克服，典型的就是要抑制无关兴趣的致偏影响。在一定时期内，和实现目标无关的兴趣很容易导致认知的偏离，这就需要自我加以克服。其次是对情绪的任意性的克服。由于情绪的多样性与波动性，一些情绪会使人萎靡不振甚至放弃对目标的追求，这就需要自我及时对情绪进行疏导，保证情绪对目标的增力作用。再次是对行动的任意性的克服。影响个体行动的因素非常多，丰富的欲望与诱因都能使人形成多样化的行动动机，这就难免出现偏离目标的行动。从这个意义上来说，意志的控制性就是如何行使意志的自由问题，意志自由不是随心所欲，而是自主地选择目的，发动或制止某些行动。

（3）行动性。意志的自觉性与控制性已经使人在心理上具有能动性，而意志的行动性就使人实现着能动性。意志的行动性是指个体通过实际行动实现其预定目的的特点。本来实践活动也都能成为认知和情绪的行为载体，但是行动对意志及其实现具有更关键的意义。脱离实际行动的意志只能是残缺的，至多是美好的意向，没有行动，根本就谈不上意志。

3. 意志的功能

（1）导向功能。这是指意志引导情绪、动机活动指向预定目标的功能。意志无疑地给人的努力指明了方向，这一功能在志向所产生的作用上得到了充分的体现。"志同道合"说明的是因为志向相同，所以努力方向一致；而"道不同，不相为谋"说的是因为志向不同，所以不能共同谋划事业。

（2）协调功能。这是指意志协调认知、情绪、行为三者关系的功能。在心理生活中，个体的认知、情绪与行为可能是和谐的，也可能是不和谐的。不和谐的关系如果妨碍了目标的实现，自我觉知必定会发挥应有的协调作用。

（3）控制功能。这是指意志控制认知、情绪、行为的任意性与冲动性的功能。这既包括发动、激发、强化的一面，也包括制止、降低、弱化的一面。有利于目标实现的认知、情绪与行为需要发动与强化，妨碍目标实现的认知、情绪与行为就要制止与弱化。

由于具有导向、协调和控制功能，这就使意志对身心健康、个性发展、事业成功、生活幸福具有极其重要的意义。苏东坡说："古之立大事者，不惟有超世之才，亦必有坚忍不拔之志。"贝多芬说："卓越的人一大优点是在不利和艰难的遭遇里百折不挠。"这些都很好地说明了意志的巨大作用。

（二）意志的基本事实

1. 意志过程

意志作为复杂的心理过程，从开始到结束大体可以分为意向和行动两个阶段。前者是意志过程的开始阶段，它决定意志过程的方向；后者是意志过程的完成阶段，是实施计划、实现目标的阶段。

（1）意向阶段。意向阶段一般包括确定目标、制订计划、心理冲突、做出决策等许多环节。目标是个体所期望的结果，个体追求的目标有时只有一个，有时则有好几个，这时需要做出选择。目标确定以后，就要进一步选择达到目标的方案，拟订出行动计划。从目标的确定到行动计划的选择，往往存在着比较、权衡，会产生心理冲突，这就需要最后的决策从而保证意向的明确化。这些有关决心、信心的立志活动都需要个体做出意志努力，此为意向阶段。

（2）行动阶段。做出决策后，便过渡到实现意向，进入实际行动。行动阶段是意志过程的根本体现，也是意志过程的关键。因为如果所立之志不付诸行动，那么决心、信心就依然是空的，意志过程就不可能完成。在行动阶段，个体的恒心、耐心非常重要，这往往需要自制力。在意志行动中，与目标不一致的欲望的诱惑、消极的情绪（比如骄傲、厌倦、懒惰、恐惧等）等都会削弱个体的行动力。有自制力的人，能控制自我，克制与目标不一致的认知和情绪，排除外界诱惑的干扰，保证自己忠实于既定目标和决策，不达目标不罢休。有高度自制力的人，为了崇高目标，不仅能忍受痛苦和艰难，而且必要时有自我牺牲的勇气。

2. 意志的心理结构

意志的心理结构很复杂，这里仅仅分析以下心理成分：目标与期望、抱负水平、动机冲突、决策、控制等。

（1）目标与期望。目标是个体确立并引导其行为的内部心理表征，期望则是个体主观上希望实现某一目标的心理状态。目标与期望都可以成为个体行为的有力动机，即个体的行为是围绕着所期望的目标而组织起来的。目标主要有以下三个特点：

多样性。引导个体行为的目标多种多样，根据珀文（Pervin，1983）的调查，目标大致可以归纳为五大类（表4-1）。

表 4-1 在不同情境的目标评定中被试的目标分类

目标种类	目标样例
自尊、赞许	维持自尊，避免失败；被接受，避免拒绝；事业成功，避免羞愧
放松、快乐、友谊	有快乐感，增进亲密，放松，建立友谊，给予情感，避免孤独
攻击、权力	伤害某人，影响或控制他人，避免控制或伤害，避免情感脆弱
减少紧张、冲突或威胁	减少焦虑，避免拒绝，避免冲突和不一致，做"正确"的事，避免内疚感，避免责备和批评
感情、支持	给予感情，提供支持和帮助，增进亲密

资料来源：黄希庭．心理学导论．2 版．北京：人民教育出版社，2007：502.

组织性。因为目标的多样性，它们可以构成为一个系统并按一定的方式组织排列：有些是高层目标，有些是下属目标；有些是远期目标，有些是近期目标；有些是重要目标，有些是次要目标。目标系统结构一旦改变，意志努力的方向也就会做出相应的调整。

动力性。个体追求目标，必然会产生一定的情绪，这就对行动形成不同的动力。在追求目标的过程中，通过对心理表征的持续关注，不断达成子目标，由此而产生的自豪感或羞耻感对行动进行自我强化，使得意志行动持续进行下去。当我们达成目标并感到满意时，或者当我们评价进一步努力已无意义时，就会终止对该目标的追求，另一个目标就会取代先前的目标。不同性质的目标，其动机作用不同。班杜拉（Bandura，1989）的研究表明，特定的、有挑战性的、现实的和近期的目标比模糊的、无挑战性的、不现实的和长远的目标更有助于自我激发。

（2）抱负水平。抱负水平是指个体在做某件实际工作之前估计自己所能达到的成就水平，它与一个人确定的目标密切相关。实际成绩高于抱负水平导致成功感，反之则会产生挫折感。由此，抱负水平制约着对行动目标的追求。抱负水平的影响因素主要有三个：

自信心。自信心既是过去成功经验的结果，反过来又能促进个体的成功。自信的人通常抱负水平较高，在确定任务目标时会把任务的实际性和挑战性结合起来考虑，找到一个最佳任务值。

个体成败经验。成功的经验越多，抱负水平一般也越高。成功经验一般导致抱负水平的提高，失败经验一般导致抱负水平的降低，而且失败得越厉害，抱负水平就降得越低。

团体成败经验。团体的成败经验会间接地影响个体的抱负水平，隶属于某一团体的个人，如果缺乏经验，就往往以他人或团体的成败经验为参照确定自己的抱负水平。缺乏直接的成败经验的个体，倾向于以他人或团体的经验为定位点。

（3）心理冲突。根据拓扑心理学的创始人勒温（Kurt Lewin）的研究，动机冲突主要有以下三种基本形式：

双趋冲突。一个人同时追求两个目标，但由于条件所限只能选择其一，此为双趋冲突。解决这种冲突的一个办法是权衡两个目标的轻重，选择一个而放弃另一个。正如孟子所说："鱼，我所欲也，熊掌亦我所欲也；二者不可得兼，舍鱼而取熊掌者也。生亦我所欲也，义亦我所欲也；二者不可得兼，舍生而取义者也。"

双避冲突。一个人同时想回避两个目标，但必须接受其一才能避免其二，此为双避冲突。比如，一个厌学的学生可能既不喜欢做作业又怕老师的批评，即产生双避冲突。要么不做作业而受到批评，要么忍痛完成作业而避免老师的批评，此生必须选择其一。

趋避冲突。一个人在追求某一目标的过程中同时兼具好恶两种情感，好而趋之，恶而避之，此为趋避冲突。比如，一个想通过炒股而赚钱的股民希望自己的股票为"牛势"而避免为"熊势"就产生趋避冲突，此股民要慎重抉择。

（4）决策。决策是为了实现预定目标、形成并评估行动方案、做出得当选择的过程。由于决策往往是在不确定的条件下做出选择的心理过程，决策者就要面对困难、估计风险、判断成败概率等问题。这就有最佳决策与满意决策的分别了。无论如何，正确的决策必须建立在充分的信息、可靠的证据的基础之上。

通常决策大体有六个步骤：意识到决策的必要性；确定目标，明确问题；形成决策的备择方案；对各方案进行维度分析；评估各备择方案；做出选择。在应激情况下，以上六个步骤高度浓缩了，或急中生智而当机立断，或惊慌失措而束手无策。这与个人的历练、胆识、性格等因素有关。

（5）控制。意志控制是个人操纵行动的进程，使之与预期目标相一致的心理过程。它可以是向外的，也可以是向内的。前者是按预期的目标来改变外部环境的活动，如为绿化而植树、为居住而盖房等；后者则是按预期的目标来改变自身素质的活动，如为健康而锻炼、为本领而学习等。意志的控制作用通过对行动的激励和克制这两方面来完成，通过激励和克制的共同作用达到对自身、对环境的积极控制，进而实现预期目标。

实际生活中会出现意志失控的情况，当个体遇到有威胁性的情形而自己又无力应对时就会觉得对行动事件失去了控制力，这就是失控（out of control）。通常，人们失控时会出现以下行为反应：寻求信息以认知困境；恢复控制的倾向；抗争或消沉；等等。

根据现有的一些研究，影响抗争或消沉的个体因素主要有：①内外控倾向，强内控型者易抗争，而强外控型者易消沉；②失控经验多少，失控经验多者易失控，失控经验少者易抗争；③失控的时机，一般失控后易出现随即的抗争，抗争失败后则易产生消沉；④控制经验或能力，强控制力者易抗争，弱控制力者易消沉。

（三）意志品质

意志是非常复杂的心理活动，构成意志力的稳定因素就是意志品质，主要有坚韧、果断、自制、勇敢等综合性特质。

1. 坚韧

坚韧是个体为了实现预定目标、克服困难与消解痛苦而表现出来继续积极作为的行动性特质。这一品质首先源于个体实现奋斗目标的坚定决心；其次表现出对困难与痛苦积极应对的坚忍信心；再次是继续积极努力以实现目标的坚毅恒心。坚韧不同于固执，与坚韧相反的是动摇。

2. 果断

果断是个体善于迅速地辨明是非、克制干扰、坚决地采取决定和执行决定的决策性特质。在这一品质里，辨明是非、深思熟虑是前提，适时而得当地克制干扰是关键，坚决地采取决定和执行决定是表现。果断不同于轻率，与果断相反的是优柔寡断。

3. 勇敢

勇敢是个体有勇气决断、有胆量行动、敢于承担责任的兴奋性特质。在这一品质里，胆识与谋略是前提，决断与行动的勇气是关键，敢于承担责任是表现。勇敢不同于鲁莽，与勇敢相反的是怯懦。

4. 自制

自制是个体克制自己的欲望、情绪，抵制外界诱惑，规范自己的行为的抑制性品质。有自制力的人，能够为了实现既定目标，克制与目标不一致的欲望和情绪，抵制外界诱因的迷惑，约束自己执行所做出的决定。自制不同于退缩，与自制相反的是冲动。

（四）意志的基本学说

1. 自由说

用自由来界说意志既是一种哲学观点，又是一种心理学观点。由于意志表现为人所特有的有目的的行动，表现出能动地反映世界和改造世界的作用，意志行动担当了人在实践活动中利用客观规律去改造自然和社会的心理角色。这就引申出关于意志是不是自由的问题。在这一问题上，有过两种极端的观点。19世纪德国哲学家叔本华（1788—1860）和尼采（1844—1900）认为人的意志、行动不受任何东西约束，可以绝对自由，为所欲为，人的自由意志主宰一切。美国行为主义心理学家华生则否认人的意识，否认意志自由，认为人的行为完全是由外界环境刺激决定的。

实际上，意志既是自由的也是不自由的。说它是自由的，是因为在一定的条件下，人可以按照自己的意愿自主地选择和确定目的，发动或制止行动。说它是不自由的，是因为人的一切愿望、行动都必须符合客观规律，否则就会失败，即便个体再努力也不会成功。因此，意志的自由是相对的、有条件的。

2. 能动说

这一偏重于哲学层面的学说认为意志是人的意识能动性的集中体现。如果说认知是客观刺激向主观意识的转化，意志就是将主观意识向外部动作转化，通过实际行动以实现预定目的的结果。意志行动是意志体现意识能动性的根本方式。但是，如果认为只有意志才体现意识的能动性就错了，至少是片面了。

实际上，意识的能动性不仅在于人有意志，而且在于人有发达的认知，还在于人有高级的情感。从心理学层面讲，意识的能动性是基于认知、情感和意志综合作用于实际行动的结果。意识这三个相互联系的要素，任何一种的欠缺都必将使意识的能动性产生某种缺陷。

3. 自我说

从具有比较彻底的心理学意义而言，人的意识能动性的根本在于主体的自我意识，动物缺乏意志的关键原因也在于此。在知与情方面，人与动物存在相通处，有着一定的延续关系。但是，由于劳动和语言，人通过文化就在知和情方面得以极大的提升——达到了自知和羞耻的水平，超越了其他一切动物。所谓"知耻近乎勇"，也正说明由于自我意识的作用，人的意志才能出现。婴幼儿的自我意识还处于较低的水平，故而他们的自觉性、自控性和一般意志力都比较弱。

一方面，意志对行动的调控是在言语的直接参与下实现的，言语构成了人的自我调节系统，语词影响着意志行动。另一方面，额叶在实现有言语参与的复杂的心理活动中有着重要作用，额叶的活动是形成意志的重要机制，是形成意志行动的目的并保证执行的重要器官。总之，自我意识是意志产生的必要的、深厚的心理条件，自我意识没有得到适当的发展，人将处于一般的本能水平。

三、情意和谐

和谐是指存在差异的事物各个组成部分之间相互协调地联系在一起并成为一个相对封闭而又开放的有机整体。心理和谐则指个体自我对自己的各种心理活动进行合规约而出现的整体性平和满足状态的过程，情意和谐是指个体自我对情绪与意志进行相互协调并与认知统一构成为整体心理活动的过程。

（一）意志与情绪的区别和联系

1. 意志与情绪的区别

尽管心理活动二分法将意志与情绪统称为意向，进而与认知一起构成为完整的心理活动。但是，意志与情绪的区别还是存在的，主要说明以下两点：第一是性质不同。意志是自觉性的心理反应，而情绪是体验性的心理反应。自觉性说明了个体的自我意识的主动作用，是为了实现某一目标而做出的积极作为；体验性则是与认知、行为相伴随的主观感受，无所谓主动、积极的问题。因此，意志为人所特有，情绪却为动物与人所共有。第二是作用不同。意志是意识能动性的集中体现，而情绪是意识生动性的集中表现。能动性说明了个体克服内外障碍以实现预定目标的特征，是人之为人的心理根本；生动性则是使得个体具有生机活力、体验愉悦乃至幸福的特征。因此，意志可以使人超越，情绪可以让人沉醉。总之，意志将人与动物区分开来，使人不断实现超越而获得越来越多的自由；情绪则让人与动物保持连续，让人分享延绵不绝的喜与悲。

2. 意志与情绪的联系

尽管意志与情绪有着区别，但确实又可以在意向的名下联系起来，主要说三点：第一，意志与情绪的共同起点是需要。意志是为了实现需要愿望而进行的心理活动，是经目的导引所发起的过程，情绪是因需要愿望能否得到满足而产生的心理活动，是经认知评估所相生的过程。第二，意志与情绪的共同前提是认知。缺乏恰当的认知，意志特别是复杂的意志是难以持续的；同样，缺乏准确的认知，情绪特别是高级的情感也是难以延续的。第三，是两者的相互作用。一方面意志可以控制情绪、使情绪服从理智，如果情绪失控，则意志屈从于情绪，能否控制消极情绪的冲动干扰，取决于一个人的意志力水平；另一方面，情绪可以成为意志的动力，也可以成为意志的阻力。当某种情绪对人的活动起支持作用时，就成为动力；而当某种情绪对人的活动起阻碍作用时，就成为阻力。

（二）意志与情绪的和谐

1. 和谐的必要性

意志与情绪两者之间存在着区别与联系，这就决定了意志与情绪有一个和谐的问题，即情意和谐问题。首先，情意和谐是心理和谐的有机组成部分。意志、情绪和认知是有着重要区别又有密切联系的，三种心理过程还是相互渗透、相互作用的，因此情绪与意志的和谐就必然成为心理和谐的重要内容。其次，情绪与意志不协调的普遍性突出了情意和谐的重要性。情绪如果控制了意志，那么人就容易成为情绪的奴隶；情绪如果偏离了意志的方向，那么人的意志的作用就得不到应有的发挥；情绪的发展如果超前于意志的发展，人的个性将出现比较严重的缺陷；等等。最后，情绪与意志不协调的危害性提示了情意和谐的紧迫性。情绪与意志不协调使得心理整体失衡，导致个性缺陷；情绪与意志不协调使得意识失衡，导致心理与行为脱节；情绪与意志不协调使得生命失衡，导致心身矛盾。总之，情绪与意志不协调容易使人产生身与心、思想与行为的紊乱。

2. 和谐的可行性

情意和谐的意义重大，那么情意和谐具有可行性吗？回答是肯定的。第一，情意有着共同的认知基础，认知评价能够发挥积极的监控作用。第二，自我意识使得背离意志的情绪得到一定程度的调节，并且从中获得矫正信息。第三，借助于思维、想象自我发挥着梳理功能，意志也因此实现其协调作用。第四，重要他人能够发挥应有的模范作用，个体借助观察学习而增添和谐的路子。

3. 情意和谐的基本思路

情意和谐问题实际上是一个大问题，这里仅仅提出基本思路。第一，发挥认知的作用，对当下的情绪表现与意志行动做出准确的评价，为情意和谐提供客观的认知保证。第二，发挥自我意识的作用，对全部情绪生活与意志品质进行辨证的分析，为情意和谐提供科学的方法根据。第三，发挥意志对情绪的控制作用，激发积极情绪、制止积极情绪，为情意和谐准备直接的内在机制。第四，适当放松情绪、宣泄情绪乃至升华情绪，实现情绪本身的自组织作用。第五，发挥欲望的作用，简化多余的欲望、弱化过强的欲望、消减不良的欲望，为情意和谐创设简明的背景。第六，发挥重要他人的作用，借助观察学习、替代强化内化他人的积极品性，为情意和谐构筑积极的人脉。总之，情意和谐是心理和谐的重要内容，这里主要还只是提出问题，下面介绍的情绪调控是重要方法，更多的方法技术无疑有待深入研究。

（三）情绪的调控

1. 情商

1990年美国心理学教授彼得·沙洛维和约翰·梅耶提出了与智商（IQ）对应的情绪智商（emotional quotient）即情商（EQ）这一概念，他们认为情商由三种能力构成，即准确评价和表达情绪的能力；有效调节情绪的能力；将情绪体验运用于驱动、计划和追求成功等动机和意志过程的能力。1993年他们对情商包含的能力做出了新界定，即区分自己与他人情绪的能力；调节自己与他人情绪的能力；运用情绪信息引导思维的能力。1996年，沙洛维和梅耶再次对情商进行了界定，认为情商由四方面的能力构成，即情绪的知觉、评估和表达的能力；思维过程中的情绪促进能力；理解和分析情绪，获得情绪知识的能力；对情绪进行成熟调节的能力。

1995年美国《纽约时报》专栏作家心理学博士戈尔曼出版《情绪智商》一书，将情绪智商这一学术研究新成果以通俗的方式介绍给大众，情商概念广为流传。戈尔曼所说的情商包括五种能力，即认识自身情绪的能力；妥善管理情绪的能力；自我激励的能力；认识他人情绪的能力；管理人际关系的能力。

我国学者有关情商的研究大多依据戈尔曼对情商的界定，认为情商的主要因素有五个方面：自我意识、自我激励、情绪控制、人际沟通以及挫折承受能力。其中，自我意识所指的是认知自身的情绪，是情商的基础；自我激励的实质是抱着希望乐观地想问题；情绪控制的关键是妥善管理情绪；人际沟通包括认知他人的情绪并管理好人际关系；挫折承受能力即对失败的承受化解能力。

虽然国内外专家对情商的界定有所不同，但是可以肯定，情商无疑是影响情意和谐的重要力量，情商与智商共同影响着一个人的成功与幸福，情商还在情绪的调节中发挥应有的作用。

2. 消极情绪的调节

就情绪的调控而言，不良情绪的调节是一个突出的问题。由于不良情绪的复杂多样性，这里仅对过度紧张、过度焦虑和抑郁这三种不良情绪进行简要剖析，以期举一反三，提升调节整体消极情绪的能力。

（1）过度紧张情绪的调节。紧张是由一定环境对个体所产生的压力而引发的唤起性情绪反应。紧张情绪形成的主要条件有四个方面：第一是体质上的脆弱性，即体弱多病者容易产生紧张感；第二是个性性格特征，A型性格者热衷于竞争、渴望受重视、想出人头地、急于完成任务，他们容易产生紧张情绪；第三是难以解决的互相冲突的目标、已经发生的危险、完成任务时遇到的障碍等；第四是存在着的威胁，即将要发生的生理的、心理的以及社会的危害。

国外有人对1000多名医学院学生进行了实验观察，发现各种不同的紧张反应多达25种。每个人的反应不完全一样，平均约有6种反应。按出现的频率由高到低依次为：全身紧张；活动增多；焦虑不安；入睡困难；食欲下降；小便次数多；总想向人诉说；力求达观；重新检讨；愤怒；兴奋；避免与人接触；情绪抑郁；食欲上升；苦恼；颤抖；腹泻；疲倦；犯困；烦躁；恶心；活动减少；便秘；关心健康；呕吐。

沙夫尔曾经对人在高度紧张时的行为反应进行过研究，他统计了4000多名在第二次世界大战中参加过执行飞行任务的人，报告结果见表4-2。

表 4-2　执行飞行任务时的行为反应

执行任务时你觉得	经常发生（%）	有时发生（%）	总计（%）
心跳加快	30	56	86
肌肉紧张	30	53	83
容易激动、生气、难受	22	58	80
口和喉咙发干	30	50	80
出冷汗	26	53	79
胃里翻腾	23	53	76
常常想小便	25	40	65
发抖	11	53	64
昏头昏脑乱成一团	3	50	53
身体虚弱要晕倒	4	37	41
恶心呕吐	5	33	38
大小便失禁	1	4	5
这一切不可能是现实	20	49	69
任务过后，不记得刚发生了什么	5	34	39
无法定下心来	3	32	35

由以上两项研究可知，紧张对人体有着很大影响。适度紧张有助于完成任务，但过度的长时间的紧张则会影响健康，妨碍操作的顺利进行，引起人格特征的变化。因此，有必要对过度紧张情绪进行调节。可以从以下四个方面着手：第一是消除紧张情绪的压力刺激源，阻断导致紧张的有关途径，以此得到根本性的放松；第二是改善环境，既要改善生活与工作的物质环境、调节各种物质环境刺激、使人较好地适应环境，又要改变心理环境、消解各种冲突和挫折因素；第三是改善和提高应对能力，即培养克服困难、完成任务、适应环境的性格和能力；第四是放松训练。早在 1932 年，美国心理学家舒尔茨出版了《自我暗示和放松训练》一书，把暗示的程序变成由准确言语表达的几个句子，教会他人进行自我暗示。舒尔茨的自我暗示和放松训练的基本内容为：

① 我非常安静；
② 我的右（左）手或脚感到很沉重；
③ 我的左（右）手或脚感到很暖和；
④ 心跳很平稳、有力；
⑤ 呼吸非常轻松；
⑥ 腹腔感到很暖和；

⑦ 前额凉丝丝的很舒服。

实际上，我国传统的各种气功养生术里早就含有放松训练的方法与技术，放松训练主要围绕呼吸的调整、肌肉的放松、感觉的平静等方面进行。这类方法既可以自己边说边想象，使自己的感觉出现在言语表达的过程中，又可以通过放录音让自己随着录音暗示与指导进入想象情境中，逐渐进入主动的自我暗示状态，进而使得情绪放松、紧张得以消解。

（2）过度焦虑情绪的调节。焦虑是对当前或预期对自尊心有潜在威胁的情境而产生的一种忧虑性情绪反应。焦虑常常与紧张相随，有现实性焦虑、神经性焦虑和道德性焦虑等三类。焦虑包括三种基本成分：第一是体验成分，由消极的自我评价而引发的意识体验所构成；第二是生理成分，是一种与植物性神经系统活动增强相联系的情绪反应，表现为血压升高、心率加快、呼吸加快、肠胃不适、头痛失眠等；第三是行为成分，这是一种以行为变化表现出来的外部反应，如多余动作增加，使人变得颓废、沮丧和消沉等。

焦虑实质上是对自己的一种折磨，不仅是最普通的神经症，而且是其他神经症的基础，对人的生理和心理都会产生不良影响。因此，应当采取有效的方法来消除过度焦虑。第一是积极放松法，通过放松训练可以使焦虑者专注在感觉上，达到以转换注意的方式让焦虑者停止焦虑。第二是以新压旧法。研究表明，以另外新的忧虑可以压制原来的焦虑，进入新的忧虑忽略先前的焦虑，会减轻焦虑感。第三是倾诉法，即向他人特别是好友或心理咨询师陈述自己心中的忧虑，倾诉自己的痛苦、宣泄自己的恐惧，他们会针对你的情况进行疏导，会使你的恐惧源消失。同时，说出心中的忧虑，这本身也会使人轻松，有时还会醒悟到焦虑的多余性，由此焦虑就在自主消失。第四是培养自信法。自信训练主要利用交互抑制原理，通过让焦虑者表达正常的情感和自信心，使得那些消极的自我意识得以扭转，借以削减焦虑的水平。

研究表明，当一个人充满担忧的情感时，便会在大脑产生保护性抑制，妨碍正常的认知活动。因此自信训练法主要是针对忧虑进行的。基本步骤是：

① 学会觉察个人消极的自我意识。个人对自己的消极的自我意识往往是觉察不到的，这是由于这种消极的自我意识已经成为习惯化的东西，因而当事人自己就熟视无睹。为此，可以通过留心自己的生理变化，通过身体反应的知觉来促进对个人消极自我意识的觉察。比如，当你面临一场重大考试时，如果具有神经性胃痛或脸部肌肉紧张感等生理变化，那便意味着已经出现消极的潜意识，对即将来临的考试已经朦胧地浮现一些忧虑的念头。针对这些潜意识或朦胧状态，用语言将之清晰地表达出来并写下来，这样可以把个体朦胧的潜意识提高到意识水平，从而使个体清楚地意识到自己当前消极的自我意识有哪些。这是自信心训练

的第一步，也是非常重要的一步。

② 养成向消极的自我意识挑战的习惯。这是自信心训练的决定性一步。所谓挑战，就是向消极的自我意识的不合理成分进行自我质辩，其中包括指出这些消极的自我意识的不现实性和不必要性，阐明给自己造成的危害，明确今后应采取的态度。美国心理学家埃利斯认为，我们对于事件的看法与事件本身一样都可以是焦虑源。人对事物的认知有对错之分，那些错误的认知就是所谓的非理性信念，这是构成人的焦虑源的一个重要心理因素，也是人们通往苦恼的认知入口。研究已证实非理性信念与焦虑、抑郁之间的联系。

埃利斯曾经对一位因为被解雇而深感焦虑和抑郁的被试的非理性信念的作用过程进行过如下分析：对于这位被试来说，失去工作是一个触发事件，产生了苦恼则是最终结果。但是，在触发事件与最终结果之间还存在着信念，诸如"这份工作是我一生中最重要的事情""我真是个毫无价值的失败者""我的家人要为此忍饥挨饿了""我再也找不到如此好的工作了""对此我无能为力"等。埃利斯认为，这位被试因为失去工作而感到苦恼是符合逻辑的，但是他所具有的上述信念却属于小题大做，夸大了后果的严重性。正是这些错误的非理性信念加剧了他的焦虑和苦恼。

埃利斯提出了改变非理性信念的方法步骤：第一，通过认真反省来认识那些使得自己感到痛苦的想法；第二，评价自己想法的正确性；第三，找出与自己所持的非理性信念相反的想法；第四，在内心表扬自己以示奖励。经过这样的努力，就会使自己的思维方式发生积极有效的变化，自信心由此得到重建。

（3）抑郁情绪的调节。抑郁是一种极为复杂的情绪障碍，也是一种极端的情绪表现，它与其他许多不良情绪相关，并受焦虑等情绪的影响而加重。抑郁情绪有五组特征：①一种悲哀的、冷漠的心境；②一种消极的自我概念，含有自我谴责等；③一种回避他人的倾向；④一种睡眠、食欲和性欲的衰减；⑤一种活动水平上的变化，有激动的形式，但更多地包含嗜睡症。

抑郁症是一种心理综合征，包括三个方面的心理障碍：心境障碍，如悲伤、沮丧或易激动；思维障碍，主要表现为消极的判断和评价，如无兴趣、无望、无助，在自我方面表现为自责、自罪、孤立感；躯体功能障碍，如疼痛、疲乏、自主性功能减退或过度等。按照伊扎德的情绪分化理论，抑郁不是单一的情绪，它包括痛苦、愤怒、厌恶、轻蔑、恐惧、羞愧等多种基本情绪。主要是痛苦，其次是厌恶、轻蔑和愤怒。后三者的结合构成敌意，敌意是抑郁症的重要成分。

抑郁情绪的产生主要来源于两个方面的因素，即环境压力与潜在的心理倾向，有内源抑郁症和外源抑郁症两种不同的情绪反应模式。内源抑郁症表现为减慢运动反应、缺乏反应性、一般兴趣丧失、午夜失眠和缺乏自我怜悯，比外源抑郁症更加严重。外源抑郁症侧重于运动反应、情绪反应外显化。

抑郁情绪将严重危害身体，破坏个体身心的平衡。陷于抑郁的人一般都处于压抑状态，内心隐存着某种能量，这种能量积聚过量就会破坏理智，出现注意力无法集中、记忆衰退、思维混乱等现象，直至后期心智充塞混乱的扭曲的思绪，无法感受人间乐趣，生趣尽失，走向自杀。在严重的抑郁情绪状态下，生命形同瘫痪，毫无生气。

抑郁情绪的调节方法不少，但真正行之有效的却不多。第一是宣泄法。处于抑郁状态时，大哭能释放积聚已久的能量并调整身体的平衡，减轻抑郁症状。第二是注意转移法。通过安排愉快的事件，可以唤醒抑郁者，使其对生活产生乐趣，以此忘记忧愁，进而缓解内心积压的抑郁。另外，语言暗示法、环境改变法、自我表达法等都是可以试用的。需要指出的是，独处反思法不可取，它无力化解抑郁，只会加重抑郁症状，使人在抑郁中更加消沉。

本讲小结

1. 什么是情绪

情绪是个体对客观事物是否符合需要产生的体验以及相应的行为反应。情绪是包括主观体验、生理唤醒与行为反应的心理过程。情绪这一心理过程具有两极性、表情性以及波动性等特点，主要有适应功能、动机功能、组织功能、信号功能和感染功能。

2. 情绪的基本事实

情绪很复杂，其基本形式有快乐、愤怒、恐惧、悲哀，其基本状态有心境、激情、应激，其社会情绪形态有美感、道德感、宗教感和理智感。

3. 性情说

从人的本性出发阐述情绪的内涵及特点，比较典型地体现了中国古代心理学思想的思辨性及类比性特征，是中国古代的一种主流观点。

4. 情二端说

情二端说是中国古人从情绪的快感度维度对情绪进行的定性分类，在此基础上提出的各种情绪分类学说，好、恶是最基本的情绪，其他情绪由此而生，大多将"喜、怒、哀、乐"作为基本形式。

5. 詹姆斯-兰格的外周情绪理论

美国心理学家詹姆斯和丹麦生理学家兰格认为情绪刺激引起身体的生理反

应,而生理反应进一步导致情绪体验的产生,情绪就是对机体状态变化的知觉。

6. 坎农-巴德的丘脑情绪理论

美国生理学家坎农及其弟子巴德批评詹姆斯-兰格理论,认为植物性神经系统的生理反应无助于情绪的产生,情绪的产生是由于大脑皮质解除了丘脑抑制的功能,情绪体验是由大脑皮质和植物性神经系统共同激起的结果。

7. 情绪的行为理论

行为主义将情绪视为在强化刺激和复杂的经典条件作用中习得的行为模式。行为主义早期代表华生(1929)认为,情绪是一种遗传的反应模式,抚摸等刺激是婴儿产生情绪的强化条件,有了这些条件,婴儿就能学会微笑等情绪反应。

8. 阿诺德-拉扎勒斯的认知评价情绪理论

美国心理学家阿诺德和拉扎勒斯认为,情绪的产生是生理、行为和认知三种成分的综合反应,这三种成分的不同组合便构成各种具体情绪模式的特点标志。而对认知起决定作用的是个体心理结构,即信仰、态度和个性特征等,社会文化因素则影响着个体对情境的知觉和评价。

9. 沙赫特-辛格的激活归因情绪理论

美国心理学家沙赫特和辛格提出的激活归因情绪理论,认为情绪既来自生理反应的反馈,也来自对导致这些反应情境的认知评价。情绪是认知因素和生理唤醒状态两者交互作用的产物,认知对刺激引起的一定的生理唤醒的引导和解释导致情绪的产生。

10. 什么是意志

意志是个体为了一定需要、愿望和目的而自觉行动,并与克服困难相联系的心理过程。有自觉性、控制性和行动性等三个特点,主要有导向功能、协调功能和控制功能。

11. 意志的基本事实

意志作为复杂的心理过程,分为意向和行动两个阶段。意志的心理结构很复杂,包括目标与期望、抱负水平、心理冲突、决策、控制等心理成分。其中,心理冲突根据勒温的研究主要有双趋冲突、双避冲突和趋避冲突三种基本形式。

12. 意志品质主要有坚韧、果断、自制、勇敢等综合性特质

13. 意志的基本学说

意志的基本学说主要有自由说、能动说、自我说,这些学说都有待深化和完善。

14. 情意和谐问题

意志与情绪存在着区别和联系，情意和谐不仅必要而且可能，通过发挥认知的作用、自我意识的作用、意志的控制作用、情绪的自组织作用、欲望的作用以及重要他人的作用等有助于情意和谐，促进心理和谐。

15. 情商

研究情商最为深入的当推美国心理学家沙洛维和梅耶，他们于 1990 年、1993 年、1996 年三次界定了情商概念，第三次界定情商由四方面的能力构成，即情绪的知觉、评估和表达的能力；思维过程中的情绪促进能力；理解和分析情绪，获得情绪知识的能力；对情绪进行成熟调节的能力。

流传最广的情商概念是美国《纽约时报》专栏作家戈尔曼于 1995 年所提出的，他所说的情商包括五种能力，即认识自身情绪的能力；妥善管理情绪的能力；自我激励的能力；认识他人情绪的能力；管理人际关系的能力。

专业术语

情绪、表情、两极性、心境、激情、应激、美感、道德感、宗教感、理智感、意志、目标、抱负水平、心理冲突、决策、控制、情意和谐、情商、紧张、焦虑、抑郁

思考问题

1. 请举例说明情绪的某一功能。
2. 表情有何用？怎样识别表情？
3. 就情绪的两极性而言，好与恶、爱与恨存在怎样的关系？
4. 分析自己今天的心境并谈谈如何保持良好的心境状态？
5. 请联系你的某一次激情经历，描述你当时的心理行为表现。
6. 中国古代思想家的性情说有何现实意义？
7. 你赞同哪个现代西方的情绪理论？说明理由。
8. 请举例说明意志的某一功能。
9. 结合自身实际，你觉得最需要培养何种意志品质？提出可行的培养计划。
10. 请联系你的某一次心理冲突经历，描述你当时的心理行为表现与解决办法。
11. 分析你的情商，看看需要重点培养何种能力并提出对应的措施。

拓展读物

1. 叶奕乾，何存道，梁宁建．普通心理学［M］．2版．上海：华东师范大学出版社，2004．
2. 全国十二所重点师范大学．心理学基础［M］．北京：教育科学出版社，2002．
3. 黄希庭．心理学导论［M］．3版．北京：人民教育出版社，2015．
4. 郭永玉，王伟．心理学导引［M］．武汉：华中师范大学出版社，2007．
5. 莫雷．心理学［M］．广州：广东高等教育出版社，2000．

第五讲　心理行为——在心理与行为之间

> **本讲要目**
> 一、表象
> 二、言语
> 三、技能

人从外界接受刺激到做出反应，既能形成多样心理现象也能产生各种实际行为，表象、言语和技能生动地表现了这一过程的全貌。

一、表象

（一）表象及其意义

1. 表象及其特点

表象是个体感知一定事物后头脑保持相应形象或生成相关形象的心理行为。这里有三种具体情况，一是感知过的事物不在眼前时，头脑中保持而再现出来该事物的形象，此为记忆表象，简称表象。比如，对于"母亲"，每个人都能再现出各自母亲的音容笑貌。二是头脑对储存的表象进行加工改造而创造生成的新形象，此为想象表象。比如，世上本无"龙"这一动物，它是由鹿角、蛇身、鱼鳞、鹰爪等表象而融合出来的。三是表象如果连带情绪并具有象征意义就成为意象。比如，前例中的"龙"也是一个意象。显然，意象是复杂的表象，或者说它已不是纯粹的记忆表象。总之，表象是感知活动结束后较为直接的后续心理现象，是最初步的心理行为，想象表象、意象都是表象的变形。

表象这种心理行为具有以下特点：

(1) 形象性。表象是以生动具体的形象在头脑中出现的，是有关事物被感知后经过头脑加工产生的形象。表象直接来源于知觉，因而必然具有与知觉映象类似的直观形象性。比如，一个人关于自己母亲的表象，可以包括表情、发型、体态、服饰等方面的大体特征，这样的表象与当前的知觉映象是基本一致的。当然，表象和知觉映象比起来，它的完整性、鲜明性、稳定性都要差些。

(2) 概括性。表象往往是综合了多次知觉的结果，人们在不同条件下多次知觉同一事物或同类事物，但记忆保留的大多是它们的一般形象和主要特征，表象就是以多次知觉经验为基础加工产生的概括形象。当然，一次知觉后的表象，保留的很可能是该事物的显著特征。

(3) 可操作性。由于表象是知觉的类似物，因此人们可以在头脑中对表象进行心理操作，这种操作就像人们通过外部动作控制和操作具体事物一样。"脑珠算"就是通过让儿童建立稳定的算盘表象，利用算盘表象进行加减乘除等运算的操作过程。这一特点也得到了认知心理学中的"心理旋转"实验的验证。正因为表象具有可操作性，形象思维才成为可能。

由于这些特点，表象及其运动就完成了从知觉到形象思维的认知操作，成为一种基础性的心理行为。

2. 表象的意义

(1) 表象是记忆的重要形式。记忆的内容丰富而复杂，可以是形象的、语义的、情绪的和动作的，它们都和表象有着直接或间接的联系。其中，形象记忆就是直接以表象为储存形式的，动作记忆有相应的动作表象，语义记忆和情绪记忆也有一定的表象元素。

(2) 表象是形象思维的重要形式。形象思维是以表象为凭借物的，是对表象进行联想、想象的过程，形象思维的启动、进行以及结果都离不开表象。正如概念是抽象思维的基本形式一样，表象是形象思维的基本形式。

(3) 表象是知识的重要形式。知识无非两大类：感性知识与理性知识，感性知识的主要形式是表象，理性知识的主要形式是语词。表象与语词一同成为人们储存知识的基本形式，成为知识表征不可缺乏的重要工具。

(二) 表象的基本事实

1. 视觉、听觉、嗅觉、味觉、触觉、动觉等表象

根据表象形成的感官通道，表象分为视觉表象、听觉表象、嗅觉表象、味觉表象、触觉表象、动觉表象等。人们从外界获取信息最主要是通过视觉，视觉表象最为常见也比较鲜明。由于天赋条件、生活经验、职业历练等原因，人们在这些表象形式上存在差异。比如，画家的视觉表象、音乐家的听觉表象、舞蹈家的动觉表象、中医医师的触摸觉表象（切脉象）、厨师的味觉表象等都比常人发达。

2. 个别表象和一般表象

根据表象的概括性程度，表象分为个别表象和一般表象。个别表象是关于某一具体事物的表象，一般表象是关于某一类事物的表象。个别表象是一般表象的原型或基础，一般表象集中了一类事物共有的重要特征，具有更大的概括性。它们在文艺创作等形象思维活动中可以发挥各自作用或协同作用。

3. 记忆表象和想象表象

根据表象的创造性水平，表象分为记忆表象和想象表象。记忆表象基本上是过去感知过的事物形象的再现，想象表象是对已有表象进行加工改造转化生成的新形象。记忆表象经过不同程度、不同形式的加工改造才可能转化成为想象表象，表现出更多的心理意义。

（三）表象的基本原理

1. 表象与知觉

长期以来，心理学将表象和知觉紧密地联系起来，将表象看成是已经储存的知觉的再现（记忆表象）或经过加工改造而形成的新形象（想象表象）。认知心理学也将表象和知觉联系在一起，把它看作是类似知觉的信息表征，有人提出了表象和知觉的机能等价的观点。比如，奈瑟（1972，1976）认为，表象活动就是应用知觉时所用的某些认知过程，只是没有引起知觉的刺激输入而已，表象是由相应的知识所激活的对知觉的期待。可以认为，知觉是形成表象的基础，在教学中要让学生利用不同的感觉通道进行观察，形成视觉表象、听觉表象、触觉表象、运动表象等各种表象，促进认知能力的发展。

2. 表象与记忆

人们认识到表象在记忆中的作用是从使用某种记忆术开始的。将要记住的事物放在一系列按顺序安排的位置上，成功的安排在于依赖已建立起来的对物体的一系列表象，这就是定位法的古老的记忆术。心理学家提出了图片的优势效应、具体性效应等，阐述了表象在记忆中的作用，表象记忆有着相对优势。

3. 表象与思维

前面已述，表象既具有直观性，又具有概括性。从其直观性看，它接近于知觉；从其概括性看，它接近于思维。概括的表象是从个别表象逐步积累融合而成的，个别表象在人的活动中，不停地向概括表象发展。表象这种不受具体事物局限的概括的反映机能，使它有可能成为从感知到思维的过渡或桥梁。

概括表象的形成，一般可以分为组合和融合两种方式。表象的组合是表象不断积累的过程，在这里，联想律（接近、相似、对比）起着重要作用。表象的组合是记忆表象的重要特点。表象的融合是比联想更复杂的一种表象的创造性改造的形式。所有参与这种融合的表象都多少改变着自己的品质，而融合为一个新的形象，神话中的美人鱼或作家创造的典型人物，就是经过融合的新的表象。这也是想象表象的主要特点。

总之，概括表象是由感知觉向思维过渡的直接基础。表象的不断进行概括，使其不断离开直接的感知基础，因而就有可能向思维过渡。

4. 表象与情绪

一方面，由于事物的情景性，很容易使人产生情绪，表象能引起人们的情绪反应；另一方面，一定的情绪对于表象又具有改造变形作用。"一朝被蛇咬，三年怕井绳""草木皆兵"等成语都很好地说明了恐惧情绪对表象的改造变形作用。

二、言语

（一）言语及其意义

1. 言语及其特点

言语是个体在交际过程中习得语言符号进行思维、传递信息、交流思想、表达情感的心理行为。这里有两层意思：第一，言语是个体在交际活动中对语言的运用，是个体借助语言这种交际工具进行的心理行为。听、说、读、写都是个体运用一定语言进行的不同心理行为。第二，言语是个体在交际过程中相互联系、相互影响的心理行为，是不同个体之间沟通看法、观点、情感等的互动过程。离开言语活动，个体之间很难进行交往、沟通，难以建立发展人际关系。

言语这种心理行为具有以下特点：①语言性。言语是一种个体心理现象，它是个体习得、应用语言符号系统的过程。语言是一种社会符号系统，包括语音系统、词汇系统和语法系统，是音形义统一的交际工具。虽然各种语言存在着差异，但人们使用语言无非就是表现为听、说、读、写这四种言语心理行为。语言性表明个体言语活动对一定语言符号的依从性。②思维性。儿童思维的发展表明儿童掌握语言的过程就是思维发展的过程。个体思维的发展可以相对独立于言语活动，但是言语活动对不同的思维却具有不同水平的依从性。正是通过个体的言语活动，语言才发挥其思维工具的作用。言语是思维最主要、最有力的表现形式。③沟通性。在同一种语言条件下，不同个体通过言语活动能进行不同内容、不同形式的沟通交流。从语言习得到表达，个体的言语活动处处呈现出沟通性的特点。借助言语活动实现的沟通，是人与人之间沟通的主要形式，同时也是最为有效的形式。

2. 言语的意义

（1）言语影响思维。思维特别是抽象思维是以概念为基本形式的，概念主要借助语词来表现。个体学习语言的一项关键要素就是掌握语词，这样，言语活动就成了个体形成概念必不可少的途径。可以说，离开了言语，失去了凭借，思维活动就无法进行。

（2）言语影响情感。情感的一个重要对象是人，对某一个人的情感需要借助相应的言语活动加以表达，言语表达是否恰当直接影响到情感效果。言语的亲密度往往表现了情感融洽度，言语的冷漠度也往往表达了情感疏离度。人们就是通过言语活动来表现情感的，离开了言语，情感难以表达。

（二）言语的基本事实

言语行为可以分为两大类：外部言语与内部言语，外部言语又包括口头言语与书面言语（黄希庭，2015）。

1. 外部言语

（1）口头言语。口头言语是指个体凭借语音来表达思想和情感的言语活动，大体上可分为会话言语和独白言语两种形式。会话言语是指人们在聊天、座谈、辩论、质疑等情境下的言语活动，是由两个或几个人直接进行交际的言语形式，虽然是一种简单的言语形式，但对思想、情感交流有着重要意义。独白言语是指个体在做报告、讲演、授课等情境下独自进行的言语活动，是在会话言语的基础上发展起来的，对于系统地表达自己的思想有着重要意义。这两种口头言语有时交织在一起。

（2）书面言语。书面言语是个体用文字来表达思想和情感的言语活动。书面言语是由口头言语发展起来的，往往需要经过专门的学习训练才能掌握。

2. 内部言语

内部言语是个体产生于大脑内部的未发出声音的言语活动，是一种自问自答时的言语。与外部言语不同，内部言语具有发音隐蔽性的显著特点，是一种不出声的默语。内部言语无法直接与他人交流，但它积极地参与和调节外部言语活动，与外部言语有着紧密的联系。

内部言语是在外部言语的基础上形成的,又是相互转化的。个体言语的发展只有在外部言语获得充分发展的基础上,内部言语才可能产生。在由外部言语向内部言语转化即内化的过程中,有一种介于两者之间的言语形式,即出声的自言自语,这一现象可在 3 岁左右的儿童身上看到。这种言语形式既有外部言语的交际功能,又有内部言语的调节功能。随着年龄的增长,自言自语的自我调节功能逐渐被内部言语所替代。内部言语向外部言语的转化即外化需要经过训练,否则会遇到困难。

(三) 言语的基本原理

1. 言语习得

心理学关于个体言语习得的理论解释主要有两类,一类强调后天学习的作用,另一类则强调先天遗传因素的作用。

(1) 后天学习论。美国行为主义心理学家斯金纳把言语看成是一种行为,言语习得是刺激→反应→强化的过程,即儿童的言语行为是通过食物或别人的言语强化而习得的。当儿童与成人相互作用时,儿童的言语行为如果受到听话人的奖赏,就会再做出这种言语反应;如果受到听话人的惩罚,就会回避这种言语反应。班杜拉认为儿童的言语习得大部分是在没有外在强化条件下的观察和模仿,儿童获得词汇和语法结构,是以成人为榜样,模仿他们的言语模式。并且儿童从模仿中获得成功,由于自我强化,就可以进一步扩大模仿。

(2) 先天遗传论。在言语习得的问题上,心理语言学家乔姆斯基在 20 世纪 50 年代创立的转换生成语法理论与后天学习论针锋相对。他认为,言语基本上不是习得的,而是天赋的。儿童天生具有一种加工语言符号的大脑内在机制——言语习得装置,随着儿童的发展,这种内在机制在一定的条件下被激活,句子的深层结构通过转换成分变为表层结构,儿童就能自然获得语言。

事实上,儿童的言语习得既依赖于人脑独特的生理机制,也依赖于后天的学习条件,是两者相互作用的结果。这一过程大体经历了以下五个阶段:咿呀学语阶段 (6 个月左右)、单词句阶段 (1 岁左右)、双词或三词句阶段 (1.5~2 岁)、完整句阶段 (2~3 岁)、会话阶段 (3~6 岁)。

2. 言语理解

言语理解就是根据语音或文字确立意义的过程,也即确立语义的过程。言语理解有不同的水平,对单词的理解是初级水平,对短语和句子的理解是中级水平,对说话人的意图或动机的理解是高级水平。言语理解是一种积极主动的思维过程,是根据所获得的语言材料去建构意义的过程。这一过程大体包括感知阶段、分析阶段和使用阶段。

3. 言语表达

言语表达包括说话和书写，是由思想到说话或书写的过程。这一过程大体可以分为以下四个阶段：言语动机和意向阶段、内部言语阶段、形成深层句法结构阶段、形成以表层句法结构为基础的外部言语阶段。言语表达受到话题、语境、记忆以及情绪等多种因素的影响。

三、技能

（一）技能及其意义

1. 技能及其特点

关于技能，有着许多不同的界定。可以认为，技能是指经过练习而形成的合乎法则的认知活动或身体活动的心理行为。

技能这种心理行为具有以下特点：

（1）练习是技能形成的途径。技能不同于本能行为，它是在后天的学习过程中，通过不断的练习而逐步完善的。学生在技能学习中，活动动作方式的掌握总是要经历一个由不会到会、由会到熟练的逐步发展完善过程。练习是实现这一过程的必由之路。

（2）动作方式是技能的心理形式。技能是由一系列动作及其执行方式构成的。初学者刚刚学习某种技能时，其头脑中储存的是概念性知识。此时，学习者经过思考与新情境相类似的已有知识经验，或接受有经验者的指导，或模仿他人成功的活动动作方式。经过反复多次练习形成熟练技能后，学习者在头脑中储存的则是一种完整严密的动作映象系统，难以用语言把它描述出来。因此，技能的掌握不是通过言语表述而是通过实际活动表现出来的。

（3）合乎法则是技能形成的标志。技能的活动方式不是动作的随意组合，在技能形成过程中，各个动作要素及其之间的顺序都要遵循活动本身的要求，即合乎法则。

2. 技能的意义

（1）技能的掌握是进行学习活动的必要条件。长期以来，学生对阅读、书写、运算等基本技能的掌握一直被认为是他们顺利完成学习任务所必备的基本条件。因此，技能的学习和掌握是学校教育教学的重要任务之一。

（2）技能的形成有助于对有关知识的掌握。技能的形成要以对有关知识的掌握为前提，但在技能形成过程中或之后却又能促进对这些知识的理解和掌握。例如，要使学生形成分数和小数的互化运算技能，他们首先必须掌握分数、小数及其相互关系的知识。同时，当他们在练习分数和小数互相转化形成运算技能的过程中，也就大大地促进了他们对分数、小数知识的理解和掌握。

（3）技能的形成有利于能力的发展。学生掌握了某种技能，就能够熟练地按照合理的动作方式去完成相应的活动任务，而这种活动效率的提高就是他们能力发展的具体体现。研究表明，能力的发展是以有关的技能为前提的。培养和造就某种人才，除了他们具备有关的知识之外，还必须掌握有关技能。可以说，技能是知识转化为能力的中介。

（二）技能的基本事实

1. 技能按其本身的性质可分为动作技能与心智技能

（1）动作技能又称为运动技能和操作技能。它是指由一系列的外部动作以合理的程序组成的操作活动方式，如游泳、体操等技能。尽管动作技能的表现形式多种多样，但它们都是借助于肌肉、骨骼的动作和相应的神经系统的活动来完成的。从这种意义上来说，凡是动作技能，皆是由一系列的骨骼肌肉的随意动作组成的。

（2）心智技能又称为智慧技能或智力技能。它是一种借助于内部言语在大脑中进行的认知活动方式，如阅读、计算等技能。在心智技能中，根据适用的范围不同，可以将它分为专门心智技能和一般心智技能两种。专门心智技能是为某种专门的认知活动所必需的，也是在相应的专门智力活动中形成发展和体现出来的，如默读、心算等技能。一般心智技能是指可以广泛应用于许多领域的心智技能，如观察技能、思维技能等。

动作技能与心智技能既有区别又有联系。它们的不同之处在于动作技能具有物质性、外显性和扩展性等特点，而心智技能则具有观念性、内隐性和简缩性等特点。前者主要表现为外显的肌肉骨骼的操作活动，后者主要为内隐的思维操作活动。

同时它们又密切地联系在一起。心智技能是动作技能的调节者和必要的组成部分，动作技能又是心智技能形成的最初依据和外部体现。两者是相辅相成、互相制约、互相促进的。例如，在学生的学习活动中，不仅需要心智技能参与，也需要动作技能参与，常常是这两种技能的有机统一，即手脑并用。

2. 技能按产生的信息来源分为封闭技能和开放技能

当一种技能主要依靠内部的、由本体感受器输入的反馈信息来调节时，这种技能叫封闭技能，如体操、游泳、跳远等。这种技能一般具有相当固定的动作模式，掌握这种技能要通过练习，使动作达到某种理想的模式。

当一种技能主要依赖于周围环境提供的信息，而正确地感知周围环境成为运动调节的重要因素时，这种技能叫开放技能，如打篮球、排球、棒球等。开放性技能要求人们具有处理外界信息变化的能力和对事件发生的预见能力。

（三）技能的基本原理

1. 动作技能的形成

（1）动作技能的形成过程。动作技能的形成是通过练习和领悟逐步掌握某种动作操作程序的过程，大体经历三个主要阶段。

① 认知阶段。人在开始掌握一种技能之前，要形成掌握这种技能的动机，学习与它有关的知识，在头脑中形成这种技能的一般表象，这就是技能的认知阶段。例如，在教学生学习蛙泳时，首先应向学生示范蛙泳的连贯动作，并将动作切分开进行讲解，使学生全面了解关于蛙泳的知识，形成蛙泳的动作表象。动作表象的形成在技能学习中有重要的作用。

在认知阶段，动作显得呆板、迟缓、不稳定、不协调，多余动作较多，对动作需要有意识地进行控制。在这个阶段，示范者在每个动作上的示范表演对人们学习技能有重要的意义。人们主要靠把自己的动作与示范者的动作进行对照来校正自己的错误。

② 联系阶段。在掌握局部动作的基础上，人们开始把个别动作结合起来，以形成比较连贯的动作，或在了解一种技能的大致特征之后，对其中的个别动作做更多的练习。这时，他们的注意力从认知转向运动，从个别动作转向动作的协调与组织，这是把个别动作连成动作系统的关键。

由于这时候技能还处在初步形成的阶段，人们常常忘记动作之间的联系，在动作转换和交替的地方会出现短暂的停顿；练习者完成动作的紧张度已大大缓和下来，但没有完全消失，稍微分心，还会出现错误的动作；同时，在前一阶段经常出现的多余动作也逐渐不见了。

③ 自动化阶段。这是技能形成的最后阶段。在这个阶段，人们学习的各种动作在时间和空间上彼此协调起来，构成一个连贯、稳定的动作系统，各个动作的完成似乎是自动的。他们在完成动作时的紧张状态和多余动作都已完全消失，意识对动作的控制作用减小到最低限度，整个动作系统从始至终几乎是一气呵成的。由于技能已经完善，人们就能熟练地运用这种技能去完成自己所面临的各种任务。

（2）动作技能的形成特征。与动作技能形成的初期阶段相比较，已形成并达到熟练程度的技能动作发生了质的变化。这种变化具有一些典型的特征：

① 意识控制的变化。在技能形成初期，学习者完成每一个技能动作都要受到意识的控制。如果稍有减弱，动作就会停顿或出现错误，心情就会随之紧张起来。随着技能的逐渐形成，意识对动作的控制也随之减弱而由自动控制所取代。

② 动作控制方式的变化。在动作技能形成初期，学生依靠视觉反馈（外反馈）来控制动作。随着动作技能的形成，动作的视觉反馈控制逐渐开始让位于内部反馈（动作程序图式和动觉反馈）来控制，错误往往能够被排除在发生之前。当动作技能达到熟练时，动觉反馈对动作的控制作用得到进一步的加强，达到稳定而牢固的程度。

③ 动作稳定性的变化。动作的稳定性是逐渐加强的，当技能形成之后，整个动作系统已成为一种相对稳定的方式。情境一旦发生变化，熟练者就能当机立断，及时调整自己的动作，在不利条件下维持正常操作水平，甚至使出绝招出奇制胜，灵活而巧妙地应付这种变化。

④ 动作协调性的变化。动作的协调性逐渐加强，多余动作逐渐减少。当技能达到熟练时，整个动作系统已成为一个协调化的动作模式。协调化动作模式的形成是熟练的重要标志。

（3）动作技能的培养。动作技能的培养是一个动态过程，教师应将动作技能的结构、内容，依据其相互联系划分为不同的学习任务，然后分阶段采取相应教学措施进行有计划的培养。

① 理解任务的性质。首先应使学生懂得掌握某种动作技能的重要性，形成强烈的学习动机。其次，教师应向学生明确提出动作技能应达到的目标，向他们提出适当的切实可行的期望，使学生明确"做什么"和"怎么做"，根据学习任务的目标而调控自己的练习过程。

② 正确示范与讲解。示范与讲解在动作技能的形成中有导向功能，能引导学生做出规范性的动作。教师在指导学生学习动作技能时，首先要帮助学生理解动作技能，掌握相关的知识。其次要形成正确的动作表象。人们的各种运动动作是在动作表象的定向调节支配下做出来的。因此，在学生对所学的运动技能进行练习之前或过程中，教师应通过自己的动作示范帮助他们在头脑中形成正确的动作表象。教师的示范要做到：动作示范与言语解释相结合；整体示范与分解示范相结合；示范动作要重复，速度要放慢；指导学生观察，并纠正学生的错误理解。

③ 讲究练习方法。练习不是单纯或简单机械的重复，应当采取多种练习方法。比如：

程序训练法。即运用程序教学原理，把学生的动作技能划分为若干阶段，要求学生由易到难、由简到繁循序渐进地学习，教师不断给予强化与矫正，以提高动作效率的方法。

心理练习与身体练习相结合。心理练习法，即指身体不实际活动，而是在头脑内进行练习的形式。如理查森（A. Richardson，1967）曾评述了11个有关心理练习研究，包括打网球、倒车、掷标枪、肌肉耐力、理牌、玩魔术等技能。他的结论是，心理练习与作业改进有一定相关。如果将心理练习与身体练习相结合，其效果更佳。

灵活应用整体练习和分解练习。整体练习法是把某种技能当作一个完整体来掌握，人们从一开始就着眼于动作间的联系和关系，并从始至终对动作进行练习。分解练习法又称局部练习法，是指在练习时，人们把某种技能分解为若干部分或某些个别的、局部的动作，通过学习和掌握这些局部的动作，逐渐达到学习整个技能的目的。对不同的动作技能来说，整体练习和分解练习的作用是不同的。当一种技能容易分解为个别、局部的动作时，采用分解练习可获得较好的效果，如学习排球、步枪射击等。练习这些时可以从组成技能的局部动作入手，逐渐学会连贯的动作技能。可是，对某些难以分解成局部动作的技能来说，应用整体练习法效果会更好些，如打字、游泳、弹钢琴等。技能较简单，采用整体练习的效果好；技能非常复杂时，则用分解练习的效果好。在技能形成的不同阶段，两种练习法的效果也有区别。在技能形成的前期，适宜采用分解练习法；随着技能的形成和发展，应更多地采用整体练习法。

正确分配练习时间。练习时间的正确分配对练习效果有着重大影响，如果在一段很长的时间内连续地进行相同的练习，那么由于疲劳的缘故，练习的效果不会很好；如果各次练习的时间间隔太短，成绩也不会提高得很快。因此每次练习的持续时间不宜过长，各次练习的时间间隔不宜过短。每次练习时间较长，或者连续不间断的练习叫作集中练习；每次练习时间较短，各次练习之间有一定时间间隔的练习叫作分配练习。一般来说，分配练习比集中练习优越。

④ 注意克服"高原现象"。练习成绩的进步并非直线式地上升，有时会出现暂时停顿的现象，叫"高原现象"。高原现象是练习成绩暂时性的停顿现象，它与生理的极限和工作效率的绝对顶点是不同的。而且，并不是所有的技能学习中都必然存在高原现象。产生高原现象的原因很多，如在长时间而集中的技能训练中、学习的热情下降、身体过分疲劳、旧的技能结构的限制等。其中旧的技能结构的限制，可能是引起高原现象的一个最重要的原因。要克服上述现象，关键是教师要帮助学生寻找原因，对症下药。要严格要求学生，改善练习方法和练习环境，利用他们对未来进步的憧憬，以增强其努力的信心和学习的兴趣。

⑤ 提供恰当的反馈。只有当练习者从他们的操作或动作的结果中得到反馈时，练习才对学习起到积极的作用。反馈是动作技能形成的重要条件，它既可以来自内部，也可以来自外部的观察，它既可以是及时的，也可以是延迟的。

⑥ 注意技能的迁移作用。已掌握的技能可以影响另一种新技能的掌握，各种技能之间可能发生相互作用。在某些场合下，业已掌握的技能有助于新技能的掌握（正迁移），例如，会骑摩托车的人，容易学会驾驶汽车；在另一些场合下，则有碍于新技能的掌握（负迁移），例如，一个会骑自行车的人在刚学习骑三轮板车时，会感到很不习惯，可能不及原来不会骑自行车的人。要注意比较不同技能的异同点，促进正迁移、防止负迁移。

2. 心智技能的形成

（1）加里培林关于智慧活动按阶段形成的理论。苏联心理学家加里培林认为，智慧活动是外部的、物质活动的反映，是外部物质活动向反映方面——向知觉、表象和概念方面转化的结果。这种转化要经过一系列的阶段实现。

活动的定向阶段。这是智慧活动准备阶段。在该阶段，学生要了解熟悉活动的任务，知道做什么和怎么做，在头脑中构成活动本身和结果的表象，对活动进行定向。在这一阶段，教师应向学生提供活动的样本，指出活动的操作程序及关键点。以进位加法教学为例，它的定向是在演示这种演算时，使学生知道演算的目的是求两个数之和，知道运算的客体是事物的数量、运算的关键点是进位、为什么要进位以及如何进位等。

物质活动或物质化活动阶段。物质活动是运用实物的教学，而物质化活动则是物质活动的一种变形，是指利用实物的模象，如示意图、模型、标本等进行的活动。这个阶段实质上是借助实物或模象为支柱进行的心智活动阶段。例如，在学生的加法运算中，既可以让他们利用小木棒进行演算活动，也可以利用画片中的小木棒进行演算活动。通过这种物质活动或物质化活动，让他们掌握加法运算的实际操作程序，学会如何进位。

有声的外部言语活动阶段。该阶段智慧活动已摆脱了实物或实物的替代物，代之以外部言语为支持物。例如，在加法运算中，他们能根据题目的数字出声地说出"3加2等于5"或"8加4等于12"等。在这一阶段中，他们虽然不用操作实物或模象来进行计算，但他们是用出声的言语来运算的。这样，学生不仅要对这些动作的对象内容进行定向，而且还对这些对象内容的词的表达进行定向。这既可以保证活动的定型化，又可以保证活动迅速地自动化。

无声的"外部"言语活动阶段。这一阶段是出声的言语活动向内部言语活动转化的开始，是不出声的外部言语活动。就是说，学生是以词的声音表象、动觉表象为支柱而进行智力活动的阶段。从表面看，这种不出声的外部言语活动是

"言语减去了声音"，似乎很简单。其实不然，这种不出声的言语活动是有声言语活动向言语的声音形象、动作形象转化的途径。

内部言语活动阶段。这是智慧活动形成的最后阶段。其主要特点是智慧活动的压缩和自动化，智慧活动似乎不需要意识的参与，脱离了自我观察的范围，无论在言语的结构与机制上都发生了重大变化。一旦心智技能形成达到内部言语活动阶段，人们就觉察不到自己智慧活动的过程。

（2）冯忠良关于心智技能形成阶段的理论。我国心理学家冯忠良在吸取加里培林"内化"学说的基础上，经过长期的"结构定向"教学实验研究，提出了心智技能形成的三阶段理论。

原型定向阶段。原型即智慧活动的实践模式。这一阶段的主要任务就是使学生了解所学心智技能的实践模式，即操作活动程序，知道该实现哪些动作或如何完成，从而形成准确而清晰的动作和程序映象，明确活动方向，建立起进行活动的初步的自我调节机制，为进行原型操作提供内部控制条件。在教学条件下，学生的原型定向往往是通过教师的讲解、示范而获得的。

原型操作阶段。原型操作指学生依据心智技能的实践模式进行实际操作。在这一阶段里，所有的动作要以展开的方式呈现，不能遗漏，要包括动作的实施和检查，只有这样才能保证在头脑中建立完备的动作映象，同时也获得正确的动觉经验，确保活动方式的稳定性。

原型内化阶段。原型内化是指动作离开原型中的物质客体与外显形式而转向头脑内部，借助于言语来作用于观念性对象，从而对对象进行加工改造，使原型在学生头脑中转化为心理结构内容的过程。在本阶段，动作离开原型中的物质性客体及外显的形式转向头脑内部，最后达到活动方式的定型化、简缩化和自动化。

冯忠良提出的三阶段理论，突出了以"原型"为对象的各阶段心智技能形成的特点，以及各阶段教学的注意点，进一步丰富、完善了加里培林关于智慧活动按阶段形成的理论，使其理论更清晰、简明，易于操作。

（3）心智技能形成的特征。心智技能的对象脱离了支持物心智技能形成的初期，学习者必须借助具体、形象、直观的支持物进行操作（如实物、出声言语、动作和表象等），而在最后阶段，内部言语成为心智技能活动的工具，运用科学的概念和规则成功解决问题。

心智技能的进程压缩心智技能形成的初期，智慧活动的展开是全面、完整和详尽的。而在最后阶段，整个智慧进程已高度压缩，合理省略，思维变成了记忆，学习者以检索信息的方式解决问题，智慧活动达到自动化。

心智技能应用的高效率心智技能学习，是将一种"如何做"的规则程序系地移植，从而形成心智操作程序，即产生式系统。学习者一旦形成产生式系统，就能举一反三、触类旁通，快速和高效地解决问题。

（4）心智技能的培养。

形成条件化知识。心智技能形成的关键是把所学知识与该知识应用"触发"条件结合起来，形成条件化知识，即在头脑中储存大量的"如果……那么……"的产生式。学习知识的同时，要把握该知识在什么情况下适用。促进学生形成条件化知识，在教学上一要编制产生式样例题，学生进行样例学习；二要向学生呈现与实际生活背景相似的知识，提高知识在解决实际问题中的应用性。

加强学生的言语表达训练。研究发现，言语活动有利于减少学生思维的盲目性，使注意集中于问题的突出方面或关键因素，导致问题解决的成功率更高。言语表达水平可以相当程度地体现思维水平，提高解决问题的速度和迁移水平，促使智慧活动内化。因此教师在教学中应有意识地加强对学生言语表达能力的训练。教师可以指导或要求学生大声描述观察内容、直观教具的操作过程，以及思维过程和概括的结论，鼓励学生互相回答和相互议论等。此外，教师还应该注意为学生创造一个民主、宽松、融洽的课堂心理环境，使学生喜欢、愿意和敢于言语表达。

注重思维训练。心智技能的核心心理成分是思维。因此，培养学生良好的思维方法和思维品质是一项对学生心智技能的形成与发展具有特别重要意义的措施。为此，教师在教学过程中要重视学生的思维训练，培养他们思维的独立性与批判性、敏捷性与灵活性、流畅性与逻辑性以及敏感性等良好品质，养成认真思考的习惯。

科学地进行练习。程序性知识的学习要从陈述性阶段过渡到程序性阶段，需经过大量的练习，练习是促使陈述性知识向心智技能转化的必要条件。没有练习，陈述性知识只能以命题及命题网络表征储存在人脑的记忆中，无法实现程序化，更无法达到自动化的熟练运用。练习时要做到：首先，教师要做到精讲多练。"精讲"就是教师上课要突出重点、难点，讲关键、讲方法；"多练"不是教师搞题海战术，而是通过变式、操作等学习活动，增加学生灵活应用知识的机会。其次，练习形式多样，注意举一反三，在练习中教师要特别注意变式练习。最后，练习要适量适度，循序渐进。

积极创造应用心智技能的机会。学生的实践活动是心智技能形成和发展的基础。要想促进学生心智技能的形成和发展，使之达到熟练掌握和灵活运用的水平，教师必须积极创设问题情境，让他们的心智技能在解决问题的练习中得到锻炼。此外，教师还应该加强指导，帮助他们正确运用心智技能来解决有关问题。

本讲小结

1. 什么是表象

表象是个体感知一定事物后头脑保持相应形象或生成相关形象的心理行为。表象具有形象性、概括性和可操作性等特点。表象是记忆、思维、知识的重要形式。

2. 表象的基本事实

根据表象形成的感官通道,表象分为视觉表象、听觉表象、嗅觉表象、味觉表象、触觉表象、动觉表象等。

根据表象的概括性程度,表象分为个别表象和一般表象。

根据表象的创造性水平,表象分为记忆表象和想象表象。

3. 表象的基本原理

表象与知觉、记忆、思维、情绪等心理活动有着密切联系。

4. 什么是言语

言语是个体在交际过程中习得语言符号进行思维、传递信息、交流思想、表达情感的心理行为。言语具有语言性、思维性、沟通性等特点。言语对思维、情感有着重要影响的作用。

5. 言语的基本事实

可以分为两大类:外部言语与内部言语,外部言语又包括口头言语与书面言语。

6. 言语的基本原理

言语习得。言语习得的理论解释主要有两类,一类强调后天学习的作用,另一类则强调先天遗传因素的作用。前者的代表人物有斯金纳、班杜拉等,后者的代表人物有乔姆斯基等。儿童的言语习得既依赖于人脑独特的生理机制,也依赖于后天的学习条件,是两者相互作用的结果。

言语理解。言语理解就是根据语音或文字确立意义的过程,也即确立语义的过程。言语理解是一种积极主动的思维过程,是根据所获得的语言材料去建构意义的过程。

言语表达。言语表达包括说话和书写,是由思想到说话或书写的过程。言语表达受到话题、语境、记忆以及情绪等多种因素的影响。

7. 什么是技能

技能是指经过练习而形成的合乎法则的认知活动或身体活动的心理行为。技能这种心理行为具有以下特点：练习是技能形成的途径，动作方式是技能的心理形式，合乎法则是技能形成的标志。技能有着重要的心理意义：技能的掌握是进行学习活动的必要条件，技能的形成有助于对有关知识的掌握，技能的形成有利于能力的发展。

8. 技能的基本事实

按其本身的性质可分为动作技能与心智技能；按产生的信息来源分为封闭技能和开放技能。

9. 技能的基本原理

动作技能的形成大体经历三个主要阶段：认知阶段、联系阶段、自动化阶段；动作技能在形成过程中意识控制、动作控制以及动作品质等方面都会发生变化；培养动作技能要做到：理解任务的性质、正确示范与讲解、讲究练习方法、注意克服"高原现象"、提供恰当的反馈、注意技能的迁移作用。

关于心智技能的形成，苏联心理学家加里培林认为，要经历活动的定向阶段、物质活动或物质化活动阶段、有声的外部言语活动阶段、无声的"外部"言语活动阶段、内部言语活动阶段等五个阶段；我国心理学家冯忠良认为有三个阶段：原型定向阶段、原型操作阶段和原型内化阶段。

心智技能在形成过程中表现出对象脱离了支持物、进程压缩、应用的高效率等特征；培养心智技能要做到：形成条件化知识、加强学生的言语表达训练、注重思维训练、科学地进行练习、积极创造应用心智技能的机会。

专业术语

表象、记忆表象、想象表象、言语、内部言语、技能、动作技能、心智技能、"高原现象"

思考问题

1. 什么是表象？表象有哪些特点？
2. 什么是言语？言语有哪些特征？
3. 什么是技能？掌握技能有何意义？
4. 动作技能是怎样形成的？如何培养动作技能？
5. 心智技能是怎样形成的？如何培养心智技能？

拓展读物

1. 叶奕乾，何存道，梁宁建．普通心理学［M］．2 版．上海：华东师范大学出版社，2004．

2. 全国十二所重点师范大学．心理学基础［M］．北京：教育科学出版社，2002．

3. 黄希庭．心理学导论［M］．2 版．北京：人民教育出版社，2007．

4. 燕国材．新编普通心理学概论［M］．上海：东方出版中心，1998．

5. 莫雷．心理学［M］．广州：广东高等教育出版社，2000．

第六讲　心理动力——行为的心理动力源

本讲要目

一、需要与动机
二、兴趣
三、价值观

为了生存、发展以及享受，人必须认知并改造世界，也必须认识和改善自己。这个过程必然涉及心理动力，即行为的内在原因问题。心理动力主要有需要、动机、兴趣、价值观等。

一、需要与动机

（一）什么是需要与动机

1. 什么是需要

需要是个体对影响其生存、发展及享受的各种条件的反应，是所有行为的内在动力源。对个人的生存而言，阳光、空气、食品、饮用水、睡眠等都是必不可少的，那些为人的衣食住行所必需的条件就内化成人的需要。人内在的还有性的需要以繁衍后代，这是种族的生存与发展。古语"食色，性也"很简约地表达了人的原始需要。从古至今，社会为人的需要提供了越来越多的满足对象，这就使需要带上越来越多的文化色彩，人的生存、发展及享受有了越来越多的需要空间。无论如何，需要一经形成而又被人所意识往往就驱使人通过实际行为去寻求满足。饿了，寻求食物；渴了，寻求饮料；困了，寻求睡觉；思春了，寻求恋爱对象；感到寂寞，寻求朋友；感到空虚，寻求刺激；感到无知，寻求学习；如此等等。人的行为都能够找到其需要的根据，需要就成为人的各种行为的动力源头。

苏联心理学家波果斯洛夫斯基等人说得好："需要——这是被人感受到的一定的生活和发展条件的必要性。需要反映有机体内部环境或外部生活条件的稳定的要求。……需要是人的思想活动的基本动力。"清心寡欲者与欲壑难填者在心理状态、认知活动、情绪反应、意志行动、行为表现、人格特质等方面都有着很大的差异，需要是个体行为和心理活动的内部动力源泉，它常以愿望、动机、兴趣、爱好、价值观等形式表现出来。分析心理动力得从需要着手。

就心理学的角度而言，需要仅仅指个体因感受到机体的内部要求而产生的一种缺失状态以及紧张状态。其特点如下：

（1）对象性。需要总是指向一定的对象，表现出对一定对象的占有，因为有机体的某种"缺失"总是特定对象的缺失，只有这些特定对象才能使其获得满足。如上所述，食物是满足饥饿的对象，饮料是满足干渴的对象，书本等则是满足求知的对象，等等。总之，需要都是通过追求一定的对象来获得满足的。

（2）紧张性。一种需要的出现会使人感到某种欠缺，人在追求满足而未得到满足的过程中常常会体验到特定的紧张感、苦恼感、沮丧感、失落感，等等。如婴儿因饥饿而啼哭不休，高中毕业生因渴求上大学而焦躁，大学毕业生因渴望就业而烦恼，大龄青年因失恋而痛苦，等等。这些都是紧张感的表现。

（3）动力性。需要一旦形成就会成为一种支配行为去寻求满足的心理力量，推动人去从事各种活动。之所以会有这种积极性，是因为人要生存、发展、休闲，就必须与环境保持平衡，环境发生了变化，机体就可能产生缺失感，就会促使人调动机体的力量去达到新的平衡，因而产生动力。当然，这里所说的缺失感是指对缺失的主观体验与感受，只要能产生缺失感，就能产生动力并加以满足。总之，需要永远具有动力性，它不会因暂时的满足而停止。

（4）起伏性。已经形成的需要一般不会立刻消失，然而它作为一种实际起作用的力量总是时强时弱的，有时呈现活跃的动态，有时则转入潜伏的静态。需要活动的这种周期性在一些原始生理需要方面表现得最为突出。比如，饿了，寻求食品，一旦吃饱，即使是美味佳肴也引不起食欲；困了，寻求睡眠，一旦睡足，就要从事其他活动；等等。就是求知、交往、创造等高级社会需要也因机体的体力、智力和情绪周期而表现出一定的起伏性。

2. 什么是动机

动机是引起、维持个体活动并努力实现某一目标的内在动力。动机要说明的是个体为何要从事某种活动，即要阐明推动个体从事某种活动的内部原因。

动机是在需要的基础上产生的，有时两者也难以区分，但需要一般要转化为动机才能发挥其动力作用。在这一转化过程中，诱因有着关键意义。只有当诱因出现时，需要得以激活，进而成为内驱力驱使个体追求特定目标，如此转化为动机。诱因就是能激活需要、引起动机的各种刺激或情境，它可以表现为驱使个体接近目标，也可以表现为驱使个体回避目标。前者如，随着下课时间的临近，学生饮食需要被激活，进食的动机出现了；后者如，危险情境激活了安全需要，个体就有逃离现场的动机。当然，诱因发挥何种实际作用有相当的不确定性，往往还要经过个体的认知评价的"过滤"。比如，面临危险情境，有人临危不惧抢救儿童，有人则只顾自己的安全而迅速逃离。

人的动机是很复杂的，作为行为活动的内在原因难以直接观察，一般只能根据刺激情境和行为反应加以推测。弄清行为动机是人类一直以来的追寻，是评价个体行为的重要依据。这不仅因为同一行为可能动机不同，而且同一动机可以有着不同行为，目标、理想、信念、价值观等的导向、调节作用在这里很重要。

动机是很重要的，动机对个体行为具有以下三种功能。

（1）激活功能。动机对行为活动具有激活功能，起着始动作用，没有动机也就没有行动。带着某种动机，个体对有关刺激积极反应，从而激发个体从事某种活动。

（2）引导功能。由于动机是针对一定目标、受目标引导的，因此动机指引着活动的方向，使得行动具有一定的方向，朝着预定的目标前进。由于动机不同，行动的方向和追求的目标也就有所差异。

（3）调节功能。动机对行动具有维持和调整作用，当行动开始后，动机维持着这种行动指向一定目标，并调节着活动的强度和持续时间直到实现目标。如果尚未达到目标，个体将维持或加强相应行动，以达到目标。

正是由于动机具有以上功能，因而动机的性质和水平就会影响到行动的效能和效率。一个有适当动机的个体，会积极、主动、持久地去从事有意义的行动，排除困难以求达到目标。当然，动机只是影响行为效果的一个因素，动机与行动之间并不是一种简单的联系，其中还存在着目标、决策、方法等因素，这些已在第四讲"意志"部分做过阐述，在此从略。

（二）需要与动机的基本事实

1. 需要的基本事实

人的需要多种多样，是一个多维度多层次的开放系统，可以从不同的角度进行分类。

(1) 按需要的起源，可以划分为生物性需要和社会性需要

① 生物性需要。这是指保存和维持个体生命和延续种族的一类需要，如对饮食、排泄、睡眠、觉醒、运动和性的需要等，具有原始本能性的特点。人和动物在这类需要上有相通之处，在满足对象和方式上又有着根本区别。在各种生物性需要里，饮食、睡眠和性是最基本的，古语"民以食为天""日求三餐，夜求一宿""饮食男女，人之大欲存焉"就是很好的表述；而"不孝有三，无后为大"虽然是修饰的话语，但掩藏不了性冲动的作用。

随着社会的不断进步和对外交流的不断扩大，饮食方面需要的满足方式呈现出多元化的特征，文化的色彩也越发显著。比如，各地纷纷举办的美食节、美酒节，麦当劳、肯德基、人头马、XO等的进入都是明显的表现，美食、美酒都刺激着人的需要，大大扩张了欲望，以至于催生了更多的肥胖者。与此相似的，随着性观念的逐渐开放，各种性刺激激活了性早熟，催化了性欲望，因性需要缺失而引发的"早恋"、婚姻危机也突增。同时，随着生活节奏的加快，越来越多人的睡眠需要得不到很好的甚至是基本的满足，睡眠困难、障碍现象加剧，失眠者越来越多。看来，生物性需要也深受社会文化因素的影响。

② 社会性需要。这是指与人发展、享受等社会生活相联系的一类需要，如对学习、劳动、交往、成就、权力的需要等，具有后天习得性的特点。社会性需要是人所特有的，源于人类的社会生活，随着社会生活条件的发展而有所变化。因为是习得的，社会性需要也就越来越复杂多样，但比较具有心理意义也得到较多研究的是交往需要、成就需要和权力需要等。社会性需要如果得不到满足，虽然不一定会影响个体的生存，但也会影响到人的身心健康。

个体很早就表现出与他人来往、与他人亲近，希望得到他人的赞许、关心、爱护、友谊、接受、支持等沟通信息、交流情感等交往需要，交朋结友、亲人相聚、参加社团等活动都可以使人的交往需要获得满足。交往需要的满足既能使个体人格得到健全发展，又能增进人与人之间的相互信任。个体较早表现出对成绩、实力、优势等的需要，也较早表现出对地位、名誉、声望等的需要，这些都是成就需要。默瑞、麦克里兰、阿特金森等人的研究表明，人们的成就需要内容不同，强度也不同，成就需要是后天学习的结果。权力需要是个体在某方面取得一定支配地位的需要，也是常见的社会性需要，凡是希望影响他人、支配欲望明显并对社会事务表现出兴趣的人，均具有较强烈的权力需要。大多数人都有权力需要，只是程度不同、表现方式不同罢了。

(2) 按需要的对象，可以划分为物质需要和精神需要

物质需要。人的生存和发展离不开一定的物质条件，与衣食住行有关的物品的需要，对劳动工具、学习用品、科研器材等的需要都是物质需要。物质需要受

社会发展条件的制约，有着明显的文化历史性。

精神需要。人既离不开物质条件又不可缺乏精神要素，对交往、认知、审美、道德和创造等都是精神需要，都是个体参与社会精神文化方面的需要，缺乏精神修养的是活着而不是生活，人的精神需要随着社会的发展而越来越高。

2. 动机的基本事实

与需要类似，动机也是多种多样的，也可以进行不同的分类，以下的分类只是相对的，还可以从其他角度进行。

（1）根据动机的起源，动机分为生物性动机和社会性动机

生物性动机。它起源于生物性需要，以人的生物需要为基础，具有原始本能性，比如饥渴、睡眠、母爱、性等动机往往都是不学而能的。但是，人生活在社会环境里，生物需要的满足还要受到社会生活条件的制约，很少有单纯的生物性动机。

社会性动机。它起源于社会性需要，以人的社会需要为基础，具有后天获得性，比如成就、交往、权力、赞誉等动机都是学习形成的。因而，社会性动机具有很丰富的内容，随着个体不断参与社会生活，其所接触的人和事都有可能促使个体生成新的社会性动机。这样，社会性动机也就越来越复杂了。

（2）根据动机的目标定位，动机分为近景性动机和远景性动机

① 近景性动机。它指向近期具体目标，具有较直接但较为短暂的导向作用。比如，期末考试获得优秀成绩的动机对于学习行为的推动作用就较为直接。近景性动机与个体能否将远大目标具体化为操作目标有着很大关系，当然有的近景性动机可能是从众的结果。

② 远景性动机。它指向远期总体目标，具有较间接但较为持久的导向作用。比如，成为一名优秀大学毕业生的动机对学习行为的推动作用就较为间接。远景性动机与个体的发展阶段及其理想、抱负水平有很大关系。比如，周恩来同志早年"为中华之崛起而读书"的求学动机就与他爱国救国的理想抱负密切相关。

（3）根据引起动机的原因，动机分为外在动机和内在动机

① 外在动机。它由行为人以外的因素所引起，是追求活动以外的某一目标。比如，有的学生认真学习是因为老师提出了要求，或者是为了拿到奖学金。外在动机在个体成长过程中往往是必不可少的，它也可能转化成为内在动机。但相对来说，它更需要意志的支持，因而较缺乏生机。

② 内在动机。它出自于行为人自身，是活动本身就能使之产生满足感。比如，因为对文学的强烈兴趣因而广泛阅读作品并教学写作，阅读与写作本身就让学生充满兴奋和喜悦。内在动机是较为自主的动机，具有明显的愉悦感。但内在动机也可能是从外在动机转化而来的，行为动机也不可能都是内在动机。

（三）需要与动机的基本理论

由于在现实的心理生活中，动机与需要之间没有明确界线，因此需要的理论与动机的理论其实也就不易区分，以下的介绍只有相对的意义，两者实际上有时可以通盘考虑，并加以实际运用。

1. 需要的基本理论

有关需要的理论很多，这里对马斯洛的需要层次理论做相对详细的介绍，其他一些理论仅用列表（表6-1）的方式简介之。

表6-1 其他一些需要理论

需要理论	基本观点
莫瑞（H. A. Murray）的需要理论	把需要看作个性的核心概念，认为需要是个体行为的动力源。人的各种需要相互作用构成为一个系统，需要系统和环境系统又形成一个动态的系统，动机就是需要和环境压力共同起作用的结果，决定一个人的行为。需要多种多样，最方便的是将需要划分为基本需要与次级需要（即身体能量需要与心理能量需要）两类，列举了20种有代表性的需要。还与摩根合作设计了主题统觉测验、问卷来研究人的需要
勒温（K. Lewin）的需要理论	假定个人与环境之间有一定的平衡状态，如果这种平衡状态被破坏，就会引起一定的紧张（需要或动机），这种紧张状态会引起人的行为，力图恢复平衡状态。需要是行为的动力，引起行为活动，以期使需要得到满足；需要的压力引起心理系统的紧张，需要满足后，紧张的心理系统得到解除。需要有两种：需要和准需要，前者是指客观的生理需要，后者是指在心理环境中对心理事件起实际影响的需要
阿尔德费（C. P. Alderfer）的需要理论	人的基本需要三种：生存需要、关系需要和成长需要，三种需要并非完全生而具有，有的需要是通过后天的学习产生的。三种需要之间并没有明显的界限，它们是一个连续体，并不是层次等级；各种需要获得满足越少，则满足这种需要的愿望越强烈。需要不一定按严格顺序由低级向高级发展，可以越级，也可能倒退；低级需要的满足，会增强对高级需要的追求；高级需要的缺乏，会加强对低级需要的追求
麦克里兰（D. C. McClelland）的需要理论	利用莫瑞主题统觉测验和其他工具研究发现，人在生理需要满足后会出现三种基本心理需要：成就需要、权力需要和交往需要。这三种需要的排列层次和重要性因人而异，这些需要还可以通过教育培养
弗洛姆（E. Fromm）的需要理论	从人与自然、他人的关系中探讨需要，认为人的基本需要除了生理需要外，还有五种：（1）关联需要，即与世界、他人建立联系；（2）超越需要，即不甘心被动地活着，希望去生产和创造；（3）寻根需要，即希望生活在自然、大地、母亲、家庭、民族、国家的怀抱中获得安全感的需要；（4）认同需要，即寻找在社会中的独特个性或角色；（5）定向需要，即为自己确定一个目标，从而赋予生命一种意义的需要

马斯洛，美国心理学家。他的需要层次理论是最富影响力的需要理论，也是其整个人本主义心理学思想的理论基石。他最初将人类众多的需要概括为五个基

本层次，即由低级到高级依次是生理需要、安全需要、归属与爱需要、尊重需要、自我实现需要，有时他在自我实现需要里再分出求知需要与审美需要，这样他的需要理论就包括七个层次（图 6-1）。

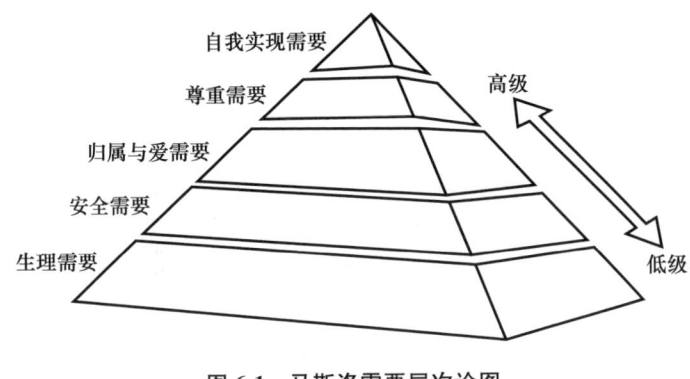

图 6-1　马斯洛需要层次论图

（资料来源：网络）

生理需要是维持生存及延续种族的需要，如对食物、水分、氧气、睡眠、排泄和性欲等的需要。这是保存个体和族群生命的基本需要，是所有需要中最基本、最原始、最有力的需要，是其他一切需要产生的基础。

安全需要是指希望受到保护、免遭威胁从而获得安全感的需要，典型的有人身安全、财产安全、职业安全等。人身安全即生命安全，每个人都希望自己的生命不受到内外环境的威胁，探险者或铤而走险者也都希望尽最大的努力脱险；财产安全即人都不希望自己的财产受到他人的侵占或破坏，遭到破坏时能寻求保护；职业安全即人们希望所从事的职业稳定，不固定的职业常使人焦虑不安。

归属与爱需要是指个体有被他人或群体接纳、爱护、关注、鼓励及支持的需要。人是具有社会性的动物，社会是以群体的方式划分的，因此人人都有群体归属感，都希望在自己所属的群体里得到接纳、爱护、关心、鼓励及支持，建立亲密的和谐关系，人与人之间充满友谊、友爱、友情以及特定的爱情。

尊重需要是指个体对自己追求社会价值的需要，包括自尊和他尊两个方面。自尊是指个人渴求力量、成就、自立、自强、自主从而获得价值感与尊严感；他尊是指个人希望他人尊重自己，希望自己的能力和人格得到别人的肯定、重视、赏识，从而获得威信感、荣誉感。尊重需要的满足，会使人相信自己的潜能、价值、实力，进而产生自我实现的需要。

自我实现需要是指个人渴望自己的潜能能够得到充分的发挥，希望自己越来越成为所希望的人物，完成与自己能力相称的活动。总之，一个人能够成为什么，就必须成为什么，他必须忠实于自己的本性。诗人必须写诗，画家必须绘画，作曲家必须作曲，这样才能令他们感到最大的快乐。从这里可以看出，满足自我实现需要的途径也是因人而异的。

求知需要是指个人对外部世界和自身的探索、理解以及解决疑难问题的需要；审美需要是指对对称、秩序、完整结构以及对行为完美的需要。这两种需要与其他需要相互关联，不可截然分开。

马斯洛将人类的需要看成一个有组织的系统，各层次的需要之间有以下关系：

（1）出现的顺序由低到高演进。七个层次是由低到高出现的，只有当较低一级的需要得到基本满足之后，高一层次的需要才会真正产生并发挥作用。人类的需要是按优势出现的先后或力量的强弱排列成等级的，占优势的需要将支配一个人的意识，并自行组织去充实机体的能量。当一种需要满足后，另一种更高级的需要就会出现，转而支配人的意识，并成为行为组织的中心，那些已满足的需要就不再是积极的推动力。

（2）所有需要可分为两种水平。马斯洛认为，前四个层次的需要属于基本需要，后三个层次的需要属于成长需要。基本需要可以为人和动物所共有，成长需要则为人类所特有，层次越高的需要，越为人类所特有，在个体发展中出现得也越晚。

基本需要就是个体在生活中因身体上或心理上的某种缺失而产生的需要，它直接关系到个体的生存，如果得不到基本满足，将危及个体的生命；基本需要一旦获得满足，其强度就会下降，对行为的动力作用就会减弱或停止。成长需要不是个体生存所必需的，但它们能极大地促进人的健康成长，能使人产生更大的满足感、丰富感、宁静感和幸福感；而且与基本需要不同，成长需要的满足可以是无止境的，无论求知还是审美抑或自我实现，都可以是永无止境的。

（3）各层次需要在全人口中的比例由大到小。马斯洛认为，在需要层次的金字塔中，越向下的层次在全人口中所占比例越大，越向上的层次在全人口中所占比例越小，而真正达到自我实现的人只占很少的一部分，绝大多数人都停留在中间的层次。然而，自我实现并非普通人所不可企及，家庭主妇也都有可能获得自我实现的体验。实际上，自我实现包括作为人格的自我实现与作为需要的自我实现，作为需要的自我实现是人的高级需要，包括认知、审美和创造需要，是任何人都可以体验到的；作为人格的自我实现是发展真实自我、实现一体潜能、形成和谐人格的过程，即成为自己的过程，只有极少数人（不到 1%）能够做到。

2. 动机的基本理论

人类的动机很复杂，心理学家对动机的探索也是多方面的。当代的动机研究已不再热心于提出能解释各种动机现象的大型理论，而侧重于根据观察实验材料，建立各种小型的动机理论。以下介绍几种影响较大的理论，前两种为大型理论，后三种为小型理论。

（1）本能论。本能论将个体行为的动力归结为本能。

英国心理学家麦独孤（1871—1938）认为本能就是遗传的倾向，是人类一切活动的推动者。"本能是所有人类活动最首要的直接或间接的动力。……本能冲动是维持和塑造所有个体和社会生活的心理动力，我们从中看到了生命、心理和意志最核心的秘密。"（麦独孤. 社会心理学导论. 俞国良等译. 杭州：浙江教育出版社，1997：32）

不仅如此，麦独孤还赞同本能在人类心理生活中占据了更加突出的地位的观点，认为智力尽管随着动物和人类的进化而增长，但并不能取代本能，也不会导致本能的退化，只是控制和修改它们的作用方式。人类心理的原动力在进化上可以追溯到动物界，尽管在社会环境的影响下，这些先天倾向在越来越复杂的系统中被组织起来，但它们最重要的属性并没有被改变。这些最重要的属性也就是麦独孤强调的本能的两个主要特点：一是本能的目的性，以区别于反射的机械性；二是本能的先天倾向性，它具有强大的推动力，使反射成为本能的工具。

弗洛伊德也是本能论者，早期他认为人有生存本能和性本能两种，他最重视性本能，把它看成是人类行为最重要的动力。将性本能的能量称为力比多（libido），力比多寻求满足的过程往往会受到压抑，那些被压抑的能量通过做梦、玩笑、变态行为等形式释放出来，科学、文学、艺术等创造活动则是性欲的升华。力比多被压抑后就成为潜意识的动机来支配人的行为，人的许多行为都可以用性本能来解释。这就是"泛性论"。

晚期弗洛伊德主张有生本能和死本能，生本能是生存本能和性本能的统称。生本能使人倾向于爱和建设，死本能使人倾向于恨和破坏。死本能表现于外，便有攻击、侵略、战争等行为；向外表现受挫，就可能退回自身产生自嘲、自虐甚至自杀。

本能论的代表除了麦独孤、弗洛伊德，还有动物行为学家洛伦兹（Konrad Lorenz，1903—1989）等。洛伦兹提出了习性学，用动物本能来推论、解释人类社会行为现象。

任何行为都用本能来解释，实际上等于没有解释。本能可以解释一切行为，又解释不了任何行为。这就是本能论尴尬的循环论证。另外，性本能有强大的动力，但泛性论是错误的，也是有害的。

（2）强化动机论。联结主义心理学家提出了强化动机论，认为人类的行为都是由刺激和反应构成的，在刺激和反应之间不存在任何中间变量，既如此，也就不可能从中寻找行为的动力，只能到行为的外部去寻找，他们就将行为的动力归结为强化，强化就是能增加反应概率的一切刺激或刺激情境。人的行为倾向之所以发生，完全取决于先前的这种行为与刺激因强化而建立起来的稳定联系。某种行为发生后给予强化，就能增加该行为再次出现的可能性。

按照这种观点，人类做出任何良好行为都是为了获得报酬，因此采用各种外部手段如奖赏、赞扬、评分、竞赛等都是激发动机不可缺少的手段。强化可以是外部强化，也可以是内部强化。前者是他人给予行为者的强化，后者是自我强化，即行为者在活动中获得了成功而增强成功感与自信心，从而增加了行为动机。强化还有正负之分，并与惩罚关系密切。一般而言，正强化和负强化都起着增强动机的作用，如对取得优异成绩进行适当的表扬与奖励属于正强化，而取消讨厌的频繁考试则是负强化，它们都可以增强学习动机。惩罚一般起着削弱动机的作用，但有时也会使人振作起来。

强化动机论过于强调引起行为的外部力量，忽视甚至否认人的行为自觉性与主动性，这就使之有很大的局限性。

（3）成就动机理论。成就动机的概念是在莫瑞提出的"成就需要"的基础上发展起来的，20世纪40、50年代，麦克里兰和阿特金森接受莫瑞的思想，并将其发展为成就动机理论。

麦克里兰研究发现，成就动机高的人，喜欢选择难度大、有一定风险的开创性工作，喜欢对问题承担自己的责任，能从完成任务中获得满足感；成就动机低的人，倾向于选择风险较小、独立决策少的任务。

阿特金森深化了麦克里兰的理论，提出了具有广泛影响的成就动机模型，认为成就动机的强度是由动机水平、期望和诱因共同决定的，用公式表示为：

$$动机强度 = F(动机水平 \times 期望 \times 诱因)$$

动机水平是一个人稳定的追求成就的倾向，期望是一个人对某一任务是否成功的主观概率，诱因是成功时得到的满足感。

阿特金森将个体的成就动机分为两类：力求成功的动机和避免失败的动机，前者有着积极情感倾向，后者则有消极情感倾向。根据这两类动机在个体动机系统中所占的强度，就可以将个体分为力求成功者和避免失败者。力求成功者将目标定位于获取成就，对任务的成功概率有所选择——成功概率为50%的任务最能调动他们的积极性，那些不可能成功或稳操胜券的任务反而会降低他们的动机水平。而避免失败者则相反，他们将目标定位在避免失败，他们往往倾向于选择非常容易或极其困难的任务，他们一般会回避成功概率为50%的任务。选择容易的任务可以确保成功、避免失败，选择极其困难的任务即使失败了也可以归咎客观原因，减轻失败感，并得到他人的谅解。总之，力求成功的动机比避免失败的动机具有更大的主动性、积极性。

研究表明，成就动机是可以训练的，科学的训练不仅可以提高成就动机的水平，而且可以提高活动的成效。

（4）归因理论。美国心理学家海德（1958）最早提出归因理论。他认为人有理解世界和控制环境这两种需要，使这两种需要得到满足的根本手段就是了解行为的原因，并预测人们将如何行为。对行为的归因有两种：环境归因和个人归因。前者将行为原因归为环境，如他人的影响、奖励、运气、任务难度都是环境原因，这样个人对其行为结果可以不负责任；后者则将行为原因归为个人，如能力、努力、动机、情绪、态度、人格等都是个人原因，这样个人对行为结果就要负责。

美国心理学家罗特（1966）根据"控制点"将人分为内控型和外控型两种。内控型者认为自己可以控制周围环境，不论成败，都是由个人能力和努力等内部因素造成的；外控型者感到自己无法控制周围环境，无论成败都归因为他人的压力以及运气等外部因素。

美国心理学家韦纳（1972，1974，1980）在海德和罗特的基础上对行为结果的归因进行了系统探讨，从稳定性、内外在性和可控性等三个维度进行归因，并将活动成败的原因即行为责任归结为能力高低、努力程度、任务难度、运气好坏、身心状态、外界环境等六个因素。三个维度与六个因素结合成多种归因模式，见表6-2。

表6-2　韦纳三维度六因素归因模式

因素	维度					
	稳定性		内外在性		可控性	
	稳定	不稳定	内在	外在	可控	不可控
能力高低	+		+			+
努力程度		+	+		+	
任务难度	+			+		+
运气好坏		+		+		+
身心状态		+	+			+
外界环境		+		+		+

具体来说，第一，如果将成功归因于内在因素，会使人感到自豪，增强从事同类活动的动机；将成功归因于外在因素，使人感到激动和幸运，但不一定会增加从事同类活动的动机。如果将失败归因于内在因素，会使人感到愧疚、自卑和自责；将失败归因于外在因素，则会使人感到愤怒与怨恨，可能提高也可能降低以后从事该活动的动机。第二，如果将成败归因于能自控的因素，以后从事该活动的动机会提高；将成败归因于不能自控的因素，以后从事该活动的动机则会降

低。第三，将成功归因于稳定的因素，有利于提高动机水平；归因于不稳定的因素，以后的动机可能提高也可能降低。把失败归因于稳定的因素，会降低以后的动机；归因于不稳定因素，以后的动机也是可能提高也可能降低。

归因理论在实际生活中有着积极意义，主要价值有三：了解心理与行为之间的因果关系；根据归因倾向预测个体动机；归因训练有助于形成正确的自我意识。另外，正确而积极的归因还有助于消解习得性无助感。

20世纪80年代以后，归因理论有了不少发展。比如，希尔顿和斯拉格斯基提出了异常条件聚焦模型，认为人们在进行归因时主要借助逆向标准和对照标准来推断。逆向标准就是当人们寻找结果的原因时，会反过来询问：如果没有这种原因，那么这种结果是否还会产生？比如，要确定A是不是B的原因，就会问：如果没有A，那么会不会出现B？实际上没有A就没有B，则A就是B的原因。可知，当行为原因复杂时，如此归因是困难的。这就得用对照标准，它是把目标事件（正在寻找原因的行为）与没有发生该事件的背景事件进行比较，从而直接确定目标事件的原因。比如，某生没考上大学，这是目标事件，该生的同桌考取了大学，这是背景事件。该生将这两个事件进行比较，以便寻找自己没考上的原因。这一模型还认为归因过程有两个步骤：通过逆向标准确定事件产生的必要条件；通过对照标准确定所有的必要条件中属于异常的条件。也就是说，逆向标准帮助我们了解事件或行为发生的必要条件，对照标准则从中确定充分条件。不同归因者注意的焦点不同，因此选择和确定的异常条件也会有所不同，归因也就存在差异，这种差异更多的是由人们的知识背景、思维方式、态度信仰等主观因素所造成的。这一新模型考虑到了复杂的归因可能，更符合实际（金盛华．社会心理学．北京：高等教育出版社，2005：142）。当然，不同的归因理论对不同行为现象做出了各自适合的解释，各有其适用的范围。

（5）自我效能感理论。自我效能感理论是新新行为主义心理学家、观察学习论的创始人班杜拉建立的动机理论。该理论认为，个人在追求目标的过程中，面临一项具体任务时，其活动动机的强弱，取决于个人的自我效能感的高低。自我效能感也叫自我能力感，就是指个人对某项事务有过一些成败经验后，对自己相应能力所形成的评价及体验，或者说是个人对自己能否成功地从事某一行为的主观判断及感受。自我效能高，动机水平就高。

班杜拉认为，人的行为受两个因素的影响：一个是行为的结果因素即强化；另一个是行为的先行因素即期待。他承认强化的动机作用，并认为强化有直接强化、替代性强化和自我强化，但更强调人在认知之后产生的期待。在班杜拉看来，期待有两种：结果期待和效能期待。前者是指对某一行为结果的推测，如果个体预测到某一特定行为会导致某一特定结果，那么这一行为就可能被激活、被选择；后者是指个体对自己能否实施某种行为的能力的判断，即对自己行为能力的推测。当确信自己有能力进行某一活动时，就会产生积极的自我效能感，努力去进行该活动。比如，学生不仅知道注意听课可以带来理想成绩，而且感到自己有能力听懂老师所讲的内容时，才会认真听课。如果只是知道行为可能带来的好结果，但感到无能为力，也就不会有积极努力的行为。

影响自我效能感形成的因素主要有两个：个体的成败经验和个体的归因方式。

具体来说，个体成败的经验也有两类：一类是个体成败的直接经验，这是影响自我效能感形成的最主要因素。一般来说，成功经验会提高自我效能感，反复的失败则会降低效能期待，不断成功会使人建立起稳定的自我效能感，这种自我效能感不会因一时的挫折而降低，而且还会泛化到类似情境。另一类是个体成败的替代性经验，这是行为者通过观察他人的行为而获得的间接经验，对自我效能感也有重要影响。当一个人看到与自己能力水平差不多的示范者在某项活动中取得了成功时，就会增强自我效能感，认为自己也有能力完成同样任务；反之亦然。替代性经验对自我效能感的影响通过两种途径实现：一是社会比较，即行为者采用与示范者比较的方式，参考其表现以判断自身的效能；二是提供信息，即行为者可能从示范者的表现中学到解决问题的策略或方法。

个体的归因方式也直接影响到自我效能感的形成。如果个体将成功的经验归因于外部的不可控的因素，如运气好坏、任务难度等，就不会增强自我效能感；如果将失败归因于内部的可控的因素，如努力等，也不一定会降低自我效能感。

班杜拉的自我效能感理论力图揭示个体自我认知与情感的主体动力作用，如果能与强调强化的动机作用的强化理论有机地融合起来，那么就能对人的行为做出更切合实际的科学解释。

二、兴趣

（一）什么是兴趣

1. 定义

兴趣是个体有愉快情绪状态的认知倾向，是一种内在的兴奋型心理动力。可以这样理解，从来源上讲，兴趣是人的认知需要的情绪形式，它是在过去知识经验，尤其是在愉快体验的基础上形成的积极认知事物的心理倾向。从表现上看，兴趣是动机的一种形式，是具有强烈情绪特征的，最活跃、最积极的一种内部动机。

兴趣虽然是大家熟悉的现象，但心理学的相关研究却不够全面深刻。就什么是兴趣这一基础问题，人们的看法也不一致。美国人格心理学家奥尔波特（1897—1967）认为，人类有一种"自主性功能"，就是兴趣。兴趣是情感状态，而且处于动机的最深水平，它可以驱策人去行动。早期婴儿对外界刺激的反应就是由兴趣这种内在动机驱策的身体运动，婴儿的看、听、发出声音和动作都是兴趣情绪所激起和指导着的。这些论述强调兴趣的情绪特征及其先天性，我国情绪心理学家孟昭兰也认为兴趣是先天性情绪。这是从发展起源角度对兴趣的揭示。瑞士心理学家皮亚杰则认为："兴趣，实际上就是需要的延伸，它表现出对象与需要之间的关系，因为我们之所以对一个对象发生兴趣，是由于它能满足我们的需要。"（皮亚杰. 儿童的心理发展. 傅统先译. 济南：山东教育出版社，1982：55）这一论述从微观的内在渊源角度揭示了兴趣。我国心理学家黄希庭认为兴趣是"人的认识需要的心理表现，它使人对某些事物优先给予注意，并带有积极的情绪色彩"。还认为兴趣是价值观的初级表现形式（黄希庭. 心理学导论. 北京：人民教育出版社，2007：182-183）。这一界定比较全面准确，把兴趣看作是价值观的一种形式也比较独特。

2. 特点

兴趣的突出特点是情绪性、动力性和内在性。

情绪性。人在从事他所感兴趣的活动时，总处于兴奋、愉快、满足等肯定情绪状态，他的注意、感知、思维等心理活动都积极地集中在同一对象上。

动力性。兴趣能产生积极的动力，使人自发地或自觉地主动完成某些活动。兴趣的动力性使人在主动性方面与其他动力形式有着明显的不同，是最活跃的一种行为动机。

内在性。兴趣作为行为动机是由于内在的认知需要获得满足而产生的，这就与因为外在目标任务提出的强制要求而被迫努力有着很大的差异，兴趣是一种深刻的内在动机。

3. 作用

兴趣在学习、生活和事业中都有着巨大的积极作用，对塑造个性具有重要意义。

（1）对学习的促进作用。孔子说："知之者不如好之者，好之者不如乐之者。"俄国大教育家乌申斯基说："没有丝毫兴趣的强制性学习，将会扼杀学生探求真理的欲望。"都很好地说明了兴趣对学习求知的促进作用。教育实践证明，学生对学习过程本身、对学习科目课程有兴趣，就可以激发其学习的主动积极性，驱动他发展智慧、取得好成绩。

（2）对生活的活化作用。兴趣可以丰富一个人的心理生活内容，对生活充满乐观情绪。有着多样化的兴趣，感觉生活丰富多彩，让人进入愉悦的心境之中；兴趣贫乏或不足，会使生活枯燥乏味，无力充实思想、激发情感，容易使人陷于苦闷之中。多样的、高尚的兴趣让人远离空虚和烦闷，使人走向健康和幸福。

（3）对事业的驱动作用。诺贝尔奖获得者丁肇中说过："任何科学研究，最重要的是看对于自己所从事的工作有没有兴趣，换句话说，也就是有没有事业心，这不能有丝毫的强迫，……我急切地希望发现我所要探索的东西。"（光明日报，1979年10月7日，头版）正是在科学兴趣和事业心的驱使下，经过长期努力，他和他的同事们终于发现了"J粒子"。

大凡古今中外的政治家、思想家、科学家、文学家、艺术家，他们能对人类事业做出伟大贡献，莫不是由于他们的探索兴趣和责任心结合起来，凝成强大的动力，驱使他们孜孜不倦地追求真理而取得成功的。

实际上，兴趣的作用不仅具体表现在以上三个方面，而且更为关键的是兴趣可以培养，进而成为个性倾向性的重要成分。特别是在价值观等高级个性倾向性的引导下人的兴趣和认知的相互作用形成的兴趣—认知倾向恒常而稳定地表现出来时，就成为个性倾向性的有机成分，对个性特征形成的作用就更有意义了。正如美国哲学家、教育学家杜威（1859—1952）所说："兴趣是生长中的能力的信号和象征。……兴趣显示着最初出现的能力。因此，经常而细心地观察儿童的兴趣，对于教育者是最重要的。"

（二）兴趣的基本事实

兴趣是多种多样的，可以用不同标准进行分类。

1. 根据兴趣的内容，可以分为物质兴趣和精神兴趣

由于与需要的密切关联，加上生活实践的反馈与理想、信念、价值观的定位，个体间的兴趣可以在追求物质目标和精神目标上出现分野。物质兴趣就是对物质生活目标的兴趣，对金钱及物品的兴趣是其中的内核。物质需要连带物质兴趣是人们改善物质生活状态的强大动力，也是社会发展的重要心理基础。正如否定人的物质需要是反人性的一样，无视人的物质兴趣也是不合人性的。当然，如果物质兴趣成为一种社会时尚也必然有相对的消极意义。这种情况如果发生在单纯的消费者身上，消极作用可能更突出。

精神兴趣就是对精神生活目标的兴趣，对真理及思想的兴趣是其中的关键。其实，精神兴趣更加符合兴趣的认知本义，对真理的不断探索正是兴趣之好奇所在，由此思想得以不断生成、不断演绎。精神兴趣得不到满足可能给人带来高级的智慧烦恼，这又可能加剧人们的探索动力。人的精神兴趣如果贫缺，学习必定就是人间的巨大苦痛，这种情况对个人与社会的发展无疑都是最可怕的一种状态。

赫尔巴特认为"兴趣是由各种有趣味的实物和作业产生的"，但据此仅从引起兴趣的对象这个角度去给兴趣分类，则势必"陷身于各种事物的迷乱中"，就会失去多方面兴趣的统一性。因此，他从心理上将兴趣的构成划分为认识和情感两个部分，有"自然的"或"知识的"兴趣与"同情的"或"社会的"兴趣两大类。前一类兴趣属于认识部分，后一类兴趣属于情感部分（李洪玉，何一粟．学习动力．武汉：湖北教育出版社，1998：152-153）。这种兴趣分类法有一定的价值。

2. 根据兴趣的指向，可以分为直接兴趣和间接兴趣

直接兴趣是对认知活动过程本身产生的兴趣，如观看电视剧、阅读文学作品等，由于其中的动人情节与美丽画面所引起的兴趣就属于直接兴趣。这往往是由于客体能满足人的求知需要、审美需要等内在渴望使人对它发生兴趣，这也是通常所说的兴趣。

间接兴趣则是对认知活动结果意义发生的兴趣。人们常常对某种活动过程并无兴趣，但意识到完成该活动任务具有重要意义，这就能促使人积极去完成活动。这种由活动结果的意义引起的兴趣就是间接兴趣。比如，一个学生希望掌握英语，但对记诵单词不感兴趣，这就形成矛盾。但他对掌握英语有明确的目标感与意义感，就能促使其克服记诵单词的困难与障碍，逐渐发展能力及至兴趣。

实际上，直接兴趣与间接兴趣对于学习活动都是不可缺少的，两者还可以在一定条件下发生相互转化。从发展的观点看，幼小儿童的兴趣多属于直接兴趣，只有自我意识有了一定水平的发展，间接兴趣才可能产生。

3. 根据兴趣的品质，可以分为高雅兴趣和低俗兴趣

从价值观的角度看兴趣的品质，兴趣坻有高雅、低俗之分。高雅兴趣是指合乎崇高理想、积极情怀的兴趣，比如，有益于社会进步、人民幸福的兴趣是高雅兴趣，有益于健全心智、身心健康的兴趣是高雅兴趣，有益于提升精神状态、净化心理环境的兴趣也是高雅兴趣。而妨碍社会发展、人民福祉的，无益于身心健康、振奋精神的兴趣都是低俗兴趣，使人精神颓废、萎靡不振的兴趣更是低俗兴趣。有人就是利用人的原始欲望，以激发人对色情作品的低俗兴趣，也就有人因之不能自拔，失却积极的人生价值追求。还有人利用人的精神信仰需要，对反科学的反动迷信进行现代包装，有人也就因之成为虔诚信徒，如此兴趣也是低俗兴趣。

从价值观的角度看待兴趣的品质很重要，这个问题涉及心理倾向性，对人的发展有着导向意义。

（三）兴趣的基本理论

1. 赫尔巴特的兴趣理论

德国哲学家、心理学家、教育家赫尔巴特（1776—1841）认为，兴趣是一个在某种意义上可包含注意，并在内涵上更为丰富的概念，指的是学生心理、观念的积极广泛的运动，及其对于所学事物所产生的有高度吸引力和高度注意力的内部心理状态。这是一个偏重于从教育学角度给兴趣下的定义，描述的是兴趣的"吸引""注意"两大表现。

赫尔巴特认为"兴趣是由各种有趣味的实物和作业产生的"，但据此仅从引起兴趣的对象这个角度去给兴趣分类，则势必"陷身于各种事物的迷乱中"，就会失去多方面兴趣的统一性。因此，他认为对兴趣"不要类分对象，而应类分心理的状态"，从心理上将兴趣的构成划分为认识和情感两个部分，共六种。第一种是观察、认识自然界及周围环境个别现象的"经验的兴趣"；第二种是对事物进行思考的"思辨的兴趣"；第三种是对现象的善恶美丑进行艺术评价的"审美的兴趣"；第四种是与一定范围内的人进行接触的"同情的兴趣"；第五种是与较广泛的人进行接触的"社会的兴趣"；第六种是重视所信奉教派，与上帝结合的"宗教的兴趣"。赫尔巴特将前三种兴趣归为一类，称作"自然的"或"知识的"兴趣，把后三种兴趣归为另一类，叫作"同情的"或"社会的"兴趣；前一类兴趣属于认识部分，后一类兴趣属于情感部分。这种兴趣分类法有一定的价值（李洪玉，何一粟.学习动力.武汉：湖北教育出版社，1998：152-153）。

赫尔巴特对兴趣的心理状态也做过分析，认为在兴趣状态下可产生两种心理活动，一种是"专心"，这是一种"集中于任何主题或对象而排斥其他思想"的心理活动；另一种是"审思"，是关于"追忆与调和意识内容"，即协调、同化新旧观念的一种统觉活动。他认为只有通过审思活动，把那些被专心活动所接受的新观念与原有观念调和起来，才能保证意识的统一性。审思活动应当在专心活动后进行，专心活动与审思活动的交替进行，就构成为所谓的"精神呼吸活动"。这种对兴趣状态下的注意表现与思维活动的分析还是有一定的道理的。

赫尔巴特作为教育家，第一位自觉地把心理学作为教育学理论基础，十分重视兴趣的作用，提出了以兴趣为基础的教学观，认为人有多方面的兴趣，教师应把引起和培养人的多方面兴趣作为自己的一项任务。

2. 米切尔的兴趣结构模型

自赫尔巴特以来，对兴趣的理论研究没有太大的进展，但米切尔（Mitchell，1992）等人的研究还是有一定的意义。

米切尔是在海蒂和贝尔德（Hidi & Baird, 1988）及科拉普（Krapp, 1989）等人提出区分个人兴趣与情境兴趣的基础上开展研究的。所谓个人兴趣，是指人们带到某种环境或场合中去的一种兴趣，例如，某些学生将要来上他们已经感兴趣或不感兴趣的数学课。所谓情境兴趣，是指人们通过参与到某种环境或场合而获得的一种兴趣。米切尔将情境兴趣又区分为引发性兴趣和维持性兴趣两种，正如海蒂和贝尔德所说的"兴趣有一个持续时间长短的特性——由一个引发兴趣的条件和一个保持兴趣持久的条件"。如图 6-2 所示。

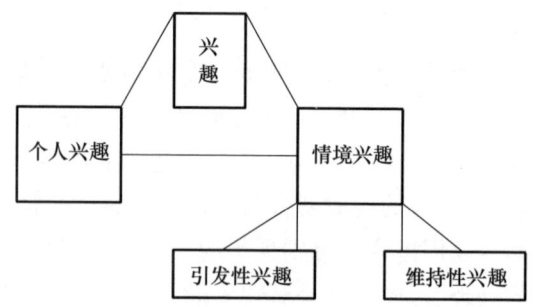

图 6-2　一般兴趣的结构模型

为了更深入研究兴趣，米切尔研究了中学生的数学学习兴趣，提出了数学课堂中情境兴趣的结构模型，如图 6-3 所示。

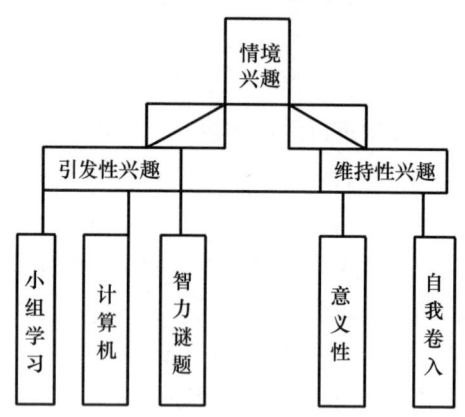

图 6-3　特殊兴趣（数学课堂中情境兴趣）的结构模型

引发性兴趣的意义在于暂时激发学生的学习活动，米切尔在研究中提出了三种不同的方式。第一是智力谜题，主要是作为一种认知刺激引发学生的兴趣，因为智力谜题非常容易唤醒学生的好奇心。第二是小组学习，主要是以一种社会性刺激的方式引起人们的兴趣，因为青少年一般喜欢交际，小组学习通过鼓励让学生互相交流课程的事情和观点，提供了一种激发学习的方式。第三是计算机，主要是计算机作为一种认知刺激的方式引发学生的兴趣。

维持性兴趣的意义在于在较长时间里起作用，米切尔提出了两种方式。第一是意义性，当学生认识到学习内容对自身有意义时，学习内容可以直接赋予学生以动力，从而维持他们的兴趣。在研究中，意义性是指学生认识到数学课上所学的知识在他们的日常生活中是有意义的。但遗憾的是，在该研究中，对于初中生来说，意义性似乎是他们具有理解或解决数学问题的能力的同义词；而对于高中生来说却并非如此，不管他们在数学课上表现得如何好，也不会认为数学知识对其日常生活是重要的。第二是自我卷入，当学习过程被认为是吸引人的时候，它就可以给学生赋予动力，维持住兴趣。在研究中，自我卷入是指学生所感受到的他们主动参与到学习过程中的程度。研究资料表明，自我卷入的程度与教师的讲授时间长度成反比例关系。当然，如果学生认识到参与教学活动是为了学习新知识，而不只是坐在那里听老师讲，那么他们就会体验到自我卷入的心理状态。

3. 休金娜的认识兴趣论

休金娜是苏联教育科学院通讯院士、教育科学博士，长期以来，她带领其团队一直研究"认识兴趣"问题，1971年出版了集理论与实验研究之精华的专著《教育学中的认识兴趣问题》，成为专门研究认识兴趣的经典之作。有关的理论观点如下。

兴趣表现为人对周围世界的事物和现象的某种选择倾向，认识兴趣是学生的一种选择性倾向，它指向认识领域，指向该领域的对象内容及掌握知识的过程。认识兴趣的实质在于人不满足于对事物表面现象的了解，要求深入、全面、扎实地研究事物的本质并揭示其规律性。

认识兴趣有着多方面的表现：在认知方面，能促进学生思维过程积极化，表现出积极探索、大胆猜测、深入研究、刻苦钻研问题实质的倾向；能使学生思维活跃，灵活运用知识，迅速地调动已获得的知识技能去解决问题。在情绪方面，会表现为"惊奇"，与之相联系的是由某种新的东西意外地激发起的想象以及对新的东西的期待。问题的解决、新知识的发现还能使学生产生成功感和满足感，增强自信心。在意志方面，通常注意力比较集中，不受外来刺激的干扰，遇到困难不气馁，有较强的自制力和坚韧的毅力。

认识兴趣的心理结构是以人的认知、情绪、意志过程的统一整体为基础的特殊"合金"，其核心是思维过程。认识兴趣中的思维过程具有明显的情绪色彩，处于认识兴趣状态下的学生对待学习—认识过程的态度是积极的、自我卷入的，这就使得学习—认识过程具有明显的目的性、饱满的热情和鲜明的意志特点。

在教学过程中，认识兴趣有着不同的作用。(1) 教师采用各种能激发学生直接兴趣的方式，促使学生的学习—认识活动积极化。比如，通过事物、现象、事件客观存在的诱惑力加强教学的趣味性，从而直接激发学生的定向动作；教学中的游戏活动在形成认识兴趣方面具有更大的潜力，因为它能吸引学生参与教学活动，在活动中提出完成游戏的经验；教学中运用各种直观教具也能激发认识兴趣，通过演示实物、模型、图片、电影片段以及采用其他技术手段，加强教学过程对学生的吸引力。(2) 作为活动动机的认识兴趣，通常不需要外在强化来维持，认识兴趣与其他动机相比具有一系列优越性：它是最早为学生意识到的动机，学生很快就能用"有兴趣"或"没兴趣"来评价教学活动，往往作为主导动机突出于其他动机之上；作为活动动机，它对学生的影响更强、更真实、更具有言行一致性，认识活动不局限于课堂，可以延伸到休闲时间；还能充实学生的交往领域。(3) 作为形成个性形成物的认识兴趣，如果认识兴趣在学生的活动中长期发挥作用并与稳定的行为方式相互作用，就会逐渐成为人的性格的稳定特征，从而作为重要的个性形成物进入个性的结构。这种认识兴趣决定着学生在认识活动中的积极性，发现新事物的探索性、创造性，自觉提出活动目的的独立性。这一切有助于学生对自我价值的确认，提高自尊心和自信心。另外，具有这种兴趣的学生是教师在教学—认识活动中的助手和"同盟者"，他们共同致力于提高作为师生协同活动的教学—认识活动的质量。

此外，休金娜还以认识兴趣的指向性、稳定性、区域性、意识性为参数，揭示了认识兴趣由低到高发展的若干水平。首先，学生对于教材内容中的新颖事实或趣味性现象的直接兴趣、即时兴趣，反映了认识兴趣的初级水平。这种兴趣往往很不稳定，随着产生兴趣的情景消失会很快下降；兴趣区域还不明确，十分模糊，对学校中的一切都感到新鲜有趣，但没有把精力真正集中到学习上来；这一水平的兴趣是无意识的，学生对自由活动的选择是杂乱的。其次，对事物和现象的本质属性的认识兴趣，反映了认识兴趣发展的中级水平。这一兴趣常常和解决实际的、经验性的任务相联系；在解决任务的过程中，使学生感兴趣的主要不是行为的法则，而是行为借以发生的机制；学生的认识兴趣逐渐变得相对稳定并指向知识；已开始作为学习的有意识的内部动机，只是还没稳定到不需要外部强化的程度。再次，力求认识事物和现象的因果联系，并揭示其发展的客观规律性和基本原理，这是认识兴趣发展的高级水平。学生对理论知识表现出极浓厚的兴趣，已经达到相当稳定的程度；内部动机占据了绝对优势，即使在不利的外部环境下，仍能克服困难而坚持学习；认识兴趣有了明确区域，不仅表现在课堂上，而且表现在课外；有意识的兴趣推动着学生自觉地、努力地学习，在爱好与才能的基础上，学生的中心兴趣逐渐形成（李洪玉，何一粟，1998）。

三、价值观

（一）什么是价值观

1. 定义

一般地说，价值观是主体人区分有关客体对象在对错、好坏、美丑、轻重、贵贱等属性的观念系统，作为心理动力的综合成分往往以目标的形式引导着人的行为。

要弄清价值观，需要明确何谓价值？我国学者倾向于认为：价值不是一种实体，是主体和客体之间的一种特殊的关系，即客体以其自身的属性满足主体的需要的效益关系。价值总是涉及两个方面，一方面是主体的需要、愿望和兴趣，另一方面是客体的某种结构、属性、功能，两者缺一不可并相互作用。因此，也可以说价值观就是作为主体的人对与自己有关系的自身、他人、事件、物品等一切客体所具有的重要性、必要性和可能性的认知评价及其相应的态度体验而产生的心理倾向。

心理学对价值观的研究还是比较薄弱的，也是比较不成熟的，人们对价值观界定的分歧就是一种表现。比如，克拉克洪（1951）把价值观理解为一种外显或内隐的有关什么是"值得的"的看法，它是个人或群体的特征，它影响人们可能会选择什么行为方式、手段和结果来过日子。罗克奇（1973）认为价值观是指一般的信念，它具有动机功能，不仅是评价性的，还是规范性的和禁止性的，是行动和态度的指导，是个人的也是社会的现象。施瓦茨则（1998）认为价值观是合乎需要的超越情境的目标，在一个人的生活中或其他社会存在中起着指导原则的作用。可以将以上三位心理学家的看法作为西方心理学界在三个不同时期的代表性观点。黄希庭（1994）认为，价值观是人区分好坏、美丑、益损、正确与错误，符合或违背自己意愿等的观念系统，它通常是充满情感的，并为人的正当行为提供充分理由。杨德广（1997）认为价值观是一定社会所共同具有的对于区分好与坏的根本看法，对于某类事物是否具有价值以及具有何种价值的根本看法，是人所特有的应该希望什么和应该避免什么的规范性见解，表示主体对客体的一种态度。金盛华（2005）认为价值观是人们关于事物重要性的观念，是依据客体对于主体的重要性，对客体进行价值评价和选择的标准。

由于价值观问题的复杂性，产生以上分歧是正常的，从中也可以得出一些共识：从主体角度看，价值观既是个体现象，也是一种社会现象，还是一种文化现象；从表现形式看，它是外显的也是内隐的；从功能看，对行为有着导向或引导或指导作用；从层次性看，具有超越情境的特点，要比态度更抽象、更概括。

如果将所有心理动力即需要、动机、兴趣、价值观等看作是一个动态系统，可以认为它们遵循整体有序的原则，其中需要、动机、兴趣主要起推动作用，而价值观起着引导作用，两方面结合起来构成心理动力的统一整体，共同影响着行为的产生及其变化。

2. 特点

（1）动力性。由于价值观涉及客体的重要性，主体必然以目标的方式归约、引导自己的行为，某种意义上就形成了压力，压力转变为动力，人通过实际行动去追寻、实现目标，这就使得价值观具有了动力特征。

（2）观念性。价值观涉及对客体结构与功能的认知评价，作为区分好与坏的主观标准，必然要将客体的意义和主体自身的需要进行对接认知，这样评价的结果就形成了复杂多样的观念，这些观念逐渐构筑起一个构建行为方式的导航系统。

（3）选择性。价值观是后天逐渐形成的，遵循一个从"他律"到"自律"的原则，即早先是模仿重要他人，进入青年期随着自我意识逐渐成熟，个体开始有意识地选择符合自己需要、兴趣的评价标准，从而形成个人独特的价值观。

（4）稳定性。个体的价值观形成之后具有相当的稳定性，往往不易改变，可以通过愿望、兴趣、信念、理想等形式表现出来，而且作为超越态度抽象水平的价值观定位在人格层面时，其稳定性就更加突出了，此时价值观可称之为人格价值观。

3. 功能

价值观对于个体行为具有以下三种功能：

（1）定位功能。价值观由于直指一定的对象，成为人们行动的目标，这就为行动给定了明确的努力方向。虽然不能说何种追求更有意义，但无疑可以说每一种追求都给了人特定的人格定位，这也就是人格价值观所蕴含的意境。比如，商人的价值定位不同于政客的，政客的价值定位也不同于文人的，等等，他们的价值定位是不同的，因而与特定职业紧密相连的职业行为方式以及性格也就不同。

（2）评价功能。由价值观的目标价值定位不同所致，人与人之间就会做出不同的行为选择。多数行为特别是重大行为做出之前，行为者都有一个价值判断以选择的过程，这样，行为者自身的价值观念才被负载在具体行为当中。即使是日常生活中的一些不经意的行为，这些行为似乎没有经过深刻的价值判断，但实际上是个体认知自组织作用即"自动化"或习惯化认知评价的结果。

（3）动机功能。对个体具体行为而言，价值观与之不是简单的一一对应关系,甚至价值观对行为的作用有时可能是相当间接的,但是,如果从多数行为,从行为的长远性、坚持性和持续性等角度看,价值观的引导作用却是明显的。人们很少会去做自认为无价值意义的行为,除非是失去理智之情形,即便如此后悔随之产生,这又从反面说明价值观的动机功能。

(二) 价值观的基本事实

价值观是一个复杂、多维、多层次的系统,可以从不同角度对之进行分析,也有许多研究者提出了他们的分类主张。这里仅从内容与形式两个方面对价值观进行分析。

1. 内容

根据价值观指向的对象,也即所涉及的内容来分类的观点很普遍。

佩里(1926)将价值观分为六类,即认知价值观、道德价值观、经济价值观、政治价值观、审美价值观和宗教价值观。这种分类方法影响很大,曾被不少学者沿用。斯普兰格(1928)在佩里的基础上也将价值观分为六类,删除了认知价值观与道德价值观,增添了理论价值观和社会价值观,其他相同。G. 奥尔波特(1960)根据斯普兰格的分类并将之与人格联系起来,编制了后来曾经流行于西方的"价值观研究量表",认为理论型人格具有智慧、兴趣,以发现真理为主要追求;社会型人格追求权力、影响和声望;经济型人格具有务实的特点,对有用的东西感兴趣;政治型人格重视权力、地位和影响力;审美型人格追求世界的形式和谐,以美的原则如对称、均衡、和谐等评价事物;宗教型人格认为统一的价值高于一切,信神或寻求天人合一等。

克拉克洪等人(1961)的分类大体也可归入到这里,他们把人作为价值核心,将价值观分为五种:关于人类本性天赋特征的观念、关于人和自然及超自然关系的观念、关于人类生命的时间取向的观念、关于自我性质的观念(强调现存、变化或行动)、关于和他人关系的观念(合作的或个人主义的)等五种。可以将之简化为:人类本性价值观、天人关系价值观、生命时相价值观、自我性质价值观、人际关系价值观。

雷斯奇(1969)将价值观分为十类,即经济的、道德的、社会的、政治的、审美的、宗教的、物质的、知识的、专业的和情操的十类价值观。

文崇一(1989)将价值观分为七种,即认知的、经济的、政治的、社会的、宗教的、道德的和成就的七种价值观。

黄希庭等人(1994)提出了价值观的十大类别,即人生价值观、政治价值观、道德价值观、人际价值观、职业价值观、审美价值观、宗教价值观、自我价值观、婚恋价值观和幸福价值观。

实际上，根据内容对价值观进行分类难免有所片面，但是由于这种分类做了一定的概括和抽象，能反映部分事实，因此也有其意义。

2. 形式

根据表现形式的不同，至少可以对价值观做如下三种分类：

（1）个体价值观、社会价值观和文化价值观。根据价值观表现的主体不同，可以将之分为个体价值观、社会价值观和文化价值观。克拉克洪、罗克奇都是将价值观看成个体的心理现象和个体的社会心理现象即个体价值观；50年代以来，社会学家帕森斯（Parsons）把价值观视为社会成员共享的符号系统，而文化人类学家则将价值观作为某一文化类型的特征加以研究，这就使价值观的研究从个体层面逐步扩展到社会和文化的层面，即价值观有个体价值观之外的社会价值观与文化价值观。

（2）终极性价值观和工具性价值观。根据价值观表现的性质不同，区分为终极性价值观和工具性价值观。如果是目标性质的，就是终极性价值观，如果是手段性质的则是工具性价值观。罗克奇最早提出这种分类，认为终极性价值观是指欲求达到的最终存在状态或目标，如和平的世界、舒适的生活等；工具性价值观是指为达成上述目标所采用的行为方式或手段，如负责任的、自我控制的等。

黄光国（1995）延续了罗克奇的分类框架，将价值观分为两大类：关于个人行为方式的价值观，称作工具性价值观，分为道德价值观和能力价值观；关于存在之目的状态的价值观，称作终极性价值观，分为个人性价值和社会性价值。

（3）兴趣、信念和理想。根据价值观表现的作用形式，价值观常见于兴趣、信念和理想（黄希庭，1994）。

兴趣是价值观的初级形式，兴趣也是评价事物好坏的一个内心尺度，但这个尺度稳定性差，因为兴趣的行为表现通常是自发的，是带有积极情绪性的认识倾向。

信念是价值观的核心层次，稳定性强，指引着人的思想和行为，是一种被意识到的具有理论性的价值取向。

理想是价值观指向未来的表现形式，其奋斗目标是人积极向往的对象，也是人决心力求加以实现的对象，具有很强的号召力。

（三）价值观的基本理论

1. 莫里斯的生活方式理论

莫里斯（1956）认为"价值"一词包含三种基本含义：一是实际价值，是指对不同事物所表现的差别喜好的倾向，即对不同事物所表现的选择行为的实际方向；二是想象价值，是指局限于能够预见后果的选择行为，是个体认为应该采取的行为选择；三是客体价值，是强调价值对象本身的属性，即指根据事物的客观条件来决定什么是值得选取的，并非当事人是否事实上在选取该事物（实际价值）或想象中认为应该选取该事物（想象价值）。

莫里斯认为价值观是一种对理想生活方式目标的憧憬，价值观不同，生活方式也就会有所不同，他将人们的价值观归纳为十三种生活方式。这十三种生活方式是：保存人类最好的成就；培养人和物的独立性；对他人表示同情和关怀；轮流体验欢乐与孤独；通过参加团体活动来实践与享受人生；经常控制变化不定的环境；将行动、享乐和沉思结合起来；在无忧而卫生的环境中享受生活；在安静的接纳中等待；坚忍地控制自己；静观内心的生活；从事冒险活动；服从宇宙的旨意。

莫里斯还编制了生活方式问卷量表，此问卷所测量的主要是前述的第二种意义上的价值——想象价值，也就是人们的理想价值观。

该量表不同于传统的价值观测量工具，它的基本假设就是价值观不同的人，生活方式也不同。这种假设虽然比较简单、极端，但是据此可以把抽象的概念用具体的行为阐述出来，实现抽象到具体的操作转换，有利于价值观问题上的实证研究，这一点还是值得肯定的。

2. 个人主义-集体主义理论

20世纪70年代以来，许多社会学家和心理学家开展了"个人主义和集体主义"维度上的价值观研究。豪福斯塔德（G. Hofstede, 1980）认为，个人主义是从团体、组织或其他集体中的情感独立；而集体主义的"我们感"很突出，在组织中重视成员资格，对组织有情感依赖，强调忠于本集体的那些价值观。豪福斯塔德对40个国家11.6万人的调查结果表明，价值观具有权力距离、避免不确定性、个人主义与集体主义、男性或女性气质四个潜在维度。他发现，在第一个维度上得分高的国家，个体容易接受专断的领导人和雇主，家长喜欢听话的孩子；而得分低的国家，领导人或雇主比较愿意与下属商量，家长注意培养孩子的独立性。在第二个维度上，他发现一些国家的人追求低风险和安全，拥有统一的国家宗教；而另一些国家的人却相反。在第三个维度上，他发现个体主义倾向的国家，个体独立自主，自负其责，根据自己的兴趣选择职业而不依赖群体和他人。在第四个维度上，他发现男性气质的社会的有些文化社会成员有较高的成就动机，这样的社会竞争激烈，社会压力较大。据此，他认为文化的价值渗透在文化社会成员生活的各个方面，比如儿童的教养方式、职业的选择等。

特里安迪斯（Traindis，1986）等人编制了关于"个人主义-集体主义"量表，从文化差异的维度进行文化比较。他们的研究涉及 6 种人际关系（夫妻、父母、亲戚、邻里、朋友、同事/同学）和 7 种假设情境（对自己为他人所做的决定或对行为本质的考虑、分享物质财富、分享非物质财富、对社会影响的敏感性、自我表现与面子、分享成果、对他人生活的情感介入），结果表明，东西方文化下人们的价值观存在明显的差异，东方人相对处于集体主义的一极，而西方人则处于个人主义的一极。特里安迪斯（1989）认为，个人主义价值观的核心含义是优先考虑个人目标而非小组的目标，个人主义的文化强调服务于个人爱好、与众不同、成员独立；集体主义价值观的核心含义是优先考虑小组的目标而非个人的目标，集体主义的文化强调服务于小组的价值观，为了保护小组的完整、和谐关系，可以把个人的目标放在次要的地位。

个人主义-集体主义理论遭到了一些批评。施瓦茨（1990）就认为这种分类忽略了既反映个人兴趣又反映集体兴趣的价值观，并错误地假设个人主义和集体主义是对立的，而某一社会通常处于这种个人主义和集体主义的两极连续体的某一点上。实际上，一个关键的问题是要对个人主义、集体主义有明确的界定。在这里，杨中芳的《中国人真是"集体主义"的吗？》值得一读（杨宜音．中国社会心理学评论：第一辑．北京：社会科学文献出版社，2005）。

3. 施瓦茨的价值观理论

施瓦茨是近年来成就最为突出的价值观研究者，他设想人类存在着具有普遍意义的"共性"的价值观的心理结构。所谓价值观，要满足以下五条标准：是一些概念或信念；是人们想要追求的终极状态或行为；是超越具体情境的；对行为或事件的选择和评价具有指导作用；是有层次的，它们根据相对重要性的不同进行排序。

他认为价值观和动机之间有着紧密的联系，价值观的主要内容是目标的类型，或者目标所表达的动机内容。施瓦茨等人（1987）根据价值观可以是工具性的或终极性的目标；价值观的中心可以是个人的、集体的或二者兼有；价值观与源于个人的生物需要、社会交往的需要以及群体生存与福利的需要这三种普遍的人类需求的 10 个动机领域有关。后来，施瓦茨等人（1992，1994，1995）更进一步，编制了"Schwartz 价值观量表"，试图描绘出一个世界范围的价值观地形图，将各个文化标识在相对的位置上。他们的研究包括了 57 项价值观，用以代表自我超越对自我提高、保守对开放 4 个维度的 10 个普遍的价值观动机类型（universal motivational types of values），并揭示它们之间的结构关系。见表 6-3。

表 6-3　施瓦茨 10 个普遍的价值观动机类型

维度	动机类型	内容
自我超越	普通性	为了所有人类和自然的福祉而理解、欣赏、忍耐、保护。例如：社会公正、心胸开阔、世界和平、智慧、美好的世界、与自然和谐一体、保护环境、公平
	慈善	维护和提高那些自己熟识的人们的福利。例如：帮助、原谅、忠诚、诚实、真诚的友谊
自我提高	权力	社会地位与声望、对他人以及资源的控制和统治。例如：社会权力、财富、权威等
	成就	根据社会的标准，通过实际的竞争所获得的个人成就、有抱负的、有影响力的等
保守	传统	尊重、赞成和接受文化或宗教的习俗和理念。例如：接受生活命运的安排、奉献、尊重传统、谦卑、节制等
	遵从	对行为、喜好和伤害他人或违背社会期望的倾向加以限制。例如：服从、自律、礼貌、给父母和他人带来荣耀
	安全	安全、和谐、社会的稳定、关系的稳定和自我稳定。例如：家庭安全、国家安全，社会秩序、清洁、互惠互利等
对变化的开放态度	自我定向	思想和行为的独立——选择、创造、探索。例如：创造性、好奇、自由、独立、选择自己的目标
	刺激	生活中的激动人心、新奇的和挑战性。例如：冒险、变化的和刺激的生活
	享乐主义	个人的快乐或感官上的满足。例如：愉快、享受生活等

施瓦茨将价值观划分为自我超越对自我提高、保守对开放 4 个维度、10 个普遍的价值观动机类型的四分区结构的价值观的观点超越了前人的思想，具有积极意义，值得深入研究。

本讲小结

1. 什么是需要

需要是个体对影响其生存、发展及享受的各种条件的反应，是所有行为的内在动力源。它常以愿望、动机、兴趣、爱好、价值观等形式表现出来，需要有如下的特点：对象性；紧张性；动力性；起伏性。

2. 什么是动机

动机是引起、维持个体活动并努力实现某一目标的内在动力。动机是在需要的基础上产生的，有时两者也难以区分，但需要一般要转化为动机才能发挥其动力作用。动机对于个体行为具有以下三种功能：激活功能；引导功能；调节功能。

3. 需要的基本事实

人的需要多种多样,是一个多维度、多层次的开放系统,可以从不同的角度进行分类。

按需要的起源,可以划分为生物性需要和社会性需要;按需要的对象,可以划分为物质需要和精神需要。

4. 动机的基本事实

动机也是多种多样的,也可以进行不同的分类。

根据动机的起源,动机分为生物性动机和社会性动机;根据动机的目标定位,动机分为近景性动机和远景性动机;根据引起动机的原因,动机分为外在动机和内在动机。

5. 马斯洛的需要层次理论

马斯洛将人类众多的需要概括为五个基本层次,即由低级到高级依次是生理需要、安全需要、归属与爱需要、尊重需要、自我实现需要,有时他在自我实现需要里再分出求知需要与审美需要,这样他的需要理论就包括七个层次。

马斯洛将人类的需要看成一个有组织的系统,各层次的需要之间有以下关系:出现的顺序由低到高演进;所有需要可分为两种水平,即前四个层次的需要属于基本需要,后三个层次的需要属于成长需要;各层次需要在全人口中的比例由大到小。

6. 其他主要的需要理论

见表 6-1。

7. 动机的基本理论

人类的动机很复杂,主要的动机理论有:

(1) 本能论。将个体行为的动力归结为本能,主要代表人物是麦独孤、弗洛伊德、洛伦兹。

(2) 强化动机论。联结主义心理学家提出了强化动机论,他们将行为的动力归结为强化,强化就是能增加反应概率的一切刺激或刺激情境。

(3) 成就动机理论。莫瑞、麦克里兰和阿特金森是主要代表人物,阿特金森提出了具有广泛影响的成就动机模型,认为成就动机的强度是由动机水平、期望和诱因共同决定的,还将个体的成就动机分为两类:力求成功的动机和避免失败的动机。

(4) 归因理论。海德、罗特、韦纳是主要代表人物,韦纳在海德和罗特的基础上对行为结果的归因进行了系统探讨,从稳定性、内外在性和可控性等三个维度进行归因,并将活动成败的原因即行为责任归结为能力高低、努力程度、任务难度、运气好坏、身心状态、外界环境等六个因素。

（5）自我效能感理论。是新行为主义心理学家、观察学习论的创始人班杜拉建立的动机理论。自我效能感也叫自我能力感，就是指个人对某项事务有过一些成败经验后，对自己相应能力所形成的评价及体验，或者说是个人对自己能否成功地从事某一行为的主观判断及感受。自我效能高，动机水平就高。影响自我效能感形成的因素主要有两个：个体的成败经验和个体的归因方式。

8. 什么是兴趣

兴趣是个体有愉快情绪状态的认知倾向，是一种内在的兴奋型心理动力。兴趣的突出特点是情绪性、动力性和内在性。兴趣在学习、生活和事业中都有着巨大的积极作用，对塑造个性具有重要意义。

9. 兴趣的基本事实

兴趣是多种多样的，可以用不同标准进行分类。根据兴趣的内容，可以分为物质兴趣和精神兴趣；根据兴趣的指向，可以分为直接兴趣和间接兴趣；根据兴趣的品质，可以分为高雅兴趣和低俗兴趣。

10. 兴趣的基本理论

（1）赫尔巴特的兴趣理论。赫尔巴特认为兴趣是一个在某种意义上可包含注意，并在内涵上更为丰富的概念，指的是学生心理、观念的积极广泛的运动，及其对所学事物所产生的有高度吸引力和高度注意力的内部心理状态。从心理上将兴趣的构成划分为认识和情感两个部分，共六种。而且认为在兴趣状态下可产生两种心理活动："专心"和"审思"。

（2）米切尔的兴趣结构模型。米切尔在海蒂和贝尔德（Hidi & Baird, 1988）及科拉普（Krapp, 1989）等人提出区分个人兴趣与情境兴趣的基础上开展研究，米切尔提出了数学课堂中情境兴趣的结构模型，主要包括引发性兴趣和维持性兴趣。

（3）休金娜的认识兴趣论。认为认识兴趣是学生的一种选择性倾向，它指向认识领域，指向该领域的对象内容及掌握知识的过程。认识兴趣的心理结构是以人的认知、情绪、意志过程的统一整体为基础的特殊"合金"，其核心是思维过程。认识兴趣中的思维过程具有明显的情绪色彩，处于认识兴趣状态下的学生对待学习—认识过程的态度是积极的、自我卷入的，这就使得学习—认识过程具有明显的目的性、饱满的热情和鲜明的意志特点。此外，休金娜还以认识兴趣的指向性、稳定性、区域性、意识性为参数，揭示了认识兴趣由低到高发展的若干水平。

11. 什么是价值观

价值观是主体人区分有关客体对象在对错、好坏、美丑、轻重、贵贱等属性的观念系统，作为心理动力的综合成分往往以目标的形式引导着人的行为。其有四个特点：动力性、观念性、选择性、稳定性；有定位、评价、动机等三种功能。

12. 价值观的基本事实

价值观是一个复杂、多维、多层次的系统，可以从不同角度对之进行分析。

佩里（1926）最早根据价值观的内容，将价值观分为六类，即认知价值观、道德价值观、经济价值观、政治价值观、审美价值观和宗教价值观。这种分类方法影响很大，曾被不少学者沿用并加以丰富。根据表现形式的不同，至少可以对价值观做如下三种分类：个体价值观、社会价值观和文化价值观；终极性价值观和工具性价值观；兴趣、信念和理想。

13. 价值观的基本理论

（1）莫里斯的生活方式理论。莫里斯（1956）认为价值有三种基本含义，认为价值观是一种对理想生活方式目标的憧憬，价值观不同，生活方式也会有所不同，他将人们的价值观归纳为十三种生活方式，编制了生活方式问卷。

（2）个人主义-集体主义理论。20世纪70年代以来，许多社会学家和心理学家开展了"个人主义和集体主义"维度上的价值观研究。豪福斯塔德（G. Hofstede，1980）认为，个人主义是从团体、组织或其他集体中的情感独立；而集体主义的"我们感"很突出，在组织中重视成员资格，对组织有情感依赖，强调忠于本集体的那些价值观。他认为，价值观具有权力距离、避免不确定性、个人主义与集体主义、男性或女性气质四个潜在维度。

特里安迪斯（Traindis，1986）等人编制了"个人主义-集体主义"量表，从文化差异的维度进行文化比较。他们认为，个人主义价值观的核心含义是优先考虑个人目标而非小组的目标，个人主义的文化强调服务于个人爱好、与众不同、成员独立；集体主义价值观的核心含义是优先考虑小组的目标而非个人的目标，集体主义的文化强调服务于小组的价值观，为了保护小组的完整、和谐关系，可以把个人的目标放在次要的地位。个人主义-集体主义理论遭到了一些批评。施瓦茨（1990）就认为这种分类忽略了既反映个人兴趣又反映集体兴趣的价值观，并错误地假设个人主义和集体主义是对立的，而某一社会通常处于这种个人主义和集体主义的两极连续体的某一点上。

（3）施瓦茨的价值观理论。施瓦茨设想人类存在着具有普遍意义的"共性"的价值观的心理结构，所谓价值观，要满足以下五条标准：是一些概念或信念；是人们想要追求的终极状态或行为；是超越具体情境的；对行为或事件的选择和评价具有指导作用；是有层次的，它们根据相对重要性的不同进行排序。他认为价值观和动机之间有着紧密的联系，价值观的主要内容是目标的类型，或者目标所表达的动机内容。施瓦茨等人（1987）根据价值观可以是工具性的或终极性的目标；价值观的中心可以是个人的、集体的或二者兼有；价值观与源于个人的生物需要、社会交往的需要以及群体生存与福利的需要这三种普遍的人类需求的10个动机领域有关。后来，施瓦茨等人（1992，1994，1995）更进一步，编制了"Schwartz价值观量表"，试图描绘出一个世界范围的价值观地形图，将各个文化标识在相对的位置上。他们的研究包括了57项价值观，用以代表自我超越对自我提高、保守对开放4个维度的10个普遍的价值观动机类型。

专业术语

需要、生物性需要、社会性需要、动机、诱因、近景性动机、远景性动机、外部动机、内部动机、本能、强化、成就动机、归因、自我效能感、兴趣、直接兴趣、间接兴趣、价值观、个体价值观、社会价值观、文化价值观、终极性价值观、工具性价值观、信念、理想

思考问题

1. 怎样理解"需要是所有行为的内在动力源"这一观点？
2. 试评述马斯洛的需要层次理论。
3. "书中自有黄金屋，书中自有颜如玉"与"为中华之崛起而读书"这两种学习动机所激发的学习行为有何差异？
4. 怎么理解"兴趣是最好的老师"这一看法？兴趣作为心理动力真的那么重要吗？
5. 成就动机理论、归因理论、自我效能感理论对你激发活动积极性有哪些启示？
6. 请联系你的发展实际，谈谈价值观作为心理动力的重要性。

拓展读物

1. 黄希庭，郑涌．心理学十五讲［M］．北京：北京大学出版社，2005．
2. 金盛华．社会心理学［M］．3版．北京：高等教育出版社，2020．
3. 李洪玉，何一粟．学习动力［M］．武汉：湖北教育出版社，1998．
4. 黄希庭，郑涌，等．当代中国青年价值观研究［M］．北京：人民教育出版社，2005．
5. 郭永玉，王伟．心理学导引［M］．武汉：华中师范大学出版社，2007．

第七讲 心理特征——人心不同,各如其面

> **本讲要目**
> 一、能力
> 二、气质
> 三、性格

人与人之间的心理差异主要是通过能力、气质和性格等表现出来的。能力影响活动效率,而气质和性格影响活动方式,不同的个体就此表现出不同的心理特征。

一、能力

(一)什么是能力

1. 能力及其特点

能力是指直接影响活动效率、保证活动质量的认知性心理特征。这个定义有几层意思:第一,能力是一种心理特征,是比较稳定的,它的发展变化有一个过程,不是在短时间里容易改变的;第二,能力这种心理特征影响活动效率,动机强度也是影响活动效率的心理因素,但动机不是心理特征,能力的强弱决定着活动效率的高低;第三,能力对活动效率的影响是直接的,认知性使得能力内在地保证活动的顺利进行,能力的形成、发展以及表现、作用都离不开活动,能力与活动是紧密联系的。

要顺利完成某种活动特别是复杂活动，往往不是单一的能力所能胜任的，而需要多种能力的有机结合，完成活动的各种能力的独特结合就是才能。才能通常以活动的名称来命名，如组织才能、领导才能、管理才能、文学才能、数学才能、音乐才能、绘画才能，等等。如果一个人的各种能力在活动中达到了极高的发展和完备的结合，并创造性地完成某一领域的多种活动任务，通常被称为天才。天才不是天生的，而是才能的高度发展，是人凭借先天的良好条件，在后天环境教育的影响下，加上自身努力而发展起来并表现出来的。

作为人的一种心理特征，能力具有以下几个特点：①稳定性，这是所有心理特征的共同特征，也是能力制约于先天遗传因素的必然结果，遗传影响力大的一些能力改变的可能性就特别小。②认知性，这是能力区别于其他心理特征之处，能力是作为主体因素的各种认知因素在相应活动中较一贯、较稳定的体现，是在实践活动中产生的认知性品质。③结构性，不同活动所需能力不同，有着不同的能力结构；不同人从事同一活动，能力结构也存在差异，也就会有效率与质量的差异。④开放性，能力虽然具有稳定性，但是能力与知识有着密切联系，不断地学习就可能使得能力结构得到完善、能力水平得到提高。

2. 能力的意义

对个体而言，能力的根本意义在于它是一项综合性的心理品质，是主体性的一类基本要件。①能力与动机一起构成影响活动并保证活动质量的两大类心理品质，缺乏能力或能力不足，尽管动机强烈，活动都难以完成或高质量完成。②能力与人格一起构成影响个性面貌并保证个性品质的两大类心理要件，是影响个体主体性的一类关键品质，也是造成个体差异性的根本方面。因此，在人才培养、考察、选用上对能力的强调都是必然的、内在的要求，唯才是举、德才兼备成为不同历史时期对人才的原则要求，时代越来越需要具有创造能力与创新人格的人才。

（二）能力的基本事实

由于能力的复杂性，可以从不同的角度加以揭示。

1. 根据能力对活动的影响面，分为一般能力与特殊能力

一般能力是指个体顺利完成一切活动所必须具备的各种基本能力，也称智力。智力通常被认为主要由感知、记忆、想象、思维等认知能力构成，其中感知能力与记忆能力是基础，思维能力与想象能力是核心。一般能力和认知活动紧密地联系着，保证人们顺利地掌握知识。

特殊能力是指个体顺利完成某种专业活动所必须具备的一些基本能力，也称才能。不同专业活动所需要的能力是不同的，比如，音乐才能包括音乐感知能力、音乐记忆能力、音乐想象能力和音乐情感表现能力等；数学才能包括对数学材料的概括能力、运算过程中思维的简化能力、逆运算能力等；文学才能包括言语能力、审美能力、形象记忆力、想象力等。特殊能力和专门活动紧密联系着，保证人们顺利地完成具体活动。

个体要成功地完成一项活动，既需要一般能力也需要与该项活动有关的特殊能力。在活动中，一般能力和特殊能力共同起作用。

2. 根据能力的创新性程度，分为模仿能力与创造能力

模仿能力是指通过观察他人的行为、产品来进行学习，然后以相同或类似的方式做出反应的能力。比如儿童模仿父母的表情、模仿演员的动作，学习书法时的临摹，仿造他人产品等。美国心理学家班杜拉认为，模仿是人们彼此之间相互影响的重要方式，是实现个体行为社会化的基本历程之一。

创造能力是指产生新思想和新产品的能力。比如作家在头脑中构思新的人物形象、创作新的作品，科学家提出新的理论假设并用实验方法证实假设，政治家提出新的思想观点并在实践中发挥积极作用，等等。

模仿能力和创造能力有密切的关系，人们常常是先模仿，然后创造，从模仿到创造。可以说，模仿是创造的前提和基础，创造是模仿的发展和突破。

3. 根据对他人的影响程度，分为交往能力与领导能力

交往能力是指个体通过与他人的接触、沟通，在心理上产生相互影响，从而建立一定人际关系的能力。交往能力是个体参加社会群体生活，保持协调人际关系所不可缺少的心理能力。

领导能力是指个体在与他人的交往中影响、改变他人心理与行为的能力。领导能力是个体在一定的群体、组织活动中对他人施加影响，保证实现群体目标所不可缺少的心理能力。

交往能力和领导能力是重要的两种社会能力。一般来说，交往能力是领导能力的重要构成部分，领导能力除了需要具备一定的交往能力外，还需要决策能力、凝聚能力等。而且在一个成熟的领导班子中，还有一个各种能力优化组合的问题。

（三）能力的发展与差异

由于能力的复杂性，这里仅介绍关于一般能力即智力的发展及差异的一些研究结论。

1. 智力发展的一般趋势

个体智力的发展不是等速的，一般是先快后慢，到了一定年龄则停止增长，随着人的衰老智力开始下降。

美国心理学家布卢姆1964年根据自己对1000名被试的跟踪研究，提出智力发展假说。他认为，如果把一个人的智力以17岁的水平作为100%，那么5岁之前就可以达到50%，5~8岁又增长30%，剩余的20%是在8~17岁发展的。美国心理学家贝利采用3种智力量表，对同一群被试从其出生开始进行了长达36年的追踪测量，发现13岁以前智力是直线上升发展的，以后缓慢发展到25岁时达到最高峰，26~35岁保持高原水平，35岁以后开始出现衰退现象。另外，美国心理学家韦克斯勒对1700名成人智力测验的结果表明，20~34岁是智力发展的高峰，以后逐渐下降，60岁以后则迅速下降。

2. 智力发展的差异

智力发展的差异表现在水平上，全人口的智力基本上呈常态分布：智力极高者与智力极低者都比较少，多数人属于智力中等。

斯坦福大学心理学家推孟等人对2904个2~18岁的儿童进行测验，根据测得的智商分布情况，列出一张智力分级表（表7-1）。

表7-1　智力分级表

智商	级别	占比（%）
139以上	非常优秀	1
120~139	优秀	11
110~119	中上	18
90~109	中智	46
80~89	中下	15
70~79	临界	6
70以下	智力迟钝	3

智力发展的差异表现在性别上，男女两性的智力在整体水平上并无优劣之分，智商的平均数是相近的，但男性智商分布的离散性较女性大，偏高和偏低的都比女性多，女性智力中等的比例较大。另外，男女两性可能在智力上有不同的优势项目。一般来说，男性在空间关系、图形知觉、逻辑演绎、数学推理、机械操作、视觉反应等方面表现更好，而女性则在语言表达、数的识记、机械记忆、听觉反应等方面显示出优势（黄希庭．心理学导论．2版．北京：人民教育出版社，2007：555）。

（四）能力的基本学说

限于篇幅，这里仅介绍关于一般能力即智力的一些学说。

1. 二因素说

1927年英国心理学家、统计学家斯皮尔曼（G. Spearman）认为智力由一般因素（G）和特殊因素（S）构成，G 因素贯穿于所有的智力活动中，S 因素只体现在某一特殊活动中，一个人完成各种不同活动的过程是由相同的 G 因素和不同的 S 因素共同决定的。一般因素人人都有，但有大小的不同；特殊因素既有大小的不同，也存在多少的差异。

2. 群因素说

1938 年美国心理学家瑟斯顿（L. L. Thurstone）认为智力是由一群彼此无关的特殊因素构成的，这些因素的不同搭配，便构成每个个体独特的智力结构。他概括出 7 种重要因素：计算（类似加减乘除简单运算算术的能力）；词的流畅（对各种物体命名的速度）；言语的意义（找出相似词和反义词的能力）；记忆；推理；空间知觉（确定各物质的空间关系能力）；知觉速度（迅速确定各形状的异同点的能力）。

3. 层次结构说

1960 年英国心理学家阜南（P. E. Vernon）继承和发展了斯皮尔曼的二因素说，提出智力的层次结构说。他认为，智力的结构是按层次排列的。智力的最高层次是一般因素；第二层次分两大因素群，即言语和教育方面的因素群、操作和机械方面的因素群；第三层为小因素群，包括言语、数量、机械信息、空间信息、用手操作等；第四层为各种特殊因素。

4. 智力形态说

1963 年美国心理学家卡特尔（R. Cattell）根据因素分析结果，按功能上的差异，将人的智力分为流体智力和晶体智力两种不同的形态。流体智力是受人的生物学因素影响，人生来就能进行智力活动的能力，即学习和解决问题的智力。它较少依赖文化和知识内容，主要决定于个人天生的秉性。流体智力随生理成长曲线的变化而变化，个体发展早期，其有明显发展，20 岁左右达到顶峰，在成年期保持一段时间之后，逐渐下降。晶体智力是以后天习得的知识经验为基础的智力，主要指获得语言、数学等各方面知识的能力。它取决于后天的教育与学习的知识经验，与社会文化有密切关系，也受流体智力的影响。其不会因年龄的增长而降低，可能因知识经验的累积与丰富，有随年龄增长而升高的趋势。

5. 多元智力说

1983 年美国心理学家加德纳（H. Gardner）认为智力就是个体在特定的文化背景或社会中解决问题或创造新产品的能力。智力的内涵是多元的，它由 7 种相对独立的成分构成，每种智力都有其独特的解决问题的方法，而且这 7 种智力在不同人身上的组合方式是不同的。包括：①言语智力；②逻辑推理与数学能力；③空间智力（导航、辨方向、认识环境能力）；④音乐智力；⑤身体运动智力；⑥人际智力（人际互动、和睦相处能力）；⑦内省智力（反省、认同、接纳自我能力，选择自己生活方向的能力）。在这 7 种智力中，后面 4 种是传统智力观所忽视的。

6. 成功智力说

1996 年美国耶鲁大学心理学教授斯腾伯格（R. J. Sternberg）提出成功智力理论。他认为，成功是指个体能在现实生活中实现自己的目标，这种目标是个体通过努力能够最终达成的人生理想。成功智力也就是指用以达成人生目标的智力，它能使个体以目标为导向并采取相应的行动。因此，成功智力与传统 IQ 测验中所测量和体现的学业智力有本质的区别。它不仅要求个体掌握知识，更重要的是使个体充分发挥自己的潜能，让每一个具有不同潜能的人都能获得成功。成功智力包括分析性智力、创造性智力和实践性智力 3 个方面。分析性智力是一种分析和评价各种思想、解决问题和制定决策的能力；创造性智力是一种能超越已知给定的内容，产生新异有趣思想的能力；实践性智力是一种可在日常生活中将思想及其分析的结果以一种行之有效的方法加以使用的能力。

二、气质

（一）气质及其意义

1. 气质及其特点

气质就是通常所说的性子、脾气，是一个人在心理活动的速度、强度、倾向性等方面表现出来的反应性心理特征。这个定义有几层意思：第一，气质是一种心理特征，是比较稳定的，不容易改变；第二，气质这种心理特征影响活动方式、处事风格，这与能力作为影响活动效率的心理特征是很不一样的；第三，气质是个体在接受刺激时表现出来的反应特征，不同的人在反应速度、强度、倾向性等方面均有所差异。比如，急性子与慢性子说明 3 人在反应速度上的不同，脾气暴躁与没有脾气是说人在反应强度上的差异，活泼与文静则描述了人的反应倾向性的不同。

气质这种心理特征具有以下几个特点：①先天性。气质较多地受神经系统先天特性的影响，从新生儿身上就可以观察到，有的爱啼哭、好动，有的安静、少哭闹。这就是气质最早的真实流露。研究表明，儿童内向或外向方面所表现出来的特点，在生命的最初几年里就明显地形成了；人的遗传素质越接近，表现出来的气质特征也越接近。比如，同卵双生儿的气质比异卵双生儿的更相似，即使在长时期内将同卵双生儿置于不同的生活和教育条件下抚养，他们的气质也未表现出显著差异。②稳定性。俗话说得好："江山易改，禀性难移。"这里的禀性就是指人的天性或生性，即气质。这种稳定性与人的神经系统先天性的特点密切相关，即使后天受到环境和教育的影响，气质也很难发生显著变化，改变也是缓慢的。③反应性。这是气质不同于其他心理特征的地方。由于气质是人的自然生性，生性不同的人对于同一刺激必然会做出不同的反应，这就为人的发展提供了不同的心理起点。比如，胆汁质的人反应性的程度高，他们一般性情暴躁、好发脾气、缺乏耐心；抑郁质的人反应性的程度低，他们一般情绪发生得缓慢而持久、易闹情绪、心情不佳、信心不足。

2. 气质的意义

（1）气质影响智力。我国心理学家林崇德教授认为影响智力活动的气质因素主要有两个方面，一个是心理活动的速度和灵活性，另一个是心理活动的强度。他们的研究发现：心理活动的快慢和灵活性的高低直接影响到智力活动的快慢和灵活性的高低，多血质和胆汁质类型的中小学生在解题速度和灵活性上都明显地超过黏液质和抑郁质的中小学生；多血质和胆汁质类型的学生，情绪感受和表现都比较强烈，抑制能力较差，因此较难从事需要细致和持久的智力活动，而黏液质和抑郁质的学生情绪感受和表现都比较弱，但体验深刻，能经常分析自己，比较适合从事那些需要细致和持久的智力活动。通过影响智力，气质在认知活动和解决问题中的作用得以体现。

（2）气质影响性格。气质既影响性格的表现方式，也影响性格形成和变化的速度。前者如，同样是对人友善的性格，多血质者表现为亲切关怀，胆汁质者表现为热情豪爽，黏液质者表现为诚恳，抑郁质者则表现为温柔。后者如，胆汁质者较易形成勇敢、坦率的性格，较难形成细心、忍耐的性格；多血质者较易形成机敏、合群的性格，较难形成自制、忍耐的性格；抑郁质者较易形成谨慎、谦让的性格，较难形成热情、勇敢的性格。通过影响性格，气质在人际沟通、社会生活中的作用也就表露出来了。

（3）气质影响人职匹配。气质与职业活动的关系密切，既要使个人的气质特征适合于职业活动的要求，也要在选拔人才和安排工作时考虑个人的气质特征，做到人尽其才。

需要指出的是，气质本身无好坏之分，它不能决定一个人的智力发展水平和社会价值，各种气质类型的人都可以成为人才。

（二）气质的基本事实

古希腊著名医生希波克拉特（前460—前377）认为人体含有4种性质不同的体液：血液（生于心脏）、黏液（生于脑部）、黄胆汁（生于肝脏）和黑胆汁（生于胃部），这4种体液的混合比率不同，形成了4种不同类型的人。后来，古罗马医生盖伦（约 130—200）在希波克拉特的基础上明确提出气质概念，确定 4 种典型的气质类型是多血质、黏液质、胆汁质和抑郁质，每一种气质类型都是某种体液占优势的结果，并有特定的心理表现。

现代的气质学说仍将气质分为多血质、黏液质、胆汁质和抑郁质这 4 种典型的类型，它们具有各自的心理行为特点。

1. 多血质

这种人情感丰富、外露但不稳定，思维敏捷但不求甚解，活泼好动、热情大方、善于交际但交情浅薄，行动敏捷、适应力强；但是他们缺乏耐心和毅力，稳定性差。典型人物为《红楼梦》中的王熙凤。

2. 黏液质

这种人情绪平稳、表情平淡，思维灵活性略差但考虑问题细致周到，安静稳重、沉默寡言、喜欢沉思，自制力强、耐受性高、内刚外柔，交往适度、交情深厚；但是他们行为主动性较差，缺乏生气，行动迟缓。典型人物为《水浒传》中的林冲。

3. 胆汁质

这种人情绪体验强烈、爆发迅猛、平息快速，思维灵活但粗枝大叶，精力旺盛、争强好斗、勇敢果断、热情直率、朴实真诚、表里如一，行动敏捷、生机勃勃、刚毅顽强；但是他们遇事常欠思量，鲁莽冒失，感情用事，刚愎自用。典型人物为《水浒传》中的李逵。

4. 抑郁质

这种人情绪体验深刻、细腻持久，情绪抑郁、多愁善感，思维敏锐、想象丰富，不善交际、孤僻离群，踏实稳重、自制力强；但是他们行为举止缓慢，软弱胆小，优柔寡断。典型人物为《红楼梦》中的林黛玉。

在现实生活中，仅具有某一种气质类型的人并不多，大多数人是近似某一种气质类型或具有两种气质类型的混合，两种以上类型的混合也比较少。

（三）气质的基本学说

人为什么会有气质的差异？人们提出了不同的学说。除了前面提到的希波克拉特的体液说，主要介绍以下几种。

1. 阴阳学说

我国战国时期的医学名著《黄帝内经》按人体阴阳两气的强弱把人分为 5 种类型，即太阴之人、少阴之人、太阳之人、少阳之人、阴阳平和之人。在阴阳匹配上，5 类人的情况依次是多阴无阳、多阴少阳、多阳无阴、多阳少阴、阴阳平衡。可以将这一阴阳学说和4种典型的气质类型做一个大致比对，见表7-2。

表7-2 《黄帝内经》中的5类人与气质类型比对

五类人	太阴之人	少阴之人	阴阳平和之人	少阳之人	太阳之人
气质类型	抑郁质	黏液质	多血质		胆汁质

用阴阳强弱为依据划分人的类型，表明人的体质是由其内部阴阳矛盾的倾向性决定的，这与近代生理学研究的兴奋和抑制的关系有某些接近之处。阴阳学说虽然内含朴素辩证思想，但科学性不宜夸大。

2. 体型说

德国精神病学家克瑞奇米尔把人的体格分为3种类型：肌肉发达的强壮型、高而瘦的瘦长型、矮而胖的矮胖型。他认为不同体型的人具有不同的气质：矮胖型的人外向而容易动感情，瘦长型的人内向而孤僻，强壮型的人则介于两者之间。

克瑞奇米尔认为正常人与精神病人只有量的差别，没有质的不同，不同体型的正常人在气质上也带有精神病人的某些特征。比如，矮胖型的人具有躁狂症的特征，瘦长型的人具有精神分裂症的特征，强壮型的人具有癫痫症的特征。因此，他将人的气质分为：躁狂气质（类似于多血质）、分裂气质（类似于抑郁质）和黏着气质（类似于胆汁质）。体型与气质、心理特征的关系见表7-3。

表7-3 体型与气质、心理特征的关系（一）

体　型	气质类型	心理特征
矮胖型	躁狂气质	善交际、活泼、乐观、情感丰富
瘦长型	分裂气质	不善交际、沉静、孤僻、神经过敏
强壮型	黏着气质	固执、认真、理解迟钝、情绪爆发

美国心理学家谢尔顿受克瑞奇米尔的影响，对气质与体型的关系进行了更为深入的研究，把人的体型分为3种主要类型：内胚叶型（柔软、丰满、肥胖）、中胚叶型（肌肉骨骼发达、坚实、体态呈长方形）和外胚叶型（高大、细瘦、体质虚弱），据此他将人的气质分为3种类型：内脏紧张型、身体紧张型和头脑紧张型。体型与气质、心理特征的关系见表7-4。

表7-4 体型与气质、心理特征的关系（二）

体　型	气质类型	心理特征
内胚叶型（矮胖型）	内脏紧张型	食欲强烈、贪图安乐、爱好社交
中胚叶型（强壮型）	身体紧张型	喜欢运动、好斗、精力充沛
外胚叶型（瘦长型）	头脑紧张型	爱想问题、拘束、感情不外露

气质和体型存在某种相关，但是相关度并不是很高，况且相关并不能认为两者之间存在因果关系，当代科学还不能清楚地揭示身体特征对气质的作用。

3. 血型说

日本学者古川竹二等人认为，人的气质是由不同的血型决定的，根据血型把人的气质分为 A 型、B 型、O 型和 AB 型 4 种。并且认为，A 型气质的人内向、保守、多疑、焦虑、富情感、缺乏果断性、容易灰心丧气；B 型气质的人外向、积极、善交际、感觉敏锐、轻诺言、寡信、好管闲事；O 型气质的人胆大、好胜、喜欢指挥别人、自信、坚强、积极进取；AB 型气质的人兼有 A 型和 B 型的特征。

许多学者认为用血型来解释气质的观点并没有多少科学根据。看来，气质与血型关系问题是一个有争议、需要深入研究的问题。

4. 激素说

英国生理学家伯曼等人认为，人的气质是由内分泌腺所分泌的激素决定的，根据人的某种内分泌腺特别发达而把人划分为：甲状腺型、脑垂体型、肾上腺型、性腺型、副甲状腺型和胸腺型，不同类型的人有不同的气质特点。

甲状腺型的人精神饱满、不易疲劳、知觉敏锐、意志坚定、处事和观察迅速、容易动感情甚至感情迸发；脑垂体型的人性情强硬、脑力发达、有自制力、喜欢思考；肾上腺型的人雄伟有力、精神健旺、专横、好斗；性腺型的人常感不安、好色、具有攻击性；副甲状腺型的人安定、缺乏生活兴趣；胸腺型的人单纯、幼稚、柔弱、不善于处理工作。

现代科学研究证明：激素对人的气质确有影响。例如，肾上腺特别发达的人，会出现情绪容易激动的气质特征。但这个学说过于强调内分泌腺对情绪和行为的决定作用，否定了神经系统对内分泌腺的调节和支配作用，是片面的。

5. 高级神经活动类型说

俄国生理学家巴甫洛夫（1849—1936）等人认为气质类型是由高级神经活动类型决定的。高级神经活动有两个基本过程：兴奋过程和抑制过程，这两个神经过程有 3 个基本特性：强度、平衡性和灵活性，神经过程这 3 个基本特性的独特结合就形成了高级神经活动类型。高级神经活动主要的类型有 4 种，即强而不平衡的兴奋型，强而平衡、灵活的活泼型，强而平衡、不灵活的安静型，弱的抑制型。巴甫洛夫认为，兴奋型相当于胆汁质，活泼型相当于多血质，安静型相当于黏液质，抑制型相当于抑郁质。

神经过程的基本特性、高级神经活动类型与气质类型的关系见表 7-5。

表 7-5 神经过程的基本特性、高级神经活动类型与气质类型的关系

神经过程的基本特性			高级神经活动类型	气质类型
强度	平衡性	灵活性		
强	不平衡		兴奋型	胆汁质
强	平衡	灵活	活泼型	多血质
强	平衡	不灵活	安静型	黏液质
弱			抑制型	抑郁质

高级神经活动类型说较好地解释了气质的生理基础，但它并不是唯一正确的解释。巴甫洛夫之后的有关研究表明，影响气质的不仅有神经过程的特性，而且还有整个个人的身体组织。当然，高级神经活动是气质的主要生理基础。

三、性格

（一）性格及其意义

1. 性格及其特点

性格是指一个人在待人接物方面表现出来的习惯化行为方式的态度性心理特征。这个定义有几层意思：第一，性格是习惯化的行为方式，古语说得好："少成若天性，习惯成自然。"一个人的性格就是其在特定成长环境中长期养成的习惯产物。比如从小为人坦诚、做事认真，这就容易成为一个人的性格特点。第二，性格是稳固的态度性心理特征，性格这一心理特征不同于其他心理特征的关键之处是它的内容——态度，主要是对人（包含对己）、对事等方面的态度。态度又包含认知、情绪、行为倾向等成分。当然，性格中的态度应该是比较稳固的，偶然的、一时的态度不构成为性格特点。第三，性格是通过待人接物等社会性活动表现出来的，通过了解一个人在各种社会性活动方面的一贯表现大体就能掌握其性格特点。

性格这种心理特征具有以下几个特点：①后天性。性格不同于气质，它较多地受后天环境，特别是社会文化环境因素的影响。在一个人性格的形成过程中，重要他人有着巨大的影响。这个重要他人可以是父母、老师、同学、朋友、亲人等，社会文化因素就是通过各种各样的人际交往活动而影响个体性格的。当然，自然地理环境对人的性格也有影响。总之，特定性格的形成离不开特定的环境，离开人的成长环境背景无法分析性格这一心理特征。②价值性。性格不同于气质，还在于性格有好坏之分。不同的性格特征有不同的道德意义与社会价值，比如，善良、正直、诚信、勤劳、谦逊等性格特征对社会有积极意义，而冷酷、自

私、狡诈、懒惰、虚荣等性格特征对社会有消极意义，这就是性格的价值性。③可变性。作为心理特征的性格虽然也有一定的稳定性，但与气质相比，却具有明显的可变性。生活环境的重大改变特别容易引发性格特征的变化，个体有意识的自我塑造与训练也能导致性格特征的变化。

2. 性格的意义

（1）性格影响身心健康。现代医学心理研究证实，人的性格对人的身心健康有重要的影响，即具有某种性格特征的人往往容易罹患某种精神疾患或躯体疾病。最典型的是：A 型性格（时间紧迫感强、有竞争性和敌意感）的人比 B 型性格（与 A 型相反）患冠心病的危险性高两倍，心肌梗塞的复发率是 B 型人的 5 倍（张伯源，1985）。C 型性格的人，往往对人生、对事业、对人际沟通过分焦虑，不善与人交往，对不幸之事内心体验深刻，过分忍耐，因而长期处于压抑状态，乃至不敢正视矛盾，抑郁寡欢，难免导致各种代谢机能发生障碍，诱发各种癌变，因此，C 型性格也称癌症性格。

（2）性格影响人际关系。每个人都带着自己的性格特点与他人交往从而形成一定的人际关系，不同的性格品质具有不同的人际吸引力。真诚、正直、友好、热情、善良等有利于建立良好的人际关系，而虚伪、冷酷、敌意、自私、贪婪等不利于建立良好的人际关系。

（3）性格影响幸福感。心理学家克林格（E. Klinger，1977）的调查发现，良好的人际关系对于生活的幸福具有首要意义，个人生活是否幸福，取决于自己同生活中其他人的关系是否良好。性格既然影响人际关系，性格就能影响幸福感。有研究（迪勒尔，1999）表明，性格因素是预测幸福感最可靠的指标之一。

（二）性格的基本事实

1. 外向型性格与内向型性格

根据在人际交往中的适应性将性格分为外向型与内向型已经十分日常化，两者在交际性、活泼性、言语性等适应性方面存在明显的差异。通常情况下，外向型者好交际、好动、话多、情感较外露；内向型者不爱交际、喜静、寡言少语、情感较内敛。性格的内、外向类型明显地受气质类型的影响，多血质、胆汁质容易形成外向型性格，黏液质、抑郁质则容易形成内向型性格。英国心理学家艾森克（1916—1997）的研究证明了这一点。

2. 独立型性格与依存型性格

美国心理学家威特金（1916—1979）根据认知方式的差异提出了场独立型与场依存型两种认知方式。场独立型者倾向于利用自我内部的参照来认知，很少受外界环境刺激（"场"）改变的影响，比较喜欢孤独的与人无关的情景，社交能力差，比较关心概念和抽象原则，偏爱与人无关的学科；场依存型者则倾向于以外界的参照作为认知的根据，受外界环境刺激（"场"）的影响大，对他人有较大的兴趣，善于与人交往，行为是社会定向的，偏爱重视人际关系的学科。威特金所谓的认知方式可以理解为性格中的认知因素，这样性格也就有独立型与依存型之分。

3. 健康型性格与病态型性格

奥地利心理学家阿德勒（1870—1937）认为人人都有追求优越的倾向，但追求优越的目标与方式不同，追求优越目标的方式为"生活风格"，根据社会兴趣的差异，大体可将生活风格分为健康的和病态的两类。健康型生活风格者喜爱自己的职业、在社会交往中有良好的人际关系、有美满的婚姻家庭，即有丰富的社会兴趣；病态型生活风格者工作上无所作为、爱情婚姻不美满、没有朋友，即缺乏社会兴趣。阿德勒所说的生活风格其实就是性格，这样性格也就有健康与病态之分。

性格是十分复杂的个性心理现象，可以从不同的维度进行分析。以上的介绍只是从已有研究中选择3个不同的角度加以尝试分析而已，更多的研究可以参见以下"性格的基本学说"。

（三）性格的基本学说

有关性格的学说很多，但它们都可以归入到类型论或者特质论。下面仅做一些介绍。

1. 类型论

（1）《人物志》的观点。三国时期魏国的刘邵在吸收前人思想的基础上，深入探讨了人才的心理特征，不仅根据智能进行分类，而且根据性格进行了分类。在《人物志》一书中，他将人的性格分为12种类型，对不同类型性格的特征及其优缺点做了分析（表7-6）。

表7-6 刘邵关于性格的分类

性格类型	基本特征	优　缺　点
强毅之人	狠刚不和	厉直刚毅，材在矫正，失在激讦
柔顺之人	缓心宽断	柔顺安恕，每在宽容，失在少决
雄悍之人	气奋勇决	雄悍杰健，任在胆烈，失在多忌
惧慎之人	畏患多忌	精良畏慎，善在恭谨，失在多疑
凌楷之人	秉意劲特	强楷坚劲，用在桢干，失在专固

续表

性格类型	基本特征	优缺点
辩博之人	论理赡给	论辩理绎,能在释结,失在流宕
弘普之人	意爱周洽	普博周给,弘在覆裕,失在溷浊
狷介之人	砭清激浊	清介廉洁,节在俭固,失在拘局
休动之人	志慕超越	休动磊落,业在攀跻,失在疏越
沉静之人	道思回复	沉静机密,精在玄微,失在迟缓
朴露之人	申疑实?	朴露径尽,质在中诚,失在不微
韬谲之人	原度取容	多智韬情,权在谲略,失在依违

刘邵对性格的分类虽然并不全面,但是在当时历史条件下对人才的识别无疑具有积极意义,他的分类方法至今仍有借鉴价值。

(2)荣格的观点。瑞士心理学家荣格(1875—1961)在其1921年出版的《心理类型》一书中详细阐述了他的性格类型学说。首先根据心理能量的指向区分出内倾、外倾两种态度类型,其次根据心理功能的特点区分出思维、情感、感觉、直觉4种功能类型,最后将两种态度类型与4种功能类型组合成8种性格类型。

两种态度类型。内倾的人的特点是心理能量经常指向主观的内心世界,他们好沉思、爱恬静、过于关注自己的内心体验、不善交际、较难适应环境。外倾的人的特点是心理能量往往指向客观的外部世界,他们好社交、活泼开朗、对外部世界的各种事物感兴趣、容易适应环境的变化。内倾是一种主观的态度,外倾则是一种客观的态度。这两种态度彼此排斥,不能同时并存于意识之中。一个人可能在某些时候是外倾的,而在另一些时候是内倾的。但是,在一个人的整个一生中,通常是其中一种态度占据优势。如果是主观的倾向占优势,这个人就被认为是内倾的;如果是客观的倾向占优势,那他就被认为是外倾的。

荣格认为,一个人只是或多或少地属于外倾型或内倾型,他并非单纯地只是外倾或内倾。而且这两种态度在意识和潜意识中的表现正好相反,意识中的内倾恰恰是潜意识中的外倾,而意识中的外倾正好是潜意识中的内倾。意识中的态度通过有意识的行为直接表现出来,而潜意识的态度由于受到压抑只能间接影响人的行为,这也就是潜意识在心理中的补偿作用。

4种功能类型。荣格所说的心理功能有4种,即思维、情感、感觉和直觉,他认为思维是用来评价事物正确与否,情感是判断和确定事物的价值是否可以接受。它们是一对相互对立的功能,人们用它们来判断和评价事物,可称这两者为理性功能。感觉是确定事物存在与否的功能,直觉是对过去或将来的事物的预感。它们也是一对相互对立的功能,被认为是非理性功能,因为它们不需要任何理由和根据。

关于以上4种心理功能，荣格在后来的《人及其象征》（1964）一书里给出了非常简练的定义："这4种心理功能符合于4种明显的意识方式，意识通过这些方式使经验获得某种方向。感觉（感官知觉）告诉我们存在着某种东西；思维告诉你它是什么；情感告诉你它是否令人满意；而直觉则告诉你它来自何处和去向何方。"

荣格认为，一个人总是倾向于更多地发挥某一种心理功能而较少发挥其他3种心理功能，这就有了主导功能与辅助功能之分，辅助功能为主导功能服务，没有自己的独立性。由于思维功能和情感功能都是理性的功能，所以它们彼此不易成为对方的辅助功能，而倾向于相互冲突和对立。感觉功能和直觉功能作为两种非理性功能，其情形也一样。感觉和直觉可以成为思维或情感的辅助功能，思维和情感也可以成为感觉和直觉的辅助功能。

8种性格类型。荣格把两种态度与4种功能组合起来，提出了8种典型的性格类型，它们有着不同的心理特点。

外倾思维型：这种人喜欢分析、思考外界事物，生活有规律，客观而冷静，但比较固执己见，情感压抑。典型的人物是科学家，比如达尔文。

内倾思维型：这种人喜欢离群索居，独自追求自己的思想，常以主观因素为依据分析事物，待人冷漠，倔强偏执，情感压抑。典型的人物是哲学家，比如康德。

外倾情感型：这种人多为女性，她们的思维常常被情感压抑，没有独立性，非常注重与社会和环境建立情感与和睦关系，乐于追逐时髦的风尚。

内倾情感型：这种人也更多地见于女性，她们往往沉默寡言，不易接近，给人一种神秘莫测的吸引力，但内心有非常丰富和强烈的情感体验。

外倾感觉型：这种人多为男性，他们喜欢追求欢乐，活泼、有魅力，对客观事物感觉敏感，精明而求实，但易变成寻欢作乐的酒色之徒。

内倾感觉型：这种人对事物有深刻的主观感觉，喜欢通过艺术形象表现自我，显得随和、沉静、自制，但往往缺乏思想和情感。

外倾直觉型：这种人通常是女性，她们往往异想天开、富有创造性，忍受不了日常事务的烦琐，喜欢新奇的东西，但缺乏持久的兴趣和顽强精神。

内倾直觉型：这种人富于幻想，常产生各种离奇的想象，性情古怪，思想往往脱离现实，不易被人理解，典型的人物是艺术家。

荣格认为，以上8种类型只代表典型的情况，实际上每个人都会不同程度地表现出某种占优势的性格类型，但某种类型占优势并非其他类型不重要，在他身上还有不占优势的第二种或第三种性格类型。其中存在有意识的因素，也存在潜意识的成分，两者的相互作用构成了千变万化的性格类型。

荣格揭示了不同人在心理方面存在差异的大量事实，强调了使得人与人彼此不同的各种性格特点，并为区分这些特点、说明性格的差异提供了一个较为完善的体系。它或许有这样那样的不足，但对了解人的心理特征无疑有着积极的价值。

2. 特质论

大体上，类型论将复杂的性格按一定标准概括为少数几种类型，强调性格在质上的不同，比较简约；而特质论认为性格由许多特质组成，性格的不同在于特质水平的差异，重在说明性格在量上的差异，比较精细。

（1）奥尔波特的学说。美国心理学家奥尔波特（G. Allport，1897—1967）是特质论的创始人，他认为性格是由许多特质组成的，首先把特质分为共同特质和个人特质两大类，其次将个人特质分为首要特质、主要特质和次要特质3种。

共同特质是指在同一文化形态下群体都具有的特质，它是在共同的社会生活方式下所形成的，并普遍地存在于每一个人身上，是一种概括化的性格倾向。在研究性格的文化差异时，可以比较不同文化中的共同特质。

个人特质是指个体身上所独有的特质，代表个人的性格倾向。世界上没有两个人具有相同的个人特质，只有个人特质才能表现个体的真正特质。这是心理学家应该集中力量研究的特质。

奥尔波特进一步把个人特质按照它们对个体性格影响和意义的不同，分为首要特质、主要特质和次要特质3种。首要特质是个人最重要的特质，代表一个人的性格最独特之处，往往只有一个，而且往往只能从为数不多的人身上看到。它在性格中处于支配地位，影响一个人的全部行为。比如，多愁善感是林黛玉的首要特质。主要特质又称重要特质，这是性格的"构件"，个体的性格是由几个彼此相联系的重要特质所组成的。比如，林黛玉的清高、率直、聪慧、孤僻、内向、抑郁等都属于她的主要特质。主要特质虽不像首要特质那样对性格起支配作用，但也是性格的决定因素。次要特质是个体的一些不太重要的特质，只在特定场合下出现，除了亲近他的人外，其他人很少知道，它不是性格的决定因素。

（2）卡特尔的学说。英裔美籍心理学家卡特尔（1905—1998）是用因素分析法研究特质的著名代表。他赞同奥尔波特将特质分为共同特质和个人特质的观点，但关心的主要是共同特质。他认为虽然一个群体的每一个成员都具有某些共同的特质，但是这些特质在个别人身上的强度和情况并不相同，甚至这些特质的强度在同一个人身上也随时间不同而各异。

更为重要的是，卡特尔从层次上区分出表面特质和根源特质。表面特质处于人格结构的表层，是从外部行为能够直接观察到的特质。根源特质处于人格结构的内部，是人格结构中最重要的部分，也是一个人行为的最终根源，根源特质制约着表面特质。尽管每个人所具有的根源特质相同，但其程度并不相同，这就决定了人与人之间在性格上的差异。卡特尔及其同事经过长期的研究，确定了16种根源特质（表7-7），并据此编制了16种人格因素问卷，这就是国际上流行的"卡特尔16种人格因素问卷"（Sixteen Personality Factor Questionnaire，16PF）。

表7-7 卡特尔的16种根源特质

因素	特质名称	低分者特征	高分者特征
A	乐群性	缄默孤独	热情外向
B	聪慧性	智力较低	智力较高
C	稳定性	情绪激动	情绪稳定
E	恃强性	谦逊顺从	好强固执
F	兴奋性	严肃稳重	轻松兴奋
G	有恒性	权益敷衍	有恒负责
H	敢为性	畏缩退缩	冒险敢为
I	敏感性	理智、着重现实	敏感、感情用事
L	怀疑性	信赖随和	怀疑刚愎
M	幻想性	合乎实际	富于幻想
N	世故性	坦白直率、天真	精明能干、世故
O	忧虑性	安详沉着	忧虑抑郁
Q1	实验性	保守	勇于尝试实验
Q2	独立性	依赖、附和	自立、当机立断
Q3	自律性	矛盾冲突	自律严谨
Q4	紧张性	心平气和	紧张困扰

（3）艾森克的学说。德裔英籍心理学家艾森克（1916—1997）提出了独特的人格结构层次理论，提出了人格的3个基本维度，即外倾性、神经质和精神质。外倾性表现为内、外倾的差异；神经质表现为情绪稳定性的差异；精神质表现为待人方面的一些态度特征。

具体说，就外倾性维度而言，典型外倾者好交际、喜欢聚会，他们有许多朋友，需要与人交谈，不喜欢独自看书和学习；与此相反，典型内倾者则是安静的、不与人交往、内省的，他们喜欢书籍胜于喜欢他人，除了少数知己几乎让人敬而远之。当然，大多数人处于两极之间，每个人在某一特质上可能多些或少些。

就神经质维度而言，在该维度上得高分的人神经过敏，倾向于对刺激产生过于强烈的情绪反应，情绪波动大，产生强烈情绪后难以平静，容易激动、动怒和沮丧；而处在该维度另一端的人情绪反应比较平稳，不会大喜大悲。

就精神质维度而言，在该维度上得高分的人往往被看成是自我中心的、攻击性的、冷酷的、缺乏同情的、对他人不关心的；低分者则表现为温和、柔弱、富于同情心、缺少攻击性等特点。

艾森克将外倾性和神经质这两个维度垂直相交，构成4个象限，这4个象限所描述的32种基本人格特质与传统的气质类型相对应（图7-1）。

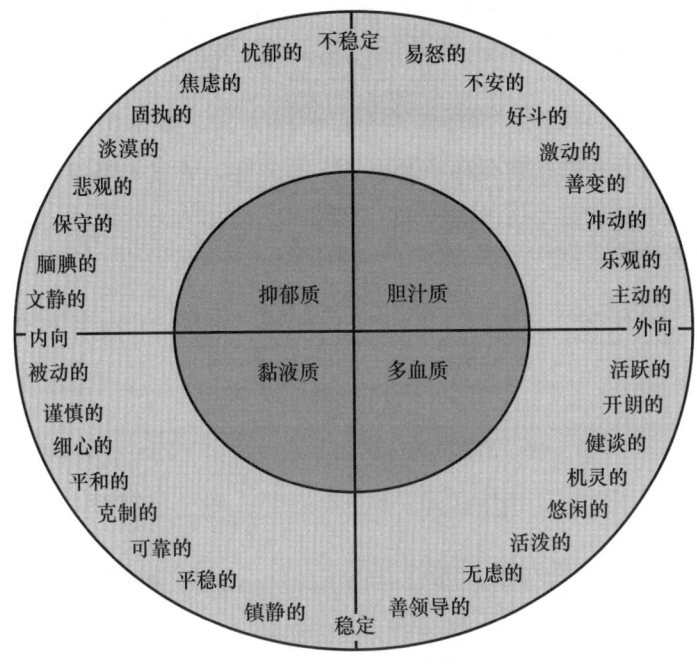

图7-1　两个人格维度与4种气质类型的关系

艾森克以3种人格维度为基础，于1975年编制了艾森克人格问卷（EPQ），这一测量人格的量表在国际上得到了广泛应用。

（4）"大五"等人格观。继卡特尔之后，心理学家继续用因素分析方法对人格特质进行研究，塔佩斯等人（Tups & Christal，1961）对卡特尔的特质变量进行了再分析，发现了5个相对稳定的因素。这一观点得到了不少学者的验证。这5个因素是：外倾性（extraversion）、神经质（neuroticism）、宜人性（agreeableness）、责任心（conscientiousness）和开放性（openness），如表7-8所示。这5个因素的头一个字母正好可以构成"OCEAN"一词，表示"人格的海洋"。这些因素之所以被称为"大五"，不是说它们多么重大，而是强调这5个因素中的每一个因素都极其广泛。麦克雷和可思塔（McCrae & Costa，1989）

编制了"大 5 人格因素的测定量表（修订）"（NEO-personality inventory-R，NEO-PI-R）。

表7-8 "大五"人格因素

因素	两极特征举例
外倾性	好交际—不好交际；喜欢玩笑—庄重；感情丰富—含蓄
神经质	焦虑—平静；不安全—安全感；不满自我—满意自我
宜人性	柔心肠—无情；信任—怀疑；乐于助人—不合作
责任心	良好秩序—秩序紊乱；细心—粗心；自我约束—意志脆弱
开放性	因袭传统—富于想象；寻求变化—墨守成规；自主—顺从

我国心理学家杨国枢、王登峰等人在中国人的人格特质方面开展了本土研究，提出了中国人人格结构存在 7 个因素：外向性、善良、情绪性、才干、人际关系、行事风格和处世态度（表 7-9），并编制了中国人人格量表。这是非常可贵的有原创意义的成果。

表7-9 中国人人格结构的七因素

因素	子因素	两极特征举例
外向性	活跃、合群、乐观	外向活跃—内向沉静
善良	利他、诚信、重感情	诚信仁慈—狡诈残酷
情绪性	耐性、爽直	温顺随和—暴躁倔强
才干	决断、坚忍、机敏	精明干练—愚钝懦弱
人际关系	宽和、热情	豪迈直爽—计较多疑
行事风格	严谨、自制、沉稳	勤俭恒毅—懒散放纵
处世态度	自信、淡泊	积极进取—安于现状

本讲小结

1. 什么是能力

能力是指直接影响活动效率、保证活动质量的认知性心理特征。要顺利完成某种活动特别是复杂活动，往往需要多种能力的有机结合，完成活动的各种能力的独特结合就是才能。作为一种心理特征，能力具有稳定性、认知性、结构性、开放性等特点。

2. 能力的基本事实

由于能力的复杂性，可以从不同的角度加以揭示：根据能力对活动的影响面，分为一般能力与特殊能力；根据能力的创新性程度，分为模仿能力与创造能力；根据对他人的影响程度，分为交往能力与领导能力。

3. 智力的发展与差异

智力发展的一般趋势是个体智力的发展不是等速的，一般是先快后慢，到了一定年龄则停止增长，随着人的衰老开始下降。

智力发展的差异表现在水平上，全人口的智力基本上呈常态分布：智力极高者与智力极低者都比较少，多数人属于智力中等。智力发展的差异表现在性别上，男女两性的智力在整体水平上无优劣之分，智商的平均数是相近的，但男性智商分布的离散性较女性大，偏高和偏低的都比女性多，女性智力中等的比例较大。另外，男女两性可能在智力上有不同的优势项目。

4. 一般能力（智力）的主要学说

(1) 斯皮尔曼的二因素说。认为智力由一般因素（G）和特殊因素（S）构成，G因素贯穿于所有的智力活动中，S因素只体现在某一特殊活动中。

(2) 瑟斯顿的群因素说。认为智力是由一群彼此无关的特殊因素构成的，这些因素的不同搭配，便构成每个个体独特的智力结构。7种重要因素：计算、词的流畅、言语的意义、记忆、推理、空间知觉、知觉速度。

(3) 阜南的层次结构说。认为智力的结构是按层次排列的。智力的最高层次是一般因素；第二层次分两大因素群，即言语和教育方面的因素群、操作和机械方面的因素群；第三层为小因素群，包括言语、数量、机械信息、空间信息、用手操作等；第四层为各种特殊因素。

(4) 卡特尔的智力形态说。根据因素分析结果，按功能上的差异，将人的智力分为流体智力和晶体智力两种不同的形态。流体智力是受人的生物学因素影响，人生来就能进行智力活动的能力，即学习和解决问题的智力。晶体智力是以后天习得的知识经验为基础的智力，主要指获得语言、数学等各方面知识的能力。

(5) 加德纳的多元智力说。认为智力是个体在特定的文化背景或社会中解决问题或创造新产品的能力。智力由7种相对独立的成分（言语智力、逻辑推理与数学能力、空间智力、音乐智力、身体运动智力、人际智力、内省智力）构成，这7种智力在不同人身上的组合方式是不同的。

(6) 斯腾伯格的成功智力说。认为成功是指个体能在现实生活中实现自己的目标，这种目标是个体通过努力能够最终达成的人生理想。成功智力也就是指用以达成人生目标的智力，它能使个体以目标为导向并采取相应的行动。成功智力包括分析性智力、创造性智力和实践性智力三个方面。

5. 什么是气质

气质就是通常所说的脾气，是一个人在心理活动的速度、强度、倾向性等方面表现出来的反应性心理特征。气质这种心理特征具有先天性、稳定性和反应性三个特点。气质对智力、性格、职业选择有重要影响。

6. 气质的基本事实

气质有四种典型的类型，即多血质、黏液质、胆汁质和抑郁质。

7. 气质的主要学说

（1）中国古代的阴阳学说；（2）希波克拉特的体液说；（3）克瑞奇米尔、谢尔顿的体型说；（4）古川竹二的血型说；（5）伯曼的激素说；（6）巴甫洛夫的高级神经活动类型说。

8. 什么是性格

性格是指一个人在待人接物方面表现出来的习惯化行为方式的态度性心理特征，具有后天性、价值性、可变性等三个特点。性格对身心健康、人际关系、幸福感等都有重要影响。

9. 性格的基本事实

可以从不同角度对性格进行分类：（1）根据在人际交往中的适应性将性格分为外向型与内向型；（2）根据认知方式的差异分为独立型性格与依存型性格；（3）根据社会兴趣的差异分为健康型性格与病态型性格。

10. 性格的主要学说

性格的学说很多，可分为类型论和特质论。

类型论。（1）刘邵在《人物志》中将人的性格分为十二种类型；（2）荣格在《心理类型》中首先根据心理能量的指向区分出内倾、外倾两种态度类型，其次根据心理功能的特点区分出思维、情感、感觉、直觉四种功能类型，最后将两种态度类型与四种功能类型组合成八种性格类型。

特质论。（1）美国心理学家奥尔波特是特质论的创始人，他认为性格是由许多特质组成的，首先把特质分为共同特质和个人特质两大类，其次将个人特质分为首要特质、主要特质和次要特质三种。（2）英裔美籍心理学家卡特尔认为特质可分为共同特质和个人特质、表面特质和根源特质，确定了16种根源特质，并据此编制了16种人格因素问卷。（3）德裔英籍心理学家艾森克提出人格有三个基本维度，即外倾性、神经质和精神质。（4）塔佩斯等人的"大五"人格观，五个因素是：外倾性、神经质、宜人性、责任心和开放性。（5）我国心理学家杨国枢、王登峰等人提出中国人人格结构存在七个因素：外向性、善良、情绪性、才干、人际关系、行事风格和处世态度。

思考问题

1. 什么是能力？能力的重要性何在？
2. 模仿能力与创造能力有何关系？
3. 试评价加德纳的多元智力理论。
4. 什么是气质？气质的重要性何在？
5. 试分析自己气质类型的优缺点。
6. 什么是性格？性格的重要性何在？
7. 试分析自己的性格类型与特质。

拓展读物

1. 郑雪. 人格心理学[M]. 2版. 广州：暨南大学出版社，2017.
2. 黄希庭. 心理学基础[M]. 上海：华东师范大学出版社，2008.
3. 王争艳，杨波. 人格心理学[M]. 北京：高等教育出版社，2011.
4. 卡弗，沙伊尔. 人格心理学[M]. 5版. 梁宁建，等译. 上海：上海人民出版社，2011.
5. 韩永昌. 心理学[M]. 5版. 上海：华东师范大学出版社，2009.

第八讲 心理发展——生物人如何变为社会人

> **本讲要目**
>
> 一、个体心理发展
> 二、心理发展的影响因素
> 三、心理发展与学校教育

一、个体心理发展

（一）个体身心发展

个体发展是指人类个体从受精卵开始到出生、到成长成熟、直至衰老死亡的生命全程中接受社会化影响的身心发展的过程。

1. 个体生理发展

（1）脑的发展。个体大脑从胚胎时期开始发育，出生时重达390克，9个月时有660克，2.5～3岁时达900～1011克，6、7岁时约1280克，已比较接近成人脑重（约1500克）。此后增长缓慢，9岁时约1350克，12岁时约1400克，到20岁左右停止增长（李丹，1987）。

脑电频率是脑发育过程的最重要参数，人脑电波有多种形式，其中α波是人脑活动的最基本的节律，是人脑与外界保持最佳平衡的节律，频率为8～13次/秒，α波在成人时呈现频率相当稳定。θ波的频率一般为4～7次/秒，正常成人在觉醒状态下很少出现。δ波的频率一般为0.5～3次/秒，意味着大脑皮层活动性降低，正常成人在觉醒状态下绝少出现。

依据我国学者刘世熠的研究，儿童脑电图的发展趋势是：新生儿的脑电图多为δ波；5个月时出现θ波；1~3岁时δ波减少、θ波增多，同时出现少量α波；4~7岁时θ波减少、α波增多；8~12岁θ波基本消失，α波占主导地位；13岁左右脑电波基本达到成人水平。

（2）身体的发展。个体身体发展的重要标志是身高和体重，从出生到成熟的整个发育时期，个体的身高和体重都在增长，一般女孩可长到18岁左右，男孩可长到20岁左右。在不同的生长周期中身高和体重增加的速率是不同的，有两个最快的发展期。第一次高峰在出生后的第一、二年，在第一年内身高增加20~25厘米，体重增加6~7千克；第二年身高增加10厘米，体重增加2.5~3.5千克。此后增长速度下降，身高每年增加4-5厘米，体重每年增加1.5~2.5千克。第二次高峰在青春发育期，身高每年至少增加6~7厘米，体重每年增加4~5千克。以后增长速度又开始减缓，直到发育成熟，骨骼钙化完成后，身高停止增长。

男女儿童在身高、体重上的发育速度不完全相同。根据我国学者叶恭绍等人的研究，9~10岁后，女孩的发育水平超过同年龄的男孩，说明女孩已经进入青春发育期的突增阶段，女孩比男孩较早开始发育；14~16岁后，男孩的发育水平又超过同年龄的女孩，说明男孩青春发育期的突增阶段已经开始，女孩比男孩较早结束发育。此后男女差距继续增加，致使20岁时男孩在身高、体重等方面都比女孩达到更高的水平。

（3）动作的发展。儿童动作发展遵循以下规律：①从上至下。儿童最早发展的动作是头部动作，其次是躯干动作，最后是脚的动作。具体说，儿童动作发展总是沿着抬头—翻身—坐—爬—站—行走的方向成熟的。②由近及远。发展从身体中部开始，越接近躯干的部分，动作发展越早，远离躯干的肢端动作发展较迟。以上肢动作为例，肩头和上臂首先成熟，其次是肘、腕、手，手指动作发展最晚。③由大到小。生理的发展从大肌肉延伸到小肌肉，因此儿童先学会大肌肉、大幅度的粗动作，以后才学会小肌肉的精细动作。

动作的掌握对个体心理发展有重要意义，与智力、个性发展有密切关系。一定数量的动作技能的掌握可以帮助儿童及早摆脱对成人过多的依赖，学会独立自由地活动，开阔眼界，增长知识。

男女儿童动作发展有一定的差异。男女儿童动作技巧发展上的差异在幼儿期已初现端倪。男孩在长肌动作协调方面，如抛球、上下楼梯等方面比女孩强，而女孩在短肌动作方面，如单足跳、跳跃、奔跑等方面比男孩略胜一筹。总体来说，青春期前男孩在动作技能方面的优势很微弱，青春期之后男孩的动作优势越来越明显。

2. 个体心理发展

（1）心理发展的年龄特征。年龄可以标志个体心理发展的水平，特别是儿童时期，儿童的心理总是随着年龄的增长而发展提高，个体心理发展存在年龄特征，不同年龄阶段的心理发展存在着差异。我国心理学家林崇德将个体心理发展划分为 9 个年龄阶段：胎儿期、新生儿期、婴儿期、幼儿期、童年期、少年期、青年期、中年期和老年期（林崇德，2002）。

（2）心理发展的关键期。在个体心理发展过程中，关键期有着重要的意义。奥地利动物行为学家劳伦兹（K. Z. Lorenz）在研究小鸭、小鹅的习性时发现，它们通常对出壳后第一眼看到的活动对象产生追随反应，把它当作自己的"母亲"，这种现象叫"印刻"。印刻现象有三个特点：印刻现象的形成有一个临界期，孵化后 24 小时之内才能形成，超过这个期限就不能形成；印刻现象的效果是持久的，一经形成就不再改变，即有一种不可逆性；印刻现象的形成不需要食物等的强化，一次就可形成。后来，斯科特（J. P. Scott）把临界期这一概念扩展到一般学习上，认为临界期有三种：早期刺激作用的最适宜的时期；最适宜学习的时期；基本的社会关系形成的最适宜的时期。斯科特把临界期扩展为学习的敏感期、关键期是很有意义的（章志光，1992）。

我国心理学家莫雷提出关键期具有潜能闪现、机能敏感和机能特效三个特征。潜能闪现是指如果得不到及时的适宜刺激，错过关键期即永久地消失而无法恢复到正常水平，印度"狼孩"就是这方面的典型事例；机能敏感是指在关键期获得易、效果好，如若错过则获得需要多得多的努力；机能特效是指有的心理机能若在关键期获得，对个体以后的发展有特别重要的意义，若推后形成则对其整个发展有消极影响。表 8-1 所列是个体心理发展的一些关键期。

表 8-1　个体心理发展的关键期列举

关键期	心理发展的内容
1～3 岁	口头言语学习
4～5 岁	书面言语学习
0～4 岁	形象视觉发展
5 岁左右	掌握数概念
10 岁以前	外语学习
5 岁以前	音乐学习

资料来源：全国十二所重点师范大学．心理学基础．北京：教育科学出版社，2002.

（3）心理发展的阶段。就个体思维发展而言，瑞士心理学家皮亚杰认为，个体从出生到成熟思维的发展经历了感觉运算阶段（0～2 岁）、前运算阶段（2～7 岁）、具体运算阶段（7～12 岁）和形式运算阶段（12～15 岁）共四个阶段。

就个体人格发展而言，美国精神分析学家埃里克森（1902—1994）认为，个体在发展中逐渐形成人格，在人格的发展过程中要经历顺序不变又相互联系的八个阶段。每个阶段都有一个普遍的发展任务，这些任务是由机体成熟与自我成长、社会关系不断产生的冲突所规定的。如果个体解决了冲突，完成了该阶段所要求的任务，就能形成积极的人格品质，否则就会形成消极品质。见表8-2。

表8-2 埃里克森人格发展的八个阶段

阶段	年龄	人格冲突
婴儿期	0～1岁	基本信任—基本不信任
儿童早期	>1～3岁	自主—羞怯、疑虑
学前期	>3～6岁	主动—内疚
学龄期	>6～12岁	勤奋—自卑
青春期	>12～20岁	同一性—角色混乱
成年早期	>20～25岁	亲密—孤独
成年中期	>25～65岁	繁殖—停滞
成年晚期	>65岁～死亡	自我整合—失望

注：据郑雪的《人格心理学》编制，第115～119页，广州：广东高等教育出版社，2004。

（二）个体心理发展的基本特点

1. 毕生发展与阶段发展

（1）毕生发展。毕生发展是指个体心理有一个从出生到死亡生命全过程中的连续发展变化问题。总体来说，青年期之前，个体心理是积极向上发展的，青年期之后则出现不同程度的衰退。

（2）阶段发展。阶段发展是指在个体心理发展的不同年龄阶段有着不同的特点与水平。比如，具体形象思维是幼儿期的典型特点，从形象思维向抽象思维过渡是少年期的突出特点。

2. 迅速发展与缓慢发展

（1）迅速发展。个体从出生到成熟再到衰亡不是按照相等的速度发展变化的，迅速发展就是指个体在某些年龄阶段出现加速发展、急剧变化的情况。比如，幼儿期、青春期是迅速发展的时期。

（2）缓慢发展。上面已述，个体从出生到成熟再到衰亡不是按照相等的速度发展变化的，缓慢发展就是指个体在某些年龄阶段出现平稳发展、较少变化的情况。比如，童年期、中年期是缓慢发展的时期。

3. 共同发展与差异发展

（1）共同发展。共同发展指个体心理发展在正常情况下具有共同的先后顺序，同一年龄阶段的个体心理水平是比较接近的。比如，个体思维发展的顺序是从动作思维到形象思维再到抽象思维。

（2）差异发展。差异发展指个体发展虽然都要经历一些共同的基本阶段，但在发展速度、水平以及优势领域往往存在差异。比如，有早慧，有晚成；有天才，也有能力低下的人；有人爱动，也有人好静。

二、心理发展的影响因素

影响个体心理发展的因素很多、很复杂，这里仅做简要分析。

（一）先天因素

1. 遗传素质

遗传是指父母双方的生理形态、结构和功能的各种特征，通过遗传基因载体传递给下一代的生物现象。个体通过遗传获得父母的一些生物特征，如机体的构造、形态、感官和神经系统的特征等。这些生物特征就是遗传素质。

个体发展的道路是从卵子（卵细胞）和精子（精细胞）的结合产生合子（受精卵）开始的，合子的细胞借助细胞分裂迅速繁殖并发育成胎儿。在细胞分裂时，细胞核中的染色质表现为形状清晰的染色体。人体细胞含有染色体数是23对46条，在23对染色体中，其中22对为常染色体，1对为决定性别的性染色体。女性的一对性染色体是相同的，叫X染色体，而男性的性染色体则包括一个X和一个Y染色体。染色体主要由脱氧核糖核酸（DNA）和蛋白质这两类化学物质组成，从分子水平研究来看，DNA是遗传物质，染色体是遗传物质的载体。染色体上的一个个有遗传功能的节段被称为基因，基因是具有特定遗传功能的最小单位，是储存特定遗传信息的功能单位，它是脱氧核糖核酸（DNA）的一个节段。人体活动离不开蛋白质，每个基因上的DNA带有形成一定类型的蛋白质的指令，这些指令指导细胞质中的氨基酸合成蛋白质。

DNA在生成方式上的特点是自我复制，由于DNA分子具有自我复制的功能，祖辈便能把他们的DNA复制一份传给后代，保持种的延续。而蛋白质的合成不是通过复制方式，而是一系列翻译的过程。第一步是转录——DNA将遗传信息传递到RNA（核糖核酸）的过程；第二步是翻译——将RNA转录来的遗传信息指导合成蛋白质的过程。在整个合成过程中，DNA是蛋白质合成的模板，遗传密码决定了蛋白质的结构，而一定结构的蛋白质的新陈代谢则决定人的某一结构和性状。父母的生物特征就这样传给了子女。

遗传素质是个体心理发展必要的生物前提与自然条件，良好的遗传素质无疑是心理正常发展的物质基础。研究发现，遗传在心理发展上的作用主要表现在两个方面：一是通过素质影响智力的发展；二是通过气质类型影响儿童性格的发展。

血缘关系研究是从人们血缘亲疏远近的关系上去研究某特征或行为的一致性程度，一定程度上说明了遗传对智力的影响。一个关于不同血缘关系亲属间 IQ 相关的综合资料（Jenson，1969）表明人们的血亲关系越密切，则 IQ 分数越接近（表 8-3）。这些相关系数的大小与血统的亲疏成正比，可见智力存在着遗传因子的效应。

表 8-3　血缘关系与智商的相关

血缘关系		与 IQ 相关（r 中数）
无血亲关系	无关系儿童：分养	−0.01
	合养	0.23
	养父母与养子女	0.20
旁系血亲	堂、表兄弟姊妹	0.16
	堂、表叔侄、舅甥	0.26
	姨侄、舅甥	0.34
	同胞：分养	0.47
	合养	0.55
	异卵双生子：不同性别	0.49
	同性别	0.56
	同卵双生子：分养	0.75
	合养	0.87
直系血亲	祖父母与孙子女	0.27
	父母与子女	0.50
	父母（儿时）与子女	0.56

资料来源：李丹. 儿童发展心理学. 上海：华东师范大学出版社，1987：55。

在人格特质的研究上发现同卵双生子比异卵双生子在某些人格特质上更为相似，说明在某些人格特质上也存在遗传因子的效应。比如，瑞典一项研究考察了 12000 多对一起抚养成长成年的双生子的外向人格特质（社会性与冲动性）、神经质人格特质（情绪不稳定性），结果同卵双生子、异卵双生子的相关系数分别为 0.5、0.2，从而确认了遗传因素对人格特质发展的影响；又如，明尼苏达大学的研究人员对 44 对同卵双生子进行了研究，结果表明，分开抚养的同卵双生子在许多人格特征上的平均相关系数为 0.49，一起抚养的同卵双生子的平均相关系数为 0.52；而分开抚养与一起抚养的异卵双生子对应的平均相关系数分别为 0.21、0.23。总之，同卵双生子在多项人格特质上的相似性高于异卵双生子。可见，人格特质也存在着遗传因子的效应（黄希庭. 心理学. 上海：上海教育出版社，1997：60）。

个体的发展包括生理和心理两个方面，遗传在生理发展中的作用是比较明显的，是生理发展的决定性因素，遗传决定了个体的性别、身高、体型、肤色、血型等。遗传的作用在心理方面虽然不如生理方面那样明显，但是对个体的智力、性格特征等方面都有较大的影响。

2. 胎儿环境［以下内容主要根据李丹主编的《儿童发展心理学》(1987) 编写］

遗传基因对个体先天素质起着重要作用，但是个体的先天素质不是单纯由遗传基因决定的，个体的先天素质是遗传基因和胎儿发育过程的环境因素之间复杂的相互作用的结果。

从受精卵到胎儿降生经历三个阶段，依次是胚种期、胚胎期（怀孕后的第二周到第八周）和胎儿期（怀孕后的第三个月到出生）。其中，妊娠的头三个月是关键性的，四分之三的流产发生在这一阶段，环境中的致畸因子在胚胎期和胎儿期的初期作用最大。下面仅对影响胎儿发育的重要环境因素做概要介绍。

（1）孕妇的营养。胎儿的营养供应是通过脐带和胎盘的半渗透薄膜从母亲的血液系统中汲取的，孕妇的营养对母体和胎儿都至关重要。营养与大脑发育有很大关系，在怀孕五个月以后，胎儿的大脑开始形成，在出生前脑细胞的数量是直线增长的。出生后六个月内增长就比较慢一些，从那以后，脑细胞的数量就不再增多，而只增加重量。一般孕妇在妊娠早期因为呕吐反应易缺乏营养，有人害怕发胖或担心胎儿过大增加生产的困难而不敢多吃食品是不妥的。讲究孕妇营养，主要是补充足够的蛋白质、维生素和矿物质。补充蛋白质，应挑选含量高、容易被吸收的食品，如牛奶、鸡蛋、豆制品、豆浆、鱼、鸡及牛羊肉等。维生素主要存在于新鲜蔬菜及水果中。为了胎儿的正常发育，还要摄入充足的矿物质，如钙、铁、锌、碘等，这些矿物质在动物的骨骼、内脏、海产品及绿色蔬菜中含量较高。有研究认为，孕妇的饮食一般可不加控制。

（2）孕妇的疾病。在怀孕后的头三个月，母亲害病对胎儿发育影响最大，某些病毒和微生物对胚胎具有致畸作用，病毒能容易地经过胎盘而直接影响胚胎。病毒感染中风疹病毒对胎儿的危害最大，如果患者是怀孕未满四个月的孕妇，这种疾病对胎儿就有非常严重的影响。受到感染的婴儿有先天缺陷的可能性是三比一，有可能造成中枢神经系统损坏、心脏缺陷和发育迟缓。此外，孕妇得了流感很可能使婴儿唇裂。

（3）药物。药物的作用方式有两类，一是本身无变化地通过胎盘，对胎儿产生和母亲同样的效果，二是改变母亲的生理，从而改变子宫内的环境。已经知道某些药物是有害的，如抗菌类中的链霉素和四环素，在妊娠期服用四环素会引起婴儿骨骼发育迟缓。过量服用维生素 A、K、C、D、B_6 会给胎儿身体生长带来有害结果。需要说明的是，并非一概反对孕妇服药。有些孕妇有病不服药，结果贫血得不到纠正，高血压得不到控制，这对胎儿也会产生不良影响。一般妊娠七个月后,胎儿发育已较为完善,对药物(链霉素、四环素及各种放射性同位素等除外)已几乎不受影响。而孕妇此时最容易得病,为保证安全,一定要配合医生进行治疗。

(4)辐射。辐射会引起基因突变、染色体被破坏。怀孕早期的母亲,尤其是在怀孕后六周之内,X射线的辐射对胎儿影响最大,因为这时正是主要器官发育的关键期。如果孕妇受了X照射,就会产生小头畸形、智力缺陷、腭裂、失明、唐氏综合征、生殖器畸形等。

(5)孕妇的情绪。尼尔森(Nilson,1977)研究了遗腹子的情况,发现这些人中精神失常者为数甚多,大多数患有精神抑郁症,也有不少患有精神分裂症。可见,怀孕期遭遇丈夫亡故,孕妇会长期产生极度悲伤情绪,这种情绪状态使得她们体内产生大量的儿茶酚胺激素,胎儿也就长期受这种激素的作用而导致精神症状。孕妇的情绪影响胎儿发育主要通过两种途径,一是代谢作用的影响,二是通过血液中的化学物质沟通。

总之,先天素质的优劣将影响儿童心理发展的速度、水平和特点,先天素质的差异为心理发展的个别差异提供了最初的可能性。据有的研究表明,智力低下儿童50%以上是先天因素造成的。因此,保证胎儿有正常发育的条件和环境是非常重要的,在怀孕期间必须保护母亲的健康。

(二)后天因素

遗传的作用是个体在成长过程中借助于环境因素而实现的,环境的作用在个体胎儿诞生之初就开始了,这种影响在个体出生后更加明显。这里仅就社会环境中的文化因素和教育因素对个体发展的影响做些概述。

1. 文化因素

文化是一种复杂的社会现象,也是长期争论的一个概念。我国学者司马云杰认为文化是人类创造的不同形态的特质所构成的复合体,并对文化现象做了分类(司马云杰.文化社会学.济南:山东人民出版社,1987:16),见表8-4。

文化是心理内容的主要源泉,在个体心理发展过程中,智能文化、规范文化和精神文化起着主要作用。通过学习文化,个体发展了各种心理品质,形成了各种心理特性。

值得指出的是,大众传播媒体作为文化的活跃因素对个体心理发展的影响是巨大的。书籍、报纸、杂志、电视、网络、电影、广播、光碟等大众传播媒体作为不同形式的文化载体给个体提供多样化的心理营养,这些心理营养有的有益于个体发展,有的则产生危害。

表 8-4 文化现象分类

文化形态		文化范畴
第一类文化	智能文化	科学、技术、知识等
	物质文化	房屋、器皿、机械等
第二类文化	规范文化	社会组织、制度、政治和法律形式、伦理、道德、风俗、习惯、语言、教育等
	精神文化	宗教、信仰、审美意识、文学、艺术等

2. 教育因素

教育属于文化的范畴，但有其独特性。教育有广义与狭义之分，广义的教育是指以教与学为活动形式，有意识地促进人身心发展的活动；狭义的教育主要指学校教育，是教育者有目的、有计划、有组织地对受教育者施加影响，促进其身心发展的活动。总之，教育是有意识培养人的社会活动（郑金洲．教育通论．上海：华东师范大学出版社，2000：8-9）。

在个体心理发展中，教育有着极其重要作用——可以起主导作用，也就是说教育有条件地起着主导作用，这个条件就是教对学的顺应与引导。教只有促进了学，其主导作用才可能实现。也正因为体现着明显意图，教育就在相当程度上影响着个体心理发展的方向、特色与质量。学校通过课程、教材、教学、教师的人格、学生自身的各种团体以及学校组织的各种活动对学生的发展产生影响。

总之，在个体心理发展上，先天因素给后天因素奠定了基础，后天因素既要顺应先天因素，也要拓展先天因素，先天因素与后天因素交互地发挥着作用。对正常个体而言，不存在先天因素或后天因素哪一个是决定因素的问题，遗传决定论、环境决定论都是片面的，都是思考问题的简单逻辑。

三、心理发展与学校教育

（一）学生的心理发展

1. 童年期学生的心理发展

童年期从 6、7 岁到 11、12 岁，是个体进入小学阶段学习的时期，开始系统地接受正规的学校教育。进入小学以后，学习活动逐渐取代游戏活动而成为儿童主要的活动形式，对儿童心理的发展产生重大影响。

（1）思维的发展。我国心理学家朱智贤认为，小学儿童思维发展的基本特点是从以具体形象思维为主要形式逐步过渡到以抽象逻辑思维为主要形式。但这种抽象逻辑思维在很大程度上仍然是直接与感性经验相联系，仍然具有很大成分的具体形象。皮亚杰认为 7～12 岁儿童的思维属于具体运算阶段，也是同样的意思。

在整个小学时期，儿童的思维逐步过渡到以抽象逻辑思维为主要形式，但仍带有很大的具体性。儿童的思维由具体形象思维向抽象逻辑思维的过渡要经历很长过程，总体来看，低年级儿童形象思维成分较多，高年级儿童抽象思维成分较多。

小学儿童的思维由具体形象思维向抽象逻辑思维的过渡，存在着一个明显的"关键期"。这个关键期在什么时候出现，我国心理学工作者进行了不少研究。一般认为，这个关键期在四年级（10～11 岁）。如果教育条件适当，这个关键期可以提前到三年级，否则也可能推迟。

在整个小学时期，儿童的思维由具体形象思维向抽象逻辑思维的过渡存在着不平衡性。不平衡性既表现为个体发展的差异，也表现为思维对象（不同学科等）的差异。比如，有的学生在数学学习中已经达到了较高的概括水平，但在语文学习中却表现出较低的概括水平。

林崇德教授认为，概括性是思维最显著的特性，概括是抽象思维的本质。总体来说，在概括能力的发展上，小学儿童逐渐从对事物外部的感性特点的概括，越来越多地转为对本质属性的概括。具体来说，在整个小学时期，儿童概括的水平大体上经历以下三个阶段：①直观形象水平。低年级儿童的概括还和幼儿的概括差不多，主要属于直观形象的概括水平。他们所能概括的特征或属性，常常是事物的直观的、形象的、外部的特征或属性。②形象抽象水平。中年级儿童的概括主要属于形象抽象的概括水平，处于从形象水平向抽象水平的过渡状态。在他们的概括中，直观的、外部的特征或属性的成分逐渐减少，形象的、本质的特征或属性的成分逐渐增多。③初步本质抽象水平。高年级儿童的概括开始以本质抽象概括为主，由于知识经验的积累和智力活动的锻炼，他们已能对事物的本质特征或属性以及事物的内部联系进行抽象概括。当然，他们的概括也只是初步地接近科学的概括，对于那些与他们的生活领域相距太远的高度抽象概括活动，还是非常困难的。

（2）自我意识的发展。自我意识的成熟往往标志着个性的基本形成。小学儿童自我意识的发展不是等速的，既有上升的时期，也有平稳发展的时期。一年级到三年级、五年级到六年级是两个上升时期，三年级到五年级是平稳发展的时期。

自我评价能力是自我意识的主要成分，是自我意识发展的主要标志。小学儿童自我评价发展的特点有：从顺从别人的评价发展到有一定独立见解的评价，自我评价的独立性随年级而提高；从比较笼统的评价发展到对个别方面或多方面行为的优缺点进行评价；从对具体行为的评价到开始出现对内心品质的评价，处于从具体性向抽象性、从外显行为向内心世界的发展之中；自我评价的稳定性逐渐增强。

2. 少年期学生的心理发展

少年期又称青春期，从11、12岁到14、15岁，是个体进入初中阶段学习的时期。这个阶段是个体生长发育的第二个高峰期，身体外形的改变、内脏机能的成熟和性成熟是这一时期生理发育的三大巨变，这些对心理发展产生了极大影响。

少年学生心理发展的突出特点是矛盾性。

（1）成人感与幼稚感的矛盾。身体的成熟使少年有了成人感。少年迅速长高，骨骼、体型都接近成人，性的成熟使他们觉得已经不同于过去。他们在对人、对事的态度以及情感表达和外部行为上都有了明显的变化，希望老师、家长能给予成人式的信任与尊重。但是，他们在认知能力、思维方式、人格特点等方面是不够成熟而幼稚的。思维尽管以抽象逻辑思维为主要形式，但水平较低，处于从经验型向理论型的过渡；辩证思维刚萌芽，思维方法带有很大的片面性；人格特点上，缺乏深刻、稳定的情绪体验，缺乏承受压力、挫折的毅力。

（2）独立性与依赖性的矛盾。由于强烈的成人感，必然产生强烈的独立意识，他们对一切都不太愿意顺从，不愿听取父母、老师以及其他成人的意见，常常处于与成人相抵触的情绪状态中。但是，他们内心并没有完全摆脱对父母的依赖，只是依赖的方式有所变化。童年时，对父母的依赖更多的是在生活和情感上，现在则表现为希望从父母那里得到心理上的理解、支持及保护。

（3）闭锁性与开放性的矛盾。进入青春期的学生，渐渐地将自己的内心封闭起来，他们的心理生活丰富了，但表露于外的东西却少了。与此同时，他们感到孤独与寂寞，希望有人来关心、理解，不断地寻找朋友，表现出明显的开放性。

由于心理发展的矛盾性，少年学生存在一个特别的心理危机——反抗。反抗心理产生的原因主要有三：自我意识高涨、中枢神经系统的兴奋性过强和独立意识。容易引起少年学生出现反抗行为的情景是：独立意识受阻、自主性遭忽略、个性伸展受阻、被迫接受某种观点。初中学生的反抗心理，在很大程度上是为了否认自己是儿童、确认自己已是成熟个体的表现。

3. 青年初期学生的心理发展

青年初期，从14、15岁到17、18岁，是个体进入高中阶段学习的时期。高中学生在生理发育上已经成熟，在智力发展上也接近成人水平，在个性上表现出更加丰富和稳定的特征。

（1）思维的发展。总体来说，初中学生的抽象逻辑思维属于经验型，高中学生的抽象逻辑思维属于理论型。高中学生抽象逻辑思维发展有以下三个特点：

抽象逻辑思维进入成熟期。从初中二年级开始，抽象逻辑思维开始由经验型水平向理论型水平转化，到高中二年级，这种转化初步完成，这意味着抽象逻辑思维趋向成熟。

具有充分的假设性、预见性和内省性。即在思维中运用假设的能力不断增强，在解决问题前形成打算、计划、方案等的能力不断增强，能够意识到自己思维活动的过程并在一定程度上加以控制。

形式逻辑思维处于优势，辨证逻辑思维迅速发展。作为抽象逻辑思维的两个不同的发展阶段，高中学生的形式逻辑思维已获得相当完善的发展，在思维中占据主导地位；辨证逻辑思维也获得迅速发展，主要表现为思维过程中的抽象与具体获得了一定程度的统一。

（2）自我意识的发展。我国心理学者祝蓓里将高中学生自我意识的特点概括为以下六点：

自我意识中独立意向的发展。高中生已能完全意识到自己是一个独立的个体，要求独立的愿望日趋强烈。但这种独立性要求大多建立在与成人和睦相处的基础上，与初中时期的反抗性有所不同。

自我意识的分化。不仅发展了主体我与客体我的分化，而且出现了理想自我与现实自我的分化。正是这些分化，形成了他们行为上的主体性，产生了按照自己的想法去判断和控制自己言行的要求，同时也出现了自我的矛盾。

强烈地关心自己的个性成长。十分关心自己个性特点中的优缺点，在对人对己评价时，也将个性是否完善放在首位。

自我评价的成熟。自我评价在一定程度上达到了主客观的辨证统一。

有较强的自尊心。

道德意识的高度发展。

（3）价值观的确立。高中生价值观的确立与其自我意识的高度发展相联系。有关研究表明，小学生尚未形成价值观，初中生的价值观开始萌芽，高中生的价值观已经初步形成并表现出许多特点。诸如：第一，对理论问题产生了越来越浓厚的兴趣，喜欢把各种具体事实综合成若干系统的总原则，开始热衷于哲学探讨；第二，人生意义成为他们价值观的核心问题，逐渐学会将个人的生活目标与社会发展的总体方向相联系，还要分析社会对自身的意义；第三，有着明显的个性色彩，具有不同价值观的高中生对事物的兴趣点、意志品质及归因方式均不一样；第四，缺乏稳定性，还容易由于外界环境的变化而改变对社会及人生的看法，改变自己的价值取向，有着向不同方向发展的可能。

（二）心理发展的任务与教育

不同时期的个体，他们的发展任务是不同的。教育要顺应并促进发展，适当地走在发展的前面。

1. 婴儿期心理发展的任务与教育

首先，训练身体动作技能。提供必要的运动场所，组织专门的体育活动和游戏，以加强肌肉的练习，促进爬、走、跑等基本动作，训练他们手的动作技能，学会一些最基本的自我服务的机能。

其次，发展口头言语能力。3岁前是儿童口语发展的关键期，但在婴儿出生后就要不断给予语言刺激，可多听音乐与诗歌朗诵。1岁后要多与他们交谈，鼓励他们说话。会话中，成人的说话一定要准确，合乎规范化；不要嘲笑或模仿婴儿不正确的发音。

再次，培养婴儿良好的生活习惯。按时睡觉、起床、吃饭，不挑食、不偏食。良好的生活习惯是婴儿保持愉快情绪状态的重要保证，而愉快的情绪则是整个身心健康发展的重要保证。

最后，鼓励和培养婴儿的独立性。创造条件让他们自由地去探索周围世界，满足他们独立从事活动的愿望，不应过多干预，更不能替代。同时，对于不合理的要求，一次也不迁就，否则容易养成任性的缺点。

2. 幼儿期心理发展的任务与教育

幼儿期是儿童个性形成的关键期，主要的任务是培养幼儿良好的个性品质。

首先，培养幼儿的乐群性、主动性等特质。开展丰富多样的游戏活动和形象化的教育，培养幼儿主动与同伴友好合作、谦让、为他人着想等优良品质，并通过这类活动使幼儿学会控制自己的情绪和欲望。家长和教师要特别关心那些动作笨拙、胆怯、不合群的幼儿，通过个别指导尽快使这些孩子受到同伴的欢迎。

其次，启迪和满足幼儿的求知欲。为幼儿提供丰富而适宜的智力玩具，引导幼儿共同合作开展游戏，耐心热情地回答幼儿提出的各种问题，并结合幼儿的生活实际向他们提出一些智力问题，培养从小爱观察、勤思考的习惯。

再次，培养幼儿的言语表达能力。通过听故事、讲故事以及各种文化课，丰富词汇量，发展连贯性言语，完善句子结构，还可以适当地学习一些书面言语。

此外，也可以创设条件让幼儿学习使用常用的方言母语。

3. 童年期心理发展的任务与教育

第一，保证学生的身心健康。小学生多好动、喜爱力量竞赛和冒险性游戏，容易疲劳和出意外，要经常进行细致的安全教育。课表安排要合理，确保课间十分钟的休息时间。小学高年级是近视的高发期，要特别注意学生的用眼卫生。少数女生身体发育早，到高年级进入了青春发育期，教师要特别关心由此引起的生理上和心理上的系列变化，及时给予科学指导，减轻其焦虑和压力感。

第二，培养勤奋学习的好习惯。做到不迟到、不早退，上课专心听讲，大胆举手发言，当天功课当天认真、独立完成。

第三，培养良好的言语能力。主要是培养迅速地默读、有真情实感兼具生动表情地朗读课文的能力，以及初步的写作兴趣与能力。

第四，促进具体形象思维向抽象思维的过渡。可以通过提供充分的感性材料、让学生学会思维的方法、创设问题情境以启发学生思维等措施发展他们的思维能力。

第五，培养良好的个性品质和道德行为习惯。小学生良好的个性品质和行为习惯主要靠日常的训练，要树立可供学生模仿学习的榜样，防止教师偏爱学习成绩突出或顺从听话的学生、鄙视成绩差或不守纪律的学生。小学生的个性塑造与各种学习任务完成得好坏直接相关，而帮助学生取得良好的学业成绩是积极个性特质的有效策略。

4. 少年期心理发展的任务与教育

第一，提供充分的营养以保证少年急剧生长的身体需要。保护少年的视力，注意坐立的姿势，尤其要注意那些突然长高的少年弯腰曲背的不良姿势。

第二，注意生理发育对心理活动的冲击。重视青春期卫生，适时开展性教育。

第三，继续发展抽象逻辑思维。努力让多数学生的抽象思维从经验型向理论型过渡，减少对感性经验作为支撑的依赖，同时注意克服思维的片面性和主观性，助力萌生辩证思维。

第四，逐步完善自我意识。利用少年自我意识迅速发展的有利条件，引导学生自我教育，进而完善他们的自我意识。尊重他们的自主性、独立性，充分调动少年学习、劳作的积极性和创造性，教育他们学会控制自己的情绪、善于尊重别人。

5. 青年初期心理发展的任务与教育

首先，进一步发展青年思维的优良品质。特别注意培养思维的逻辑性、概括性、独立性和批判性，尽快从经验型的抽象概括上升到理论型的抽象概括。优化自学能力，扩大阅读面，初步具备编写读书提纲、独立地收集资料并从中得出本质的结论之能力。

其次，不断增强学生的社会责任感。通过理想、信念、价值观教育，不断增强学生服务社会意识，更加自觉地把学习、劳作和祖国富强、民族复兴、人民幸福紧密联系起来。不断引导学生按培养目标评定自己的个性，在自我实现与服务社会上进行和合，并据此获得人生的意义。

最后，帮助青年进一步发展自我同一性。预防同一性角色混乱，形成科学、恰当的性意识、性别角色观念，健全与异性交往的意识及能力，善待爱情。

本讲小结

1. 什么是个体发展

个体发展是指人类个体从受精卵开始到出生、到成长成熟、直至衰老死亡的生命全程中接受社会化影响的身心发展的过程。其包括生理发展和心理发展两个方面。个体生理发展主要通过脑的发展、身体的发展以及动作的发展体现出来。个体心理发展存在年龄特征、关键期和不同的发展阶段，有毕生发展与阶段发展、迅速发展与缓慢发展、共同发展与差异发展等特点。

2. 个体心理发展的关键期

个体心理发展的关键期具有潜能闪现、机能敏感和机能特效三个特征。

3. 个体心理的发展阶段

瑞士心理学家皮亚杰认为，个体思维的发展从出生到成熟思维的发展经历了感觉运算阶段（0~2岁）、前运算阶段（>2~7岁）、具体运算阶段（>7~12岁）和形式运算阶段（>12~15岁）共四个阶段。美国精神分析学家埃里克森认为，个体人格的发展要经历顺序不变又相互联系的八个阶段。

4. 遗传素质及其作用

遗传素质是个体心理发展必要的生物前提与自然条件，良好的遗传素质是心理正常发展的物质基础。遗传在个体心理发展上的作用主要表现在两个方面：一是通过素质影响智力的发展；二是通过气质类型影响儿童性格的发展。

5. 影响胎儿发育的环境因素

胎儿环境是影响个体心理发展的重要因素，影响胎儿发育的环境因素主要有：孕妇的营养、孕妇的疾病、孕妇的情绪、药物、辐射等。

6. 文化因素的心理意义

文化是心理内容的主要源泉，通过学习文化，个体发展了各种心理品质，形成了各种心理特性。学习文化主要通过教育，特别是学校教育来完成，学校教育应该发挥在个体心理发展上的主导作用。学校通过课程、教材、教学、教师的人格、各种团体以及学校组织的各种活动对学生的发展产生影响。

7. 个体不同阶段的心理发展

个体心理发展具有阶段性。婴儿期是儿童生理发育最迅速的时期，也是个体心理发展最迅速的时期；幼儿期的主导活动是游戏，游戏是促进幼儿心理发展的最好形式；童年期开始系统地接受正规的学校教育，学习活动成为儿童主要的活动形式，对儿童的心理发展产生重大影响；少年期是个体生长发育的第二个高峰期，其心理发展的突出特点是矛盾性，由此少年期存在一个特别的心理危机——反抗心理（逆反心理）；青年初期个体的生理发育已经成熟，在智力发展上也接近成人水平，在个性上表现出更加丰富和稳定的许多特征。

8. 心理发展的任务与教育

不同时期的个体，其心理发展任务是不同的，教育要顺应并促进发展，适当地走在发展的前面。

专业术语

个体发展、遗传素质、关键期、自我同一性、文化、教育

思考问题

1. 如何正确看待个体心理发展的关键期？
2. 如何辩证看待遗传、环境和教育在个体心理发展上的作用？
3. 少年学生的心理发展有何特点？如何正确对待这个特点？
4. 青年初期学生的自我意识发展有何特点？

拓展读物

1. 李丹．儿童发展心理学［M］．上海：华东师范大学出版社，1987．
2. 章志光．心理学［M］．2 版．北京：人民教育出版社，1992．
3. 林崇德．发展心理学［M］．3 版．北京：人民教育出版社，2018．
4. 程跃．潜能发展心理学及潜能教育：理论思考及实验实践研究［M］．北京：北京师范大学出版社，2010．

第九讲 网络心理——交往的新形态

本讲要目

一、网络成瘾的心理问题
二、网络成瘾的机制问题
三、网络成瘾的防治问题

人类进入了互联网时代，互联网是一项伟大的发明，它打破了信息的垄断以及文化的封锁，也极大地开拓了交往空间，甚至逆转了交往的生态，因为这是一个开放的平台——内含着多元文化。心理学研究表明，人们接受外来信息的90%是通过视听觉获得的，互联网具有声色俱全、图文并茂的特点，极富吸引力和感染性。从交往心理的意义上说，互联网所提供的资源必然产生积极或消极的影响，互联网技术是中性的，关键是看使用者的驱动力和辨析力等内在心理因素。

由于互联网的开放性与全球性，西方文化的渗透加剧。如今的国际互联网上，英语的内容约占90%，法语的内容占5%，世界上其他的不同语系只占5%。据对互联网上输入、输出信息量的统计，来自中国的信息只占1%，而美国的这两项指标都在85%以上。这就意味着西方发达国家垄断着网上的信息资源，严重冲击发展中国家的思想文化、价值心理阵地。

作为刺激，互联网包含大量的各种各样的文化信息。有刺激就有心理反应，而且可能表现出一定行为。优质刺激大多激发积极反应，劣质刺激则容易诱发消极反应。实际上，任何个体都会根据自己的心理需要、价值取向找寻新刺激，进而表露新行为。这是互联网的心理效应的总体倾向。这个大态势对交往的影响是巨大的。

一、网络成瘾的心理问题

网络成瘾是目前非常普遍的问题。研究发现:"网络成瘾症"者的年龄介于 15~45 岁之间,未成年人远远高于成年人,他们对网络操作出现失控,而且随着乐趣的增强,欲罢不能。"网络成瘾症"可造成人体植物神经紊乱,体内激素水平降低,引发紧张性头疼、焦虑、抑郁等,严重者可导致死亡。一些"网络成瘾症"者,身回现实,心滞网境,虚实转换困难,将幻象与实像颠倒,出现体验倒错,严重的甚至拒绝承认现实的真实性,迷醉于"真实的幻觉",极易导致心理疾病和情感异化。

(一)成瘾与网络成瘾

了解成瘾的类型,有助于更好理解网络成瘾。导致成瘾产生的特异性因素称为致瘾原,根据致瘾原的不同,成瘾可分为物质成瘾和行为成瘾。物质成瘾是由酒精、尼古丁、致幻剂、各类毒品等精神活性物质引起的成瘾。行为成瘾是由购物、赌博、运动、读小说、网络等非精神活性物质引起的成瘾。可见,网络成瘾属于行为成瘾的范畴。行为成瘾不像物质成瘾那样,在成瘾物质的作用下具有相应的生化机制。行为成瘾过程并不存在成瘾物质的作用,它更多的是表现为一种心理成瘾。心理成瘾遵循快乐原则,产生的是心理依赖。

美国精神病学家高登伯格把网络成瘾看作一种类似于精神障碍的心理疾病,其症状为过度使用网络,造成学业、工作、家庭、社会等身心功能的减弱。后来(1997 年),虽然高登伯格建议将网络成瘾一词改为病理性网络使用,但其内涵基本没变,还是从过度使用网络和使用的后果两个方面来界定。

美国匹兹堡大学的杨(Young)系统研究了网络成瘾,她的研究证实了网络成瘾现象的客观存在,而且发现网络成瘾与赌博成瘾的症状有很大的相似性,即二者都具备非物质成瘾行为的 6 个典型特征:突出的行为表现、耐受性增强、情绪改变、戒断症状、激烈的心理冲突、反复发作。后来(2000 年),杨推断网络成瘾有 5 种类型,即网络色情成瘾、网络关系成瘾、网络强迫行为、网络信息超载和计算机程序成瘾。

阿姆斯特朗(Armstrong,2000)认为网络成瘾是一个很广泛的概念,需要根据其成瘾内容给予不同的界定。为此,他根据杨对成瘾的划分,提出了 5 种类型的网络成瘾定义:(1)网络性成瘾,指沉迷于成人话题的聊天室和网络色情文学;(2)网络关系成瘾,指沉溺于通过网上聊天或色情网站结识朋友;(3)网络强迫行为,指以一种难以抵抗的冲动,着迷于在线赌博、网上贸易或者拍卖、购物；（4）信息收集成瘾，指强迫性地浏览网页以查找和收集信息；（5）电脑成瘾，指强迫性地沉溺于电脑游戏或编写程序。

关于网络成瘾，虽然存有争议，甚至网络成瘾是否存在都有争议。有研究者认为需要区分对网络的依赖和通过网络的依赖，网络成瘾是后者，即多数网络成瘾只是将网络作为从事其他成瘾行为的媒介，网络只是一个成瘾平台，是形式，而不是成瘾具体内容。比如通过网络玩游戏，成为游戏成瘾。应该说，网络成瘾涉及的事情是客观存在的，至于有没有比网络成瘾更为恰当的概念来概括需要进一步探讨。我们重点要关注的是成瘾者特别是发展中的青少年过度使用网络、沉迷于网络中的特定内容而产生的心理迷茫、情绪抑滞、意志消沉甚至人格消解。

（二）网络成瘾的主要症状

网络成瘾的症状是很多的，主要包括6个方面：精神症状、躯体症状、耐受性、戒断反应、反复性和社会功能受损。精神症状首先表现在认知改变：思维迟缓、注意力不集中、自知力不完整；其次表现在情感变化：情绪不稳、对人情感肤浅甚至淡漠、主动与人交流情绪情感表达困难；最后表现为行为异常：孤僻、不合群、不爱交往，甚至怪癖，缺乏进取心，抗拒心强，尤其对家人反感，产生敌对情绪或攻击行为。其他症状的表现这里就不一一叙述了。

二、网络成瘾的机制问题

网络成瘾的表现是复杂的，它的成因更是如此。对网络成瘾的发生机制进行探讨，能够比较深入剖析其具体成因，值得我们关注。总体上，是从生理机制、心理机制和社会机制三个方面进行的。我们这里仅简略介绍网络成瘾的心理机制及社会机制。

（一）网络的致瘾特征

探究网络成瘾的心理机制，首先，要有导致其成瘾的致瘾原——网络的致瘾特征。致瘾原不仅本身具有吸引人的特点，而且要有易感人群，这些人与其结合后更容易陷于难以自拔的境界。其次，致瘾原能满足成瘾者的心理需求，激发其强烈的心理动机。再次，成瘾行为产生后，成瘾者的心理成分发生了哪些改变？这些改变为什么能够维持成瘾行为的存在？

就网络的致瘾特征而言，网络的匿名性、便利性和逃避现实性是其能够作为致瘾原的三个核心特征。网络对青少年有特别的亲和力，他们生理发育（比如性）的需要、心理发展（自我同一性）的需要在网络里都能得到一定的满足，青少年成为网络成瘾的主力军。在易于网络成瘾的人群方面，人格特质的个体差异也是网络成瘾的重要原因，比如神经质、精神质与网络成瘾都存在一定程度的正相关关系，焦虑、抑郁与网络成瘾都有较高相关，青少年感觉寻求倾向（通常说的寻找刺激）与网络成瘾相关程度也较高。

（二）网络成瘾的动机

网络成瘾的动机问题也是很值得思考的，但这个问题很复杂，这里只能提出以下的大概思路。了解网络成瘾者的心理特征是很基本的重要工作。

首先是认知特征。在不断使用网络的过程中，可能会产生一些自动化的行为图式，对网络相关信息的抑制能力相对减弱，无意识地对这类信息进行自动化的加工从而导致对网络相关信息的认知偏向。

其次是情绪特征。网络的过度使用除了会产生自动的认知加工偏向和削弱对错误的认知监控外，还可能形成模式化的情绪加工机制，进一步加深网络成瘾水平。

第三是意志特征。存在缺乏执行计划性、缺乏自我控制（有研究表明，自我控制与网络游戏成瘾有着直接的关系，难以控制自己的网络使用行为，加深网络成瘾程度）。

（三）网络成瘾的社会机制

研究网络成瘾的社会机制，就是要力图弄清网络成瘾发生的线索或诱因，这些线索或诱因主要存在于三大社会因素之中，即家庭、学校和社会大环境。

许多研究证实，家庭因素是影响青少年网络成瘾的最重要因素。

在家庭结构方面，网瘾青少年大多来自家庭成员构成特殊、缺少健全机制的特殊结构家庭。这是由于父母的监管是儿童青少年与家庭、社会联系的纽带，如果这个纽带削弱或缺失，青少年出现问题行为的概率就会增大。而特殊家庭由于成员构成特殊、缺乏健全机制，父母对子女关怀和支持较少，家庭结构的突变会让孩子缺少安全感和归属感，因此转向网络世界以获取安全感和归属感，父母如果对其上网行为不加约束和控制，最终就会导致孩子网瘾行为。

在家庭社会经济状况方面，它通常是指一个家庭的背景和社会资本，主要包括父母的受教育程度、职业和家庭经济收入等。国外的一些研究表明，经济收入低的家庭孩子成瘾率高，经济收入高的家庭孩子成瘾率低，家庭收入与网瘾之间有正相关关系。从这些研究的结论看，不良的家庭社会经济状况容易导致网络成瘾。国内研究发现的情况稍有不同，父母中等水平受教育程度和家庭收入的孩子网瘾率最低，父母受教育水平低、家庭收入低的孩子网瘾程度最深，而家庭经济收入高、父母受教育水平高的子女容易网络成瘾，这是由于父母对子女的教育和支持较少，对孩子过高要求造成大的压力，因而导致孩子逃避压力而过度使用网络。

在家庭功能方面，国内有研究发现，家庭功能失调是造成和维持青少年网瘾症状的重要因素，其中，家庭功能中的沟通、角色分工、情感反应、情感介入、行为控制和总功能6个因子均可负向预测青少年网络成瘾。另外，国内外不少研究都表明，消极的亲子依恋增加了青少年网瘾的倾向，网瘾青少年也多来自家庭不和睦，亲子之间、父母之间冲突和暴力较多的家庭。

总之，家庭环境因素与网络成瘾密切相关，比较确定的是特殊的家庭结构（单亲和离异家庭）会导致青少年网瘾可能性的增加，家庭成员的亲密度对青少年网瘾的影响较大。由此可知，从积极交往以及心理健康教育的意义上讲，珍惜与维护好家庭完整性、增强家庭成员的情感沟通，让孩子感受到充分的安全感、归属感和充盈感，如此有幸福感的孩子是会远离网瘾的。

三、网络成瘾的防治问题

网络成瘾的预防及治疗要有现实针对性，了解青少年使用网络的行为就是必要的了。事实表明，网络游戏和网络交往是青少年使用最多的两种网络行为。

（一）网络游戏和网络交往

网络游戏成瘾是指网络成瘾者过于迷恋计算机游戏，不可抑制地长时间玩计算机游戏，这是青少年成为网瘾者比较普遍的现象。如果说网络交往成瘾是青少年满足归属和爱的需要，那么，网络游戏成瘾则是青少年需求一种成就感和自我价值感。过分沉迷于网络游戏使青少年在认知信息的途径上发生了严重的扭曲。

由于接受知识和信息的途径单一，久而久之大脑就像是接受了网络编程，游戏文化渗透于青少年的思想、语言和行为中，表现出游戏化的特点，致使他们在现实环境中出现表情呆滞、冲动和易怒的心理行为特征。

著名游戏设计师杰弗里·郝兰德详细分析了网络游戏成瘾的原因，很有参考价值。

第一，想完成游戏的动力。

第二，竞争的动力。

第三，提高操作技巧的动力。

第四，渴望探险的动力。

第五，获得高分的动力。

游戏的虚拟现实性和互动性能够使人进入一个虚拟的世界去体验各种不同寻常的"存在"。游戏角色扮演的两个因素是"内在角色"（in character，IC）和"外在角色"（out of character，OOC），一款优秀的游戏能够把这两者严格区分开来，让玩家完全进入由设计师预先设定的角色中而忘记自己在现实生活里扮演的角色。

网络游戏带给人更多的是一种新的存在方式而非娱乐方式，玩家的 IC 与 OOC 在这里相互交错。现实生活中的沮丧、愤怒和较低的自我评价长期积累后使人产生身份危机，而网络游戏的特殊功能恰恰给人提供一种新的生存方式，于是便可选择背叛现实，宁愿将网络游戏中的虚拟世界当成一个真实的、永恒的存在，而把现实世界当作虚幻、短暂的存在。

除了心理因素和社会因素，还有生理方面的因素。长时间上网会使大脑里的神经递质多巴胺水平升高，它使人呈现短时间的高度兴奋，同毒品的效果相似，给人体带来一系列复杂的生理和生化变化，打乱人体机能的自我平衡能力，从而产生网瘾，发展为身体上的依赖。

总之，青少年网络游戏成瘾从初时只是精神上的渴望、依赖，逐步发展到躯体上的依赖，并表现为情绪低落、头昏眼花、双手颤动、紧张焦虑、疲乏无力、注意力不集中等。这类网络游戏成瘾者较长时间地处于电脑微波的辐射中，如果缺乏必要的保护措施，便会引起中枢神经功能的失调而产生头痛、失眠、心悸、恶心、多汗、厌食以及情绪低落、思维迟钝、容易激怒冲动与疲劳、心理失衡等。

（二）网络成瘾的预防

针对网络游戏成瘾的危害以及青少年网络游戏成瘾的成因、特点，可以做一些预防工作。网络游戏成瘾属于网络成瘾的一类内容，因而有关网游成瘾的预防措施也可以从网络成瘾的预防获得相对应的启示。

第一，坚持预防为主的理念。引导青少年正确看待互联网在学习、生活中的功用，尤其要教育他们不可以沉湎于网络游戏，更不可以沉迷于网络色情内容。

第二，发挥社会环境的关心和制约作用。学校、社会及心理健康教育机构定期或不定期进行网络心理健康教育，加强对青少年的正面引导。同时，家庭、学校及网吧等为他们提供上网机会，协调一致制约上网时间。

第三，加强对青少年的认知教育。帮助青少年认清网络成瘾的原因及危害，帮助他们认清自身的需要，摆正网络的位置，改善上网的心态。指导他们加强上网的自我监控能力，以及调控的方式方法。

第四，坚持预防加矫正的工作原则。对青少年游戏成瘾进行必要的、有针对性的行为矫正。

(三) 网络的合理使用

1994年中国正式接入国际互联网，从此，中国人可以获得来自世界各地的信息，正式成为地球村村民。智能手机大概是2013年在中国普及的，智能手机给人们使用网络带来了更大的便利，现在手机已经成为青少年网民最主要的上网工具。

之所以提出互联网的合理使用这个问题，主要是因为根据已有研究，存在以下两个情况：易于过度使用互联网的群体不小；过度使用互联网群体有一些共同的心理特征。实际上，我们还需要明白以下两个问题：网络过度使用行为为何会发生？如何进行基于互联网的学习交流？

就"易于过度使用互联网的群体"这一问题，有研究发现：青少年被认为是最易于过度使用网络的群体，他们容易被网络的可获得性和时间灵活性所吸引以致增加了过度使用网络的潜在风险。当然，我们认为他们的信息获取欲强于其他年龄段者是重要内因。

就"过度使用互联网群体共同具有的心理特征"这一问题，有研究发现：网络使用依赖者在自我依赖（如独自使用互联网并不会感到被隔离，这可能是因为网络的交互式功能）、情绪敏感性和反应性（如沉迷于网络的各种信息和数据库）、警觉性、较低的自我封闭和非从众性等特点上得分较高。

从另一些研究来看，比如感觉寻求和网络依赖之间的关系，依赖者在感觉寻求量表上并没有得高分。这是因为没有达到传统概念所定义的感觉寻求的水平。感觉寻求的传统形式包括身体活动，比如高空跳伞以及其他诱发兴奋的活动。然而，网络使用者在他们的感觉寻求中往往有着较少的身体活动，但是有着更多的心理活动。

所以，已有研究还不能肯定说具有哪些心理特征的人容易成为过度使用互联网的群体，即难以孤立地从网络使用者的内在因素说明网瘾的成因。因此，关于网络过度使用行为为何会发生的问题还得有另外的思路。

我们可以借鉴赫西（T. Hirschi）的社会控制理论，赫西认为人类是动物，犯罪是人的本能，人人都有犯罪的自然倾向，因此，当把文明的外衣拿掉时，人人都会犯罪。所以，"人为什么不犯罪"才是要探讨的问题。赫西认为，多数人未犯罪，是由于有外在的社会控制机制将其抑制，这个机制就是社会纽带。

社会纽带是一个人在社会化过程中形成的一种情感，具有防止青少年犯罪的作用，因为这种纽带会使青少年增强社会责任感，顺从社会传统规范。赫西认为社会纽带有4个构成要素：依恋、奉献、参与和信仰。依恋是指与他人的感情联结，主要包括对父母的依恋、对学校的依恋和对朋辈的依恋。奉献是指将个人的时间、精力和努力投入到学习、工作和生活上。参与是指花费时间和精力参加传统的活动。信仰是指对传统价值观念和道德法制观念的态度或者接受意愿。以上4个因素，积极表现得越好，青少年就越不会发生犯罪行为。

因此，为了减少网络过度使用行为的发生，可以创造条件让青少年有更多的依恋（依恋父母、学校和朋辈）、奉献（将时间和精力投入到学习和其他有益的社会生活，如做义工）、参与（参与传统活动，比如做家务），并矫正他们的信仰（比如信仰知识改变命运，这种信仰者和读书无用的信仰者相比较，后者发生网络过度使用行为的可能性要大，因为他有更多的时间和心思过度使用网络）。

（四）基于互联网的学习交往

互联网的合理使用需要面对的一个现实问题就是如何进行基于互联网的学习交流，这个问题很大，这里简要说几点。

无疑，基于互联网的学习交往是时代趋势，无视这一趋势必然会被淘汰。不仅教师，家长也要有这样的认知。

网络不仅为学习者提供利用网络作为学习资料的传输和储存的工具，而且更重要的是它作为学习者的认知工具和知识重构工具。网络技术在学习中主要有以下良好的4个特性：（1）同步与非同步，老师与学生可以在线交流，也可以非同步沟通；（2）多方向，老师与学生、学生与学生都可以形成群体，并进行双向的沟通；（3）个别化，学生可以依据需要选择合适的进度来学习；（4）自动记录，任何学习行为或沟通交流都可以被记录下来，用来查询与追踪。

以上特性为网络环境下的学习带来了一些优势。

（1）便利性，学生可以"随选"，不因时空限制而影响学习，可以在任何时候、任何地点以基本的计算机配备进行学习。

（2）主动性，学生可以根据实际需要和兴趣来选择课程，并依据自身程度、意愿、能力、学习状态来决定学习内容和进度，不受固定课程安排的限制，拥有更多的学习主控权。

（3）交互性，网络的交互性是一种"群播"状态，学习是多元互动，甚至是弹性的、有选择性的互动，不再是被动、单向的状态，因而能提高学习乐趣。

（4）协作性，可以突破时空局限性，使分散在各地的学生交换学习资料和学习心得，或者共同针对某个主题进行研讨，在网络合作完成项目。

（5）多样性，由于Internet支持各类多媒体教材的展现，能让老师与学生用各种形式表现其作品，并存留于网络，网络扮演在线数据库的角色，提供给老师与学生各种可利用的资料。

（6）开放性，网络上的学习是开放的，网络提供了一个非强迫性的学习环境，所有参与者都可以同时扮演"教"与"学"的角色，打破师生隶属关系，提供平等的沟通机会。

如此看来，网络学习的优势是明显的，不善于利用网络进行学习是落伍的。关键的问题是在网络里学习如何不偏离学习目标，这就涉及学习者的自控力了。

（五）上网自制力

虽然自制力在任何时代都重要，但在互联网时代是特别重要的。

一般地说，自制是个体克制自己的欲望、情绪，抵制外界诱惑，规范自己的行为的抑制性品质。有自制力的人，能够为了实现既定目标，克制与目标不一致的欲望和情绪，抵制外界诱因的迷惑，约束自己执行所做出的决定。与自制相反的是冲动，冲动往往失去约束，不利于目标的实现。

互联网是个巨大的诱因，有着极大的诱惑力。其中的信息、情色、游戏、赌博、购物、聊天等内容中的任何一项都极具诱惑力，说到底这里首先有一个网络成瘾的预防问题，其次是网络成瘾的治疗问题，而孤立地讲自制力的培养是没有效果的。这里侧重谈谈网络成瘾的家庭预防，其中，讲究健康的家庭教养方式、培养和谐的家庭关系、培养孩子多方面的兴趣和爱好是关键。

有研究发现，网瘾青少年的父母更多采用了过分干涉、严厉惩罚、拒绝否认、缺乏温情和心理控制等教养方式。对此，可采用开办家长网络学校，推行健康的家庭教养方式。在网络学校课程中，要鼓励父母对子女温暖、关怀和理解，摒弃对子女的严厉惩罚、拒绝否认。青少年若在家里得不到应有的理解、支持和关怀，合理的行为和要求总是遭到惩罚和拒绝，就会自然地向外界寻求更适合自己发展的外部环境，比如互联网。所以，在对青少年网瘾者的预防中，应该加入家庭预防计划。

树立科学的网络意识，培养和谐的家庭网络关系，这是家庭预防网瘾的又一个重要方面。有的父母视网络为洪水猛兽，这种盲目排斥的态度只会使自己和孩子形成代沟和矛盾，助长孩子的逆反心理。

设身处地，理解孩子的上网之心。网瘾孩子的一个共同点就是抵触父母，得不到关怀、理解和赏识，只好到网络里去寻找亲情、友情和爱情。网民的交往角色是虚拟的，不存在教育和被教育的关系，孩子无须总被教育。

分析研究，体察孩子的上网之情。体察孩子上网背后的心理需求非常重要，弄清事实真相之后，通过自己学习或请教专家，就孩子面临的问题与孩子进行平等、真诚、热情的沟通，与孩子一起探索性地寻求问题的解决办法和答案，就可以避免把孩子推向"网瘾深渊"。

调动成长潜力，培养兴趣爱好。这样才能使孩子主动选择不依赖网络，这是预防网瘾的根本措施。比如，发现优点，相信孩子会有他的精彩。网瘾的孩子大多自我认同度低，他们会更多地将精力转向网络——可以成功地创造理想我的巨大空间。杜绝网瘾，根本的还是要依靠理想、人格、自制力的培育。父母要多为孩子创造同伴一起开展有益文体活动的机会，丰富孩子的闲暇生活，让孩子有机会和伙伴一起展示兴趣爱好，如此就不至于整日在网上游荡。和伙伴、朋友交往的机会多了，染上网瘾的可能性就小了。

除了各种外部条件的影响，青少年自身的自制力是重要的，很多人就是因为自制力太差而沉溺其中，这就有一个上网自制力的培养问题。以下几点是有效而重要的：

（1）有意识地培养自律精神。自觉抵制低俗的网络信息，保持良好的自制力。积极履行《文明上网自律公约》，做一个守法的好公民。

（2）把控自己的想法。明白自己想做什么，强制自己该做的事，不能做什么，怎样拒绝不能做的事，比如上网玩游戏，认真掂量做了之后会有什么影响。

（3）学会控制每天的上网时间。用实例让青少年明白，很多人事情做不好就是没利用好时间。沉溺于网络的学生往往是在网络中畅游时忘记了时间，忘记了除了上网，还有更重要的事情要做！

本讲小结

1. 成瘾与网络成瘾。

根据致瘾原的不同，成瘾可分为物质成瘾和行为成瘾，网络成瘾属于行为成瘾的范畴。行为成瘾过程不存在成瘾物质的作用，它更多的是表现为一种心理成瘾，心理成瘾遵循快乐原则，产生的是心理依赖。

2. 网络成瘾的症状是很多的，主要包括6个方面：精神症状、躯体症状、耐受性、戒断反应、反复性和社会功能受损。

3. 网络的匿名性、便利性和逃避现实性是其能够作为致瘾原的三个核心特征。

4. 研究网络成瘾的社会机制，就是要力图弄清网络成瘾发生的线索或诱因，这些线索或诱因主要存在于三大社会因素之中，即家庭、学校和社会大环境。许多研究证实，家庭因素是影响青少年网络成瘾的最重要因素。

5. 网络游戏和网络交往是青少年使用最多的两种网络行为。

6. 研究互联网的合理使用这个问题，主要是因为存在以下两个情况：易于过度使用互联网的群体不小；过度使用互联网群体有一些共同的心理特征。同时，需要明白以下两个问题：网络过度使用行为为何会发生？如何进行基于互联网的学习交流？

7. 赫西（T. Hirschi）的社会控制理论提出了社会纽带这个重要概念，社会纽带有4个构成要素：依恋、奉献、参与和信仰。利用好社会纽带对预防网瘾有积极的现实意义。

8. 自制力在任何时代都重要，但在互联网时代是特别重要的，即上网自制力是刚需。

↘ 专业术语

成瘾、网络成瘾、心理机制、社会机制、社会纽带、自制力

↘ 思考问题

1. 简要分析网络成瘾的主要原因。
2. 合理地利用网络对于交往的根本意义。
3. 如何利用社会纽带预防网络成瘾的发生？
4. 如何解决好致瘾原与上网自制力的冲突关系？

↘ 拓展读物

1. 金盛华. 社会心理学［M］. 3版. 北京：高等教育出版社，2020.
2. 刘视湘. 社区心理学［M］. 北京：开明出版社，2013.
3. 刘嘉，郑先如. 心理学通识［M］. 广州：广东人民出版社，2021.
4. 郑先如. 新时代家庭心理健康教育ABC［M］. 福州：福建人民出版社，2022.

第十讲 心理健康——生命健康的另一半

本讲要目

一、心理健康要义
二、心理健康与压力
三、心理健康与挫折

一、心理健康要义

（一）健康新理念

1948年世界卫生组织成立时，在其宪章中开宗明义地指出：健康不仅仅是没有疾病和没有衰弱的表现，而是生理上、心理上和社会适应方面一种完好的状态。并且提出了衡量健康的十条标准：有足够充沛的精力，能从容不迫地应付日常生活和工作压力而不感到过分紧张；态度积极，乐于承担责任，无论事情大小都不挑剔；善于休息，睡眠良好；能适应外界环境的各种变化；能抵抗一般性的感冒和传染病；体重得当，身材均匀，站立时头、肩、臂的位置协调；反应敏锐，眼睛明亮，眼睑不发炎；牙齿清洁无空洞、无痛感，牙根颜色正常；头发有光泽、无头屑；肌肉和皮肤富有弹性，走路轻松自如。

可见，健康包括身体和心理两个方面，缺一不可。一个人是否健康，必须从生理、心理、行为等方面进行分析，不仅要看他有没有身体上的器质性或功能性异常，还要看他有没有主观不适感，有没有社会公认的不健康行为。

（二）心理健康的界定

从广义上讲，心理健康是指一种高效而满意的持续的心理状态；从狭义上讲，心理健康指人的基本心理活动的内容完整、协调一致，即知、情、意、行、人格完整协调，能适应社会。界定一个人心理健康与否，一般应遵循三条基本原则：

（1）心理活动与外部环境是否具有同一性。一个人的所思所想、所作所为是否能正确地反映外部世界，有无明显差异。

（2）心理过程是否具有完整性和协调性。一个人的认知过程、情绪情感过程、意志过程内容是否完整协调。

（3）个性心理特征是否具有相对稳定性。在没有重大的外部环境改变的前提下，人的气质、性格、能力等个性特征是否相对稳定，行为是否表现出一贯性。

根据国内外的研究与实践，人的心理健康水平大致可划分为三个等级：

（1）一般常态。表现为心情经常愉快满意，适应能力强，善于与他人相处，能较好地完成同龄人发展水平应做的活动，具有承受挫折、调节情绪的能力。

（2）轻度失调。不具有同龄人所应有的愉快满意心境，与他人相处略感困难，独立应对生活工作有些吃力。若能主动调节或请专业人士帮助，可以恢复常态。

（3）严重病态。表现为明显的适应失调，长期处于焦虑、痛苦等消极情绪中难以自拔，严重影响正常的生活和工作。如不及时矫治，发展下去会成为精神病患者。

（三）心理健康的标准

实际上，心理健康的标准不像身体健康的标准那么明确，尽管有界定的基本遵循，专家们还是提出了不同的观点。

1. 心理健康的一般标准

中国心理卫生协会曾组织专家开展研究，制定了符合我国国情和社会文化特点的中国人心理健康一般标准，包括5个方面，具体如下：①自我认识——能够客观全面认识自我并接纳自我，有心理安全感；②独立性——具备基本的独立生活和自主学习能力，能够解决日常遇到的一些问题；③情绪——情绪基本稳定，心态比较积极，能够适当调控自己的情绪；④人际交往——能够建立和谐的人际关系，在社会交往中获得心理满足感；⑤环境适应——能够接受现实、承受挫折，采取积极措施应对困难。

除了心理健康的一般标准，针对个体发展存在年龄特点，结合不同年龄阶段的主要发展任务，学者们提出了不同年龄阶段学生的心理健康标准。

2. 心理健康的具体标准

（1）幼儿心理健康一般有以下几个具体标准：

动作发展正常。动作发展与脑的形态及功能的发育有着密切关系，幼儿躯体大动作和手指精细动作的发展水平处于正常范围是幼儿心理健康的基本条件。

认知发展正常。正常的认知水平是幼儿生活与学习以及与周围环境取得平衡和协调的基本心理条件。幼儿期是认知发展极为迅速的时期，应尽量避免脑损伤或不适宜的环境刺激，防止幼儿不健康的心理。

情绪反应适度。幼儿的情绪具有很大的冲动性和易变性，也比较外露。但随着年龄的增长，对情绪的自我调节有所加强，表现为情绪的冲动性日益减少，稳定性逐渐提高，内隐性增强。心理健康的儿童对待环境中的各种刺激能表现出适度的反应，并能合理地疏泄消极的情绪。

乐于与人交往，人际关系融洽。心理不健康的幼儿或对人斤斤计较，不能宽容；或对人漠不关心，无同情心；或沉默寡言，性情孤僻；或不能与人合作，甚至侵犯别人；等等。

行为统一和协调。心理不健康的幼儿，注意力不能集中，兴趣时常转移，思维混乱，语言支离破碎，行为经常出现前后矛盾的现象，自我控制和自我调节能力很差。

性格特征良好。心理不健康的幼儿与别人及现实环境会经常处于不协调状态，表现为冷漠、自卑、懒惰、孤僻、胆怯、执拗、依赖和吝啬等不良性格特征。

没有严重的心理卫生问题。幼儿心理不健康往往是以各种行为方式表现出来的，如吮吸手指、遗尿、口吃、多动等。心理健康的幼儿应没有严重的或复杂的心理卫生问题。

（2）中小学生心理健康的具体标准

关于中小学生心理健康的具体标准，我国著名心理学家林崇德教授认为包括3个方面：

学习方面——通过学习获得满足感、增进发展、保持与环境的接触、排除不必要的忧惧、形成良好学习习惯；

人际关系方面——了解彼此权利和义务、客观地了解他人、关心他人的需要、真心赞美和善意批评、积极沟通并保持自己人格的完整性；

自我方面——善于正确评价自己、通过他人认识自己、及时正确归因，根据自身实际情况确立抱负水平，有自制力。

（3）大学生心理健康的具体标准，主要有以下7点共识：

①有理想追求，有较浓厚的学习兴趣和求知欲；②有正确的自我意识，能接纳自我；③能调控情绪，保持良好心情；④乐于交往，有和谐的人际关系；⑤保

持完整统一的人格品质，人格健全；⑥能较好适应环境；⑦心理和行为符合年龄特征，没有明显幼稚化的退行表现。

3. 心理健康标准的 6 个基本维度

我们认为，对于心理健康的标准，最好树立维度的观点。因为没有绝对的健康特质，更多的是同一个维度上的不同水平。从心理学家们对心理健康的种种看法中，可以把它的基本内涵概括为以下几个维度，这些标准维度具有相当的抽象跨度——跨越各个年龄、跨越各种人群、跨越各项活动、跨越各种心理以及跨越不同文化。

（1）有正常的智力水平。心理健康的人能在工作、学习、生活中保持好奇心、求知欲，能发挥自己的智慧和能力，获取成就。

（2）能够了解并接受自己。对自我有适当的了解和恰当的评价，并且能够很好地接纳自己的现状，知己所长所短，愿意扬长避短，开发潜能而不苛求自己，自信乐观，而不是过于自卑或过分自负。

（3）能与他人建立和谐的关系。一个人的人际关系状况最能体现和反映他的心理健康水平，心理健康的人乐于与他人交往，能以尊重、信任、理解、宽容、友善的态度与人相处，能分享、接受和给予爱和友谊，有稳定的人际关系，拥有可信赖的朋友，社会支持系统强而有力。

（4）善于调节与控制情绪。心理健康的人能经常保持愉快、开朗、乐观、满足的心境，对生活和未来充满希望。虽然也有悲、忧、哀、愁等消极体验，但能适当发泄、主动调节和控制，不为情绪所左右，不因为情绪影响正常的生活。我们常说的情商便体现了这一能力。

（5）有良好的环境适应能力。环境适应能力包括正确认识环境的能力和正确处理个人与环境关系的能力。心理健康的人是环境的良好适应者，他对自身所处的环境有客观的认识和评价，始终使自己与社会保持良好的接触，生活有理想但不脱离现实，能面对现实，调整自己的需要与欲望，使自己的思想行为与社会协调统一。

（6）完整统一的人格。心理健康的人有相对正确的信念体系与价值观，并以此为核心把动机、需要、态度、理想、目标和行为方式统一起来。如果某人经常欲望与信念相违背，需要与良心相冲突，行为方式与态度不一致，一切以自我为中心，既缺乏同情心又无责任感，那么他的心理必定是不健康的。

（四）心理健康的一般促进

在平常的生活、学习中，我们每个人都要注意培养自己健康的心理素质，要能够做到：（1）具有良好的心理品质，预防心理障碍的发生；（2）开发自己的各种潜能，提高工作和生活质量；（3）激发自己的非智力因素，尝试创造性的学习和工作；（4）提高自己人际交往的能力，增强自己的社会适应性；（5）增强自我意识，培养自我评价能力。

心理健康不仅关系到个人的生活、学习、成长和幸福，也关系到社会的发展、民族的兴衰。家庭、学校、社会等应该通过具体可操作的方法，增进心理健康，减少心理疾患。具体做法包括：开展心理健康教育，建立心理健康保健网络，增设心理健康专业机构，创设良好的社会环境，提供必要的社区及社会心理服务等。

二、心理健康与压力

压力直接影响到心理健康状态，因此，很有必要了解心理健康与压力的内在关系。

（一）压力及其来源

压力是现代社会人们最普遍的心理和情绪上的体验。所谓"人生不如意十之八九"，谁的人生，都不可能总是一帆风顺，坎坷挫折时有发生。面对种种不如意，人们常常会焦虑不安，内心体验到巨大的压力。压力存在于社会生活的各个方面，人人都经历过。例如第一次上台演讲、第一次求职面试、亲人患病或死亡、工作变动或丧失。承受压力是生活中不可避免的。但是过度的压力总是与紧张、焦虑、挫折联系在一起，久而久之会破坏人的身心平衡，造成情绪困扰，损害身心健康。

临床心理学家发现，溃疡病的主要起因就是心理压力。溃疡病患者往往具有同样的特点：努力拼命工作，总是担心工作不完美，担心自己能力不够，经常体验到无助感等。癌症和心脏病的发作也与心理压力有着密切关系。由此可见，心理压力对人的身心健康的影响是广泛而普遍的。

1. 压力的含义

压力（stress）这一概念最早于1936年由加拿大著名的生理心理学家汉斯·薛利（Hans Selye）提出。他认为压力是表现出某种特殊症状的一种状态，这种状态是由生理系统中因对刺激的反应所引发的非特定性变化所组成的。

在当代的科学文献中，压力这个概念至少有三种不同的含义。

第一种认为压力指那些使人感到紧张的事件或环境刺激。如有一份"压力很大的工作"，即将可能带来紧张和压力。

第二种认为压力指的是一种身心反应——压力状态。比如有人说"我要参加演讲比赛，我觉得压力好大"，这里他就用压力来指代他的紧张状态，压力是他对演讲事件的反应。这种反应包括两个成分：一是心理成分，包括个人的行为、思维以及情绪等主观体验，也就是所谓的"觉得紧张"；另一个是生理成分，包括心跳加速、口干舌燥、胃部紧缩、手心出汗等身体反应。这些身心反应合起来称为压力状态。

第三种认为压力是一个过程。这个过程包括引起压力的刺激、压力状态以及情境。所谓情境，是指人与环境相互影响的关系。根据这种说法，压力不只是刺激或反应，而是一个过程。在这个过程里，个人是一个能通过行为、认知、情绪的策略来改变刺激物带来的冲击的主动行动者。面对同样的事件，每个人经历到的压力状态程度可能有所不同，因为个人对事件的解释不同，应对方式也不同。

2. 压力源——压力产生的原因

心理压力的产生原因是复杂的，我们将这些具有威胁性或伤害性并因此带来压力感受的事件或环境称为压力源。生活中的压力源可能存在于人们自身，也可能存在于环境中。但是，人类最主要的压力源是人，人际关系是造成压力的最主要来源。心理学家在研究中把造成压力的各种生活事件进行分析，提出了四种类型的压力源：

（1）躯体性压力源。躯体性压力源是指通过对人的躯体直接发生刺激作用而造成身心紧张状态的刺激物，包括物理的、化学的、生物的刺激物。如过高或过低的温度、微生物、变质食物、酸碱刺激等，这一类刺激是引起生理压力和压力的生理反应的主要原因。

（2）心理性压力源。心理性压力源是指来自人们头脑中的紧张性信息。例如心理冲突与挫折、不切实际的期望、不祥预感以及与工作责任有关的压力和紧张等。心理性压力源与其他类型压力源的显著不同之处在于它直接来自人们的头脑中，反映了心理方面的困难。生活中的压力事件处处可见，但为什么有的人无动于衷，有的人却耿耿于怀？区别常常源于人们内心对压力的认知。如果过分夸大压力的威胁，就会制造一种自我验证的预言：我会失败，我应付不了。长此下去，会产生所谓的长期性压力感，畏惧压力。

（3）社会性压力源。社会性压力源主要指造成个人生活方式上的变化，并要求人们对其做出调整和适应的情境与事件。社会性压力源包括个人生活中的变化，也包括社会生活中的重要事件。个人生活的改变常常会给人带来压力。心理学家霍曼和瑞希编制的生活改变与压力感量表（T. Holmes & R. Rahe，1967）列出了43种大部分人都可能经历的生活事件（表10-1）。由400位不同职业、阶层、身份、年龄的人对这些事件产生的压力大小打分，发现其中24个项目直接与家庭内人际关系的变化有关。

表 10-1　生活事件与压力感的关系

序号	生活事件	压力感	序号	生活事件	压力感
1	丧偶	100	23	儿女长大离家	29
2	离婚	73	24	触犯刑法	29
3	夫妻分居	65	25	取得杰出成就	28
4	坐牢	63	26	妻子开始或停止工作	26
5	直系亲属死亡	63	27	开始或结束学校教育	26
6	受伤或生病	53	28	生活条件的改变	25
7	结婚	50	29	改变个人的习惯	24
8	失业	47	30	与上司闹矛盾	23
9	复婚	45	31	工作时间或条件改变	20
10	退休	45	32	迁居	20
11	家庭成员生病	44	33	转学	20
12	怀孕	40	34	娱乐方式的改变	19
13	性生活不协调	39	35	宗教活动的改变	19
14	新家庭成员诞生	39	36	社会活动的改变	18
15	调整工作	39	37	少量抵押和贷款	17
16	经济地位变化	38	38	改变睡眠习惯	16
17	其他亲友去世	37	39	家庭成员居住条件改变	15
18	改变工作行业	36	40	饮食习惯改变	15
19	一般家庭纠纷	35	41	休假	13
20	借贷大笔款项	31	42	过重大节日	12
21	取消抵押或贷款	30	43	轻度违法	11
22	工作责任改变	29			

（4）文化性压力源。文化性压力源最常见的是文化性迁移，即从一种语言环境或文化背景进入到另一种语言环境或文化背景中，使人面临全新的生活环境、陌生的风俗习惯和不同的生活方式，从而产生压力。若不改变原有习惯，适应新的变化，常常会出现不良的心理反应，甚至积郁成疾。例如出国留学，如果缺乏对环境改变所应有的心理准备，没有一定的外语水平，在异文化背景下就难以适应，无法交流，难以沟通，因而不得不中断学业或引发疾病，这种事例时有发生。

（二）压力的身心反应

当人们面临压力时会产生一系列身体上和心理上的反应。这些反应在一定程度上是机体主动适应环境变化的需要，它能唤起和发挥机体的潜能，增强抵御和抗病能力。但是如果反应过于强烈或持久，就可能导致生理、心理功能的紊乱。在压力下，表现在生理、心理和行为方面的反应主要有以下几种。

1. 压力下的生理反应

个体在压力状态下会出现一系列生理反应，主要表现在自主神经系统、内分泌系统和免疫系统等方面。例如，导致心率加快、血压增高、呼吸急促、激素分泌增加、消化道蠕动和分泌减少、出汗等。加拿大心理学家薛利在20世纪50年代以白鼠为研究对象从事多项压力的实验研究，指出对压力状态下身体反应分成三个阶段。第一阶段是警觉反应。这一阶段中，由刺激的突然出现而产生情绪的紧张和注意力提高，体温与血压下降、肾上腺分泌增加，进入应激状态。如果压力继续存在，身体就进入第二个阶段，即抗拒，企图对身体上任何受损的部分加以维护复原，因而产生大量调节身体的激素。第三阶段是衰竭阶段，压力存在太久，应付压力的精力耗尽，身体各功能突然缓慢下来，适应能力丧失。可见，压力下的生理反应可以调动机体的潜在能量，提高机体对外界刺激的感受和适应能力，从而使机体更有效地应付变化。但过久的压力会使人的适应能力下降。

2. 压力下的心理反应

压力引起的心理反应有警觉、注意力集中、思维敏捷、精神振奋，这是适应的心理反应，有助于个体应付环境。例如，学生考试、运动员参赛，在适度压力下竞争容易出成绩。但是，过度的压力会带来负面反应，出现消极的情绪，如忧虑、焦躁、愤怒、沮丧、悲观失望、抑郁等，会使人思维狭窄、自我评价降低、自信心减弱、注意力分散、记忆力下降，表现出消极被动。心理学研究还表明，过度的压力会影响智能，压力越大，认知效能越差。个体在压力状态下的心理反应存在很大差异，这取决于个体对压力的知觉和解释以及处理压力的能力。

3. 压力下的行为反应

一般而言，轻度的压力会促发或增强一些正向的行为反应，如寻求他人支持、学习处理压力的技巧等。但压力过大过久，会引发不良适应的行为反应，如谈话结巴、刻板动作、过度吃食、攻击行为、失眠等。

（三）压力感的影响因素

压力是由刺激引起的。同样的刺激，不同的人压力感不同。压力感差异的主要影响因素可以归结为以下几个方面。

1. 经验

当面对同一事件或情境时，经验影响人们对压力的感受。对两组跳伞者的压力状况进行调查发现，有过100次跳伞经验的人不但恐惧感小，而且会自觉地控制情绪；而无经验的人在整个跳伞过程中恐惧感强，并且越接近起跳越害怕。同样的道理，一帆风顺的人一旦遇到打击就会惊慌失措，不知如何应付；而人生坎坷的人，同样的打击却不会引起重大伤害。可见，增加经验能增强抵抗压力的能力。

2. 准备状态

对即将面临的压力事件是否有心理准备也会影响压力的感受。心理学家曾对两组接受手术的患者做实验。对其中一组在术前向他讲明手术的过程及后果，使患者对手术有了准备，将手术带来的痛苦视为正常现象并坦然接受；另一组不做特别介绍，患者对手术一无所知，对术后的痛苦过分担忧，对手术是否成功持怀疑态度。结果手术后有准备组比无准备组止痛药用得少，而且平均提前三天出院。因此，有应付压力的准备也是减轻伤害的重要因素。

3. 认知

认知评估在增加压力感和缓解压力中有着重要作用。同样的压力情境有些人苦不堪言，有些人则平静地对待，这与认知因素有关。当一个人面对压力时，在没有任何实际的压力反应之前会先辨认压力和评价压力。如果把压力的威胁性估计过大，对自己应对压力的能力估计过低，那么压力反应也必然大。例如，你在安静的书房看书，忽然听到走廊里响起一串脚步声，如果认为是将要入室抢劫的坏人来了，就会惊慌恐惧，如果认为是朋友全家来拜访，就会轻松愉快。正如一位哲学家所说，"人类不是被问题本身所困扰，而是被他们对问题的看法所困扰"。

4. 性格

不同性格特征的人对压力的感受不同。那些竞争意识强、工作努力奋斗、争强好胜、缺乏耐心、成就动机高、说话办事讲求效率、时间紧迫感强、成天忙忙碌碌的A型性格特征的人，在面对压力时，性格中的不利因素就会显现出来。B型性格的特征是个性随和，生活悠闲，对工作要求不高，对成败得失看得淡薄，因此对压力的感受性不高。

5. 环境

一个人的压力来源与他所处的小环境有直接关系，小环境主要指工作单位或学校及家庭。工作过度、角色不明、支持不足、沟通不良等都会使人产生压力感，家庭的压力常常来自于夫妻关系、子女教育、经济问题、家务劳动分配、邻里关系等。如果工作称心如意、家庭和睦美满，来自环境的压力必然小，则心情舒畅、身心健康。

（四）压力的管理

为了生存、成长和发展，我们必须学会有效地管理压力，以减轻过度压力给我们身心所带来的伤害。为了有效地管理压力，应该了解面对压力时解决问题的过程、策略和具体方法。

个体从面临压力到解决问题一般要经过三个不同的阶段。

第一阶段为冲击阶段，发生在压力来临之时。如果刺激过强过大，会使人感到眩晕、发懵、麻木、呆板、不知所措，常会出现"类休克状态"。比如，突然听到亲人过世，大多数人发愣、惊慌，甚至歇斯底里，只有少数人能保持镇定和冷静。

第二阶段为安定阶段。当事人在经历了震惊、冲击之后，努力恢复心理上的平衡，设法控制焦虑和情绪紊乱，恢复受到损害的认知功能，运用心理防卫机制或争取亲友的帮助。

第三阶段为解决阶段。当事人将自己的注意力转向产生压力的刺激，冷静地分析压力产生的原因，或逃避和远离产生压力的情境事件，或提高自己的应对能力，直接面对压力去解决问题。

面对困难和压力，不同的人会有不同的应对方式。但这些方法有的效果是暂时的，有的效果是长远的；有的方法有助于成长，有的方法会造成其他不良影响。我们要学会鉴别和取舍。

1. 消极的应对方式

（1）依赖药物。服用一些镇静剂可以起到暂时减轻压力的作用，但不能解决产生压力的根源。长期服用容易形成对药物的依赖，失去个人尊严，甚至引发其他疾病。

（2）酗酒抽烟。酒精是神经系统的刺激物，同时也是一种镇静剂。烟草是一种兴奋剂，也有一定镇静作用。抽烟喝闷酒虽然能够暂时起到抑制中枢神经系统的功能，缓解紧张状态，但经常使用容易导致酒精中毒，香烟带来的副作用更是危害无穷。

（3）其他不良的应对方法。如沉溺于幻想、攻击自己或他人等。

2. 积极的应对方式

认识压力的作用及其可能导致的后果，对可能出现的过度压力有心理准备，并主动学习处理压力的方法，就可以有效地控制压力。常用的方法如下：

（1）形成正确的自我认知，确立适宜的发展目标。人是独立而特殊的个体，只有对自己的认识深刻，才能帮助自己有效地解除工作压力、生活挫折及内心冲突所带来的困扰。认识自我，包括认识自己的个性、兴趣、优缺点、工作能力及所负担的角色等。承认和接受自己的限制。在正确评价自我的基础上确立适宜的发展目标。不少人在工作中产生压力是对自己缺乏了解所致。不能从实际需要出发，目标定得太高或者过于理想化，最终难以避免挫败，心理失去平衡。

（2）科学筹划时间，善于统筹时间。第一，分析目前时间利用的现状，找出时间浪费的原因。第二，每天制订任务清单，并根据轻重缓急排出事情的优先次序。第三，运用80/20定律，勇于舍弃不太重要的事情。80/20定律是时间管理学中的重要原理：如果所有的工作项目根据价值大小来排序，80%的价值来自于20%的项目，其余20%的价值来自于80%的项目。

（3）改变不良的认知方式，以乐观的态度看待问题。人们的不良情绪有些确实是因为生活中的不利境遇所引起的，但有些是由于人们对事情的真实情况缺乏了解或认识有偏差而盲目地生长起来的。同一情境，由于认识和解释不同，体验到的压力就不同。找出那些妨碍我们对当前状况正确认识且可能会引发压力的信条，换一个角度去看问题，可能会消除压力或减轻压力的强度。积极乐观的态度能减少许多害怕和担心，使人看到事情好的方面，把消极压力转化为积极压力，灵活有效地解决问题（表10-2）。

表10-2 对考试压力的认知调整

序号	易产生压力的认知	调整后的认知
1	考试成功是人生最重要的事情	考试不是人生最重要的事情
2	考试失败说明自己无能	失败是成功之母
3	考不好丢面子	不及格并不是绝路
4	觉得对不起父母的期望	读书是自己的事，只要尽力就可以
5	别人成绩好，我受不了	同学成绩比我好，我为他们高兴

（4）建立和谐的人际关系，发展积极的社会支持系统。建立良好的人际关系对缓解压力很重要。台湾黄坚厚先生曾提出健全人际关系的四项原则：要能了解彼此的权利和责任；对自己应有适当的了解；要能客观地了解他人；和他人的关系要有明确的认识。人际关系和谐的人在他们遭受挫折、面临压力时往往受益于良好社会系统的支持：改善自我价值和自我概念的认识；提供信息帮助人们重新解释和理解压力源，从而摆脱压力困境。倾诉是减压的良方，面临压力可向信任的人、喜欢的人、关心你的人倾诉，从而使情绪得以宣泄，问题得以解决。在与人沟通的过程中，反省总结，享受陪伴，减轻压力。

（5）培养健康的生活方式，学会积极放松。要有效应对工作压力，还要着眼于养成良好的生活习惯，使自己学会有规律、有效率地生活，从而减轻压力对自己的影响。在压力情境中，应学会自我控制，做到张弛有度，参加一些社交活动以开阔自己的胸怀和眼界，从而改善心态，参加一些娱乐性活动使自己紧张的身心得到放松。

积极地应用放松技术。放松技术被认为是经受了时间考验、被证明具有强大作用和广泛用途的压力应对技术，也是一种很专业的技术，包括自发性训练、放松反应、超越静坐、催眠等，教师不妨通过各种途径获得专业指导，学会放松技术以应对压力。

放松训练是通过机体主动放松来增强对自我控制的有效手段，是一种自我调整压力的方法。一般在安静的环境中按一定要求完成特定的动作程序，通过反复的练习，使人学会有意识地控制自身的心理生理活动，以达到降低机体唤醒水平，增强适应能力，调整因过度紧张而造成的生理心理功能失调，起到预防及治疗作用。

放松训练的方法有多种，下面略做介绍。

放松一：想象放松法。选一个安静的房间，平躺在床上或坐在沙发上。闭上双眼，想象放松每部分紧张的肌肉。想象一个你熟悉的、令人高兴的、具有快乐联想的景致，或是校园或是公园。仔细看着它，寻找细致之处。如果是花园，找到花坛、树林的位置，看着它们的颜色和形状，尽量准确地观察它。此时，敞开想象的翅膀，幻想你来到一个海滩（或草原），你躺在海边，周围风平浪静，波光熠熠，一望无际，使你心旷神怡，内心充满宁静、祥和。随着景象越来越清晰，幻想自己越来越轻柔，飘飘悠悠离开躺着的地方，融进环境之中，阳光、微风轻拂着你。你已成为景象的一部分，没有事要做，没有压力，只有宁静和轻松。在这种状态下停留一会儿，然后想象自己慢慢地又躺回海边，景象渐渐离你而去。再躺一会儿，周圈是蓝天白云、碧涛沙滩。然后做好准备，睁开眼睛，回到现实。此时，头脑平静，全身轻松，非常舒服。

放松二：渐进放松法。选择一间安静的房间，躺在床上或坐在沙发上，宽松衣服，调整姿态，尽量舒服些。使右脚和右脚腕肌肉紧张，扭动脚趾，感觉如何？收紧肌肉，再放松，反复做几次，记住紧张和放松时不同的感觉。左脚和左脚腕重复同样的练习。收紧小腿肌肉，先右后左，重复紧张和放松。收紧大腿肌肉，先右后左，体会大腿紧张是怎样影响膝盖和膝关节的。再移到臀部和腰部，注意紧张和松弛两种状态的不同感觉。向上练习腹部、胸部、背部、肩膀的肌肉。练习前臂与手，抬起放下，握拳放松，先右后左，反复练习。最后到脖颈、面部、前额和头皮。放松顺序也可以自上而下，每天花几分钟时间练习，坚持下去，必有收获。

三、心理健康与挫折

挫折作为行动过程与结果的一个维度对心理健康有着重大影响，因此需要把握它们之间的相关关系，以便为维护心理健康正确导航。

（一）挫折的界定

挫折是指个体在通向目标的过程中遇到难以克服的障碍或干扰，使目标不能达到、需要无法满足时所产生的不愉快情绪反应。挫折既包括挫折情境，又包括挫折感受，两者关系密切。挫折情境导致挫折感受，挫折感受是一种复杂的内心体验，烦恼、困惑、焦虑、愤怒等各种负面情绪交织在一起。

挫折也像压力一样无所不在，关键要看人们是否承受得住。有不少各方面都非常优异的高中生在进入大学后，由于在强手如林的新环境里一下子失去了绝对优势，不再是最出色的学生，因而意志消沉，出现了各种各样的心理问题，这便是一个承受不了挫折的例子。心理学家们所研究的就是在挫折情境下分析个体产生的挫折感，以及如何提高人的挫折承受能力问题。

（二）挫折产生的原因

导致挫折的原因有很多，一般可以概括为外在因素与内在因素。外在因素主要指环境方面的，包括自然条件和社会条件。外在因素常常是个人意志或能力所不能左右的，如个人无法预料的天灾人祸、意外事件、社会动乱等。例如，辛勤耕作一年的农民眼看丰收在望，正盘算着丰厚的收益如何用来改善生活时，一场突如其来的洪涝灾害冲走了庄稼，也冲垮了他的愿望。这里导致挫折的就是无法预料和控制的外部力量。内在因素则主要指由于自身条件的限制阻碍了目标的实现，包括个人的生活条件、人格特点、心理状态、经济水平等。例如，一个身材矮小的人，一心想成为职业篮球运动员，这个愿望显然很难实现，使他体验到挫折感。自我估计过高的人，因为常常设定不现实的目标，很多愿望难以实现，也容易受到挫折打击。

挫折虽然带来的是不愉快的情绪体验，但挫折对人的影响并不都是负面的。法国大文豪巴尔扎克根据自己丰富的人生体验，形象地把挫折比作一块石头。石头本身是中性的，无所谓好坏，但对于不同的人就会产生不同的影响。对于强者它可以成为垫脚石，让人站得更高；对于弱者它可以成为绊脚石，使人一蹶不振。经历挫折，可以使人从失败中吸取经验教训，磨练意志，增加克服困难的勇气，提高解决问题、适应环境的能力。俗话说"吃一堑，长一智""失败是成功之母",就是这个道理。相反,挫折承受能力差的人却可能因此产生心理上的痛苦,情绪不稳,行为失态,甚至导致生理心理疾病。可见挫折犹如一把双刃剑,可以为我们所用,也可以伤害我们,关键要看我们怎么用它了。

(三)挫折后的反应

1. 攻击行为

当个体受到挫折时,常会引起愤怒情绪,因而出现攻击行为。社会学习心理学家多拉德和米勒运用了大量实验证据来说明挫折与攻击的关系,他们认为"攻击必然是挫折的结果"。由于挫折而引起的攻击行为可能直接指向阻碍人们达到目标的人或物,因此可能产生对人的嘲笑、谩骂,甚至动手打人;也可能转向别的方面以发泄自己的愤怒情绪,转向攻击代替物(或称为找"替罪羔羊")。如在单位受气回家责打妻儿、为社会所抛弃而走上暴力犯罪之路等。

2. 冷漠

有的人在长期遭受挫折,又对改变现状感到无力无望时,可能会表现出冷漠、麻木。这种冷漠中包含着愤怒,是愤怒暂时受到压抑,而以间接方式表示的反抗。

3. 幻想

个人遭到挫折后,可能陷入一种想象境界中,就好像"白日梦",即暂时离开现实,沉浸在自己的想象中来获得满足,这是一种对待挫折的非现实的方法。幻想对挫折后的情绪可以起到缓冲作用,但它终究代替不了现实,还是不能使问题得到彻底解决。

4. 心理防御机制

个体处在挫折与冲突的情境中时,经常会自觉不自觉地运用一些方法来减轻内心的不安,以恢复情绪的平衡与稳定。这些方法统称为心理防御机制,它是指个体在潜意识中为减弱、回避或克服现实冲突带来的挫折、焦虑、紧张等而采取的一种防御手段,借此保护自己。

心理防御机制在现实生活中是一种相当普遍的心理现象。当人面对挫折时,心理平衡往往遭到破坏。在多数情况下,人会感到困扰、不适应,体验到痛苦的折磨。出于人的自我保护本能,会自发地唤起心理防御机制起目的,以达到缓冲心理挫折、减轻焦虑情绪的目的,并且可为人寻找战胜挫折的办法提供时机。从这个意义上说,心理防御机制的运用是积极的,但如果使用不当或过分使用,从而影响了个人对环境的适应,就会起到消极效果。

常见的心理防御机制可分为建设性防御、替代性防御、掩饰性防御、逃避性防御、攻击性防御五大类。具体表现为十种方式：

否认：指拒绝接受不愉快的现实以达到保护自我的作用。沙漠中的鸵鸟被追赶而无法逃脱时，把头钻进沙滩，危险看不见了也就等于不存在了。各种形式的"鸵鸟政策"在人类身上是不少见的，如"眼不见为净""掩耳盗铃"等。

幻想：指通过想象中的成就去满足受到挫折后需要没有得到满足的心理。如一位内向、缺乏魅力的男青年恋爱受挫后，想象自己是一个英俊的小伙，成为很多少女心中的偶像，陶醉在幻想的世界中获得心理满足。

压抑：指把不愉快的经历和体验压抑到无意识中，不去回忆、主动遗忘。如某学生因一时糊涂，偷拿同学的钱物，事后羞愧难当，又没勇气承认，拼命想把这件事忘掉。但以后每遇到同学丢东西，就怕被怀疑，以至发展到怕见同学，这种失常行为的根源就是过分压抑的结果。

投射：指把自己的不当、失误转嫁到他人身上，或把自己不能接受的欲望归结为他人的。如一位人际关系不好的学生认为自己本来很喜欢班里的同学，但他们恨我，所以我才无法喜欢他们，以此来掩盖自己的孤立。

反向：指将自己不能接受的欲望和行为以截然相反的行为表现出来。如明明内心自卑感很重，觉得事事不如别人，却总表现出自高自大、傲慢不羁。

转移：指将不满足的情绪发泄到危险较小的对象身上。如受了老师的批评或家长的指责后，把怒气发泄到同学身上，对同学发火、扔东西。

退行：指表现出与年龄、身份不相符的幼稚行为，心理状态像是退回到儿童水平。如考试不及格就到老师面前哭哭啼啼，苦苦哀求，或者不吃饭，与自己赌气。

文饰：指采用合理的理由来解释所遭受的挫折，以减轻心理痛苦。如考试不及格，则说考题太难超出要求；求爱不成，则说对方本来就没有什么值得可爱。

补偿：指通过新的满足来弥补原有欲望达不到的痛苦。如学习成绩平平，但体育成绩突出，或因有其他特长，而使自己能够得到满足。

升华：指把不易直接表现出来的行为或欲望转化为建设性的活动，将低层次的需要和行为上升到高层次的需要和行为。如把失恋的痛苦转化为发奋学习的动力。

心理防御机制作用具有二重性。积极的心理防御机制有助于适应挫折，化解困境；消极的心理防御机制只能起到暂时平衡心理的作用，并不能解决问题，甚至还会埋下心理变态的种子。心理健康的人能在积极意义上使用心理防御机制，而心理不健康的人总是依赖于心理防御机制，其结果是使适应能力日趋削弱，人格和心理发展受到严重影响。可以说，某些心理不健康的人是消极的心理防御机制使用过度的结果。

因此，我们要准确地认识和把握心理防御机制，适时适度地运用，以发挥它的积极作用，学会更有效地应对挫折。

（四）挫折的应对策略

既然挫折是不可避免的，那么就有必要学会如何面对挫折、如何应对挫折，提高挫折承受力。

1. 正确认识挫折

要提高承受挫折的能力，首先要正确认识挫折，建立一个正确的挫折观。在现实生活中，挫折是难免的。有的人总认为生活中的挫折、困境、失败都是消极、可怕的，受挫后往往悲观抑郁，甚至丧失了生活的勇气。事实上，挫折并不都是坏事，处理得好的话，它也可以成为自强不息、奋起拼搏、争取成功的动力和精神催化剂。生活中许多优秀人物就是在挫折磨练中成熟、在困境中崛起的。相反，过于一帆风顺的生活反而会使人耽于安逸、丧失斗志，在挑战到来时措手不及。因此可以说，挫折也是一种机会。只要能坦然面对挫折，树立战胜挫折的勇气和信心，就可以适应任何变化的环境。

2. 改变不合理观念

心理学研究表明，引起强烈挫折感的与其说是挫折、冲突，不如说是受挫者对所受挫折的看法，以及所采取的态度。常见的不合理观念有以下几种：

（1）此事不该发生。有些人把生活中的不顺利，学习、交往中的挫折、失败看作是不应该发生的。他们认为，生活应该是愉快的、丰富的，人际关系应该是和谐的、互助的。一旦生活中出现诸如人际之间的冲突、成绩滑坡、好友负心、评不上优秀等事件，就认为它不应该发生，而变得烦躁易怒、束手无策、痛苦不堪、失去信心。

（2）以偏概全。有些人常常以片面的思维方式看待事物，简单地以个别事件来断言全部生活，一叶障目。例如，有人对自己不友好，就得出结论说自己人缘不好或缺乏交往能力；一次考试不尽如人意，就认为自己彻底失败，不是读书的材料；一次失恋就认为自己对异性没有吸引力等，从而导致自责自怨、自卑自弃的心理而焦虑、抑郁。以偏概全不仅表现在对自己的认识上，也表现在对他人、对社会的认识中。例如，因一事有错而对他人全盘否定；因社会有缺陷，存在阴暗面，就看不到光明，而彻底丧失信心。

（3）无限夸大后果。有些人遇到的是一些小挫折，却把后果想象得非常糟糕、可怕。夸大后果的结果是使人越想越消沉，情绪越来越恶劣，最后难以自拔。例如，一门功课考试不及格，就认为自己能力不行，学不下去，毕不了业，找不到工作，人生没前途，生命没价值。这实际上是一种自己吓唬自己，给自己施加压力的做法。

只有改变不良的认知方式、纠正错误的观念，才能实事求是地评价挫折带来的后果，从困难中看到希望。

3. 提升素养，勇于行动

为了提高挫折承受力，就应该主动地、自觉地将自己置身于充满矛盾的、复杂的社会环境中去磨练，向生活学习，而不是逃避社会。同时，必须提高自身的思想道德修养和知识素养，培养"慎独"精神，养成冷静思考的习惯，经常自我分析、自我反省、自我激励。从心理发展的角度看，积极主动地适应，勇敢顽强地拼搏，反复不懈地磨练，会使心理更趋成熟，增强承受挫折、化解冲突的能力，促进心理朝着健康、向上的方向发展。

4. 优化自身人格特质

挫折承受力与人格特征有关，以下几种人格类型的人常常容易引起挫折感。

（1）性情急躁的人。他们的情绪变化大，易动怒，火暴脾气一点就着，常常因为一点芝麻绿豆的事而引起挫折感。

（2）心胸狭窄的人。他们气量小、好猜疑，喜欢斤斤计较，容易体验消极的情感。

（3）意志薄弱的人。他们做事缺乏耐力和持久，患得患失，害怕困难，只看眼前利益，经不起打击和挫折。

（4）自我偏颇的人。他们缺乏自知之明，或者自高自大、目空一切，或者自卑自贱、畏首畏尾。

为了提高挫折承受能力，每个人都应主动地培养自己良好的人格品质，改变那些不适应发展的不良的人格特征。重点应培养自信乐观、自强不息、宽容豁达、开拓创新等品质。自信才能乐观，乐观才能自信，两者相辅相成。当遇到挫折、困境时，如果相信自己一定能取胜，那就会积极去改变现实，克服困难，战胜挫折，这是自信的作用。乐观者在面临挫折、困境时，不会被眼前的困难吓倒，而是能够透过表面的不利看到蕴藏在背后的希望，相信明天是美好的，从而信心十足地去战胜困难。

自强不息是良好的意志品质，是一切成功者的共同特征。生命不息，奋斗不止。通向成功的道路不是平坦的，挫折、逆境常常会出现，只有坚强不屈、顽强拼搏，才能到达光辉的顶点。而那些一遇挫折就偃旗息鼓者，只能半途而废，永远不可能成功。

宽容豁达和开拓创新的人胸怀宽阔，对挫折不是被动地适应，一味忍耐，而是面向未来，积极进取，勇于创造新生活。

因此，提高承受挫折的能力应从培养良好的人格品质入手，从细微小事中严格要求自己，努力在行动中锻炼，使自己的心理得到充分、有效的发展，心理健康达到高水平的状态。

本讲小结

1. 科学的健康观念：健康不仅仅是没有疾病和没有衰弱的表现，而是生理上、心理上和社会适应方面一种完好的状态。

2. 心理健康，从广义上讲，是指一种高效而满意的持续的心理状态；从狭义上讲，是指人的基本心理活动的过程：内容完整、协调一致，即知、情、意、行、人格完整协调，能适应社会。人的心理健康水平大致可划分为三个等级：一般常态水平、轻度失调水平和严重病态水平。不同年龄阶段的个体，心理健康标准有共同的维度，也有不同的具体内涵。

3. 心理健康标准有6个基本维度：有正常的智力水平；了解自我、悦纳自我；与他人建立和谐的关系；善于调节与控制情绪；有良好的环境适应能力；人格和谐统一。

4. 压力有三种不同的含义，有四种类型的压力源：躯体性压力源、心理性压力源、社会性压力源、文化性压力源。

5. 人们面临压力时会产生一系列身体上、心理上和行为上的反应。

6. 影响压力的因素：经验、准备状态、认知、性格、环境。

7. 压力的管理策略有：（1）形成正确的自我认知，确立适宜的发展目标；（2）掌握科学的时间管理方法；（3）改变不良的思维方式，以积极乐观的态度看待问题；（4）建立和谐的人际关系，扩展良好社会支持系统；（5）培养健康、科学的生活方式，学会放松。

8. 挫折是指个体在通向目标的过程中遇到难以克服的障碍或干扰，使目标不能达到，需要无法满足时所产生的不愉快情绪反应。

9. 导致挫折的原因有外在因素与内在因素。外在因素主要指环境方面的，包括自然条件和社会条件；内在因素主要指由于自身条件的限制，包括个人的生活条件、人格特点、心理状态、经济水平等。

10. 人们受到挫折后会引起以下各种可能反应：（1）攻击行为；（2）冷漠；（3）幻想；（4）心理防御机制。

11. 常见的心理防御机制有十种表现方式：（1）否认；（2）幻想；（3）压抑；（4）投射；（5）反向；（6）转移；（7）退行；（8）文饰；（9）补偿；（10）升华。

12. 挫折的应对策略：正确认识挫折；改变不合理观念；提升素养，勇于实践；优化自身人格特质。

专业术语

健康新理念、心理健康标准、心理健康维度、压力、挫折

思考问题

1. 心理健康的标准是什么？如何建立科学的健康观念？
2. 什么是压力？如何有效地应对学习或生活压力？
3. 举例说明如何面对成长过程中的常态挫折与意外挫折。

拓展读物

1. 张春兴. 现代心理学 [M]. 上海：上海人民出版社，2005
2. 唐红波. 心理卫生 [M]. 广州：广东高等教育出版社，2004
3. Philip L. Rice. 压力与健康 [M]. 石林，等译. 北京：中国轻工业出版社，2000

第十一讲　心理测量——了解心理变化的操作

> **本讲要目**
> 一、心理测量要义
> 二、心理测验的种类
> 三、心理测验的使用

伴随着个体的自然成熟，加之教育等各种环境因素的影响，个体的身体素质和心理品质都会产生不同程度的变化。为了准确地了解个体的心理变化，教育工作者特别有必要进行相应的心理测量。本章对心理测量学的基本知识做一个简要的介绍，以便人们可以科学地认知并正确地加以使用。

一、心理测量要义

（一）心理测量的定义

所谓心理测量，就是根据一定的法则，用数字对人的行为加以确定，即依据一定的心理学理论，按照一定的操作程序，给人的行为和心理属性确定出某种数量化的价值。

由于心理有着主观性的特点，有人怀疑心理测量的可能性。但是，早在20世纪初，心理学家和测验学者就已经对心理测量的可能性，在理论上和实践上做出了明确阐述和具体操作。

首先，任何事物，只要客观存在就有数量性质。这个原则是美国教育心理学家桑戴克在1918年提出的。他说:"凡物之存在必有其数量。"譬如,智力看不见、摸不着,但学生的智力有高低之分,学习成绩有好坏之别。这个高低、好坏之间就体现着程度的不同,程度差异也就是数量的不同。

其次,凡有数量的事物,都可以测量。这个原则是美国教育测量学家迈柯尔于1923年提出的。他说:"凡有数量的东西都可以测量。"这说明人的心理属性也是可以测量的。到目前为止,对于某些心理属性,如兴趣、态度、理想、信念、价值观、知识、技能、智力、创造力等,都有了测量工具,获得了有意义的数量化价值。比如,美国斯坦福大学心理学教授推孟修订的斯坦福-比奈量表就是测验智力的科学工具。

(二)心理测量的特点

1. 心理测量的间接性

心理测量是一种间接测量。以目前心理科学的发展水平,我们还无法直接测量人的心理属性,只能测量人的外显行为。根据人格特质理论,人们对测量结果进行推论,从而间接了解人的心理属性。特质理论认为,某种内在的不可直接测量到的特质,可以表现为一系列具有内在联系的外显行为,测量者可以通过测量这些外显行为,并由这些行为判断特质的性质。

在心理学中经常用特质来描述一组内部相关或有内在联系的行为。特质乃是个体特有的、稳定的、可辨别的特征。所以特质理论认为,心理测量中的"事物的属性或特性"即指特质,它是一个抽象的产物,而不是一个可被直接测量到的、有实体的个人特点。由于特质是从行为模式中推论出来的,因此基于特质理论的心理测量只能是间接的测量。

2. 心理测量的相对性

对人的行为进行比较,没有绝对的标准,有的只是一个连续的行为序列。所有的心理测量都是看每个人处在这个序列的某个位置上。因此,位置具有相对性。由此所测得的一个人智力的高低、兴趣的大小、价值观的程度等,都是与其所在团体的大多数人的行为或某种人为确定的标准相比较而言的。

心理测量没有永恒的标准,从测量结果进行推论所采用的标准不是一成不变的。比如,就像智力测验,比奈-西蒙智力测验量表,采用的标准是智力年龄;斯坦福-比奈智力测验量表,采用的标准是智商。从科学性角度看,智商要高于智力年龄,智商标准要比智力年龄标准更符合测量的科学规范。

(三)心理测量与心理测验

心理测量与心理测验这两个概念之间既有联系又有区别。心理测量是运用测验为工具，达到了解人类心理的实践活动。而心理测验是了解人心理的工具。简单地讲，测验是工具，测量是使用测验这一工具的活动。准确地说，能被应用于实际心理测量的心理测验才是真正有效的测验工具。

作为心理测量的工具，心理测验有着广泛的应用。

1. 心理测验在实际工作中的应用

选人。 在教育、工业、商业、军事、艺术、体育等部门，人们经常遇到选拔人才的问题，靠个人经验来识别人才有很大的局限性，不能满足当代社会对各种人才的大量需要。心理测验可以为全面、客观、科学选拔人才提供依据。目前，我国已经制定出一些高级技术人才和高级管理人才的选拔测验。例如，用于飞行员选拔的心理测验提高了选拔的准确性，从而大大减少了人力、物力的浪费。

安置。 心理测验可以了解个体的能力、人格和心理健康等心理特性，从而为人员安排提供依据，提高人员安置的效率。比如，公司根据能力倾向测验的结果把员工安置到与其能力相匹配的岗位上，会提高工作效率并能更大限度地发挥员工的潜能。

诊断。 对于智力落后者的鉴别是促进心理测验发展的最初动力之一。在临床上对各种智能缺陷、精神疾病和脑功能障碍等的诊断依然是某些心理测验的主要用途。在教育工作中，心理测验还可以用来发现学生学习困难和适应不良的原因，弄清是缺乏某种特殊能力，还是某方面的知识缺乏，抑或是性格不良，从而采取适当的帮助和补救措施。

咨询。 各种学业、能力、兴趣、性格测验可以服务于升学和就业指导等，帮助学生了解自己的能力倾向和人格特征，确定最有可能成功的专业或职业，进而做出最佳选择。心理测验也可以探索人的情绪困扰和人格障碍，帮助人们查明心理问题、障碍或疾病的性质及程度，为当事人的自我决策和行为矫正提供参考意见，也可以为心理咨询师在做心理咨询或辅导时提供必要依据。

此外，心理测验还具有预测和评价等作用。

2. 心理测验在理论研究中的应用

心理测验在资料搜集、建立和检验假设、实验分组等方面都可以发挥应有的作用。

总之，心理测验作为心理测量的工具，既促使心理学更好地为实践服务，又推动了心理学的理论发展，为人们的健康和幸福提供了相应的保障。

二、心理测验的种类

人的心理活动和属性非常复杂，用于测量心理属性的心理测验因此就多种多样。心理测验的分类根据采用的标准不同而有所不同。

(一) 按测验的功能分类

1. 能力测验

依据心理测验的观点，能力可以分为实际能力和潜在能力。实际能力是指个人当前的能力，代表个人已有的知识、经验和技能，是学习或训练的结果。潜在能力是指将来可能具有的能力，是在给予一定的学习机会时，某种行为可能达到的水平。有人把测量潜在能力的测验称为能力倾向测验。

能力测验可以进一步区分为一般能力测验和特殊能力测验。前者就是常说的智力测验，后者则指用于测量个人在音乐、美术、体育、机械、飞行等专门领域的特殊能力。

2. 成就测验

主要用于测量个人或团体经过正式教育或正规训练后对知识或技能掌握的程度。因为所测得的主要是学习成绩，所以又称学绩测验。最常见的是学校中的学科测验，用来测量学生对某学科知识、技能的掌握情况。

3. 人格测验

人格测验主要用于测量气质、性格、兴趣、爱好、动机、理想、信念、价值观等方面的个性心理特征，即个性心理差异中除了能力以外的部分，如气质类型测验、性格的内外向类型测验、认知方式的场依存-独立性测验，等等。

(二) 按测验的对象分类

1. 个体测验

个体测验每次仅以一位受测者为对象，通常由一位主试与一位被试面对面进行。其优点是主试对被试有较多的观察与控制机会，尤其是在某些人如幼儿、文盲等不能使用文字而只能由主试记录反应时更加适用。其缺点一是比较费时，不易进行大规模测量，建立常模较困难；二是对主试有较高要求，否则测量结果就不可靠。

2. 团体测验

团体测验是在同一时间内由一位主试对一群人施测。其优点是时间经济，可以在短时间内收集到大量资料，在教育上被广泛使用。其缺点是被试的行为不易控制，容易产生测量误差，从而影响测验的信度和效度。

(三) 按测验的材料分类

1. 文字测验

文字测验也称纸笔测验，所用的材料是文字，被试用文字作答。其优点是实施方便，团体测验多采用之。缺点是容易受被试文化程度的影响，对不同教育背景下的人使用时，其有效性将降低，甚至难以使用。

2. 非文字测验

非文字测验也称操作测验。测验题目多属于对图形、实物、工具、模型的辨认和操作，被试通过指认、手工操作向主试提供答案，无须使用文字作答。其优点是不受或少受文化因素的影响，可用于幼儿和成人中的文盲。其缺点是大多不宜团体施测，时间上不经济。

（四）按测验的目的分类

1. 描述性测验

该测验的目的在于对个人或团体的能力、性格、兴趣、知识水平等进行描述说明。主要是为了描述和说明被测者在某一心理特质上的一般状况或某一时期的问题。

2. 诊断性测验

该测验的目的在于对个人或团体的某种行为问题进行诊断，通常在教育、咨询和临床治疗中使用。

3. 预测性测验

该测验的目的在于从测验分数预示一个人将来的表现和某一心理状况所能达到的水平。在人才选拔中应用广泛。

（五）按测验的性质分类

1. 标准化测验

该测验是指从编制到实施都严格遵循测量理论并严格控制与测验目的无关因素影响的测验。这种测验需要建立常模或解释分数的标准，对所有被试实施有代表性的相同的或等值的测试题，实施测验的程序有详细的规定，如测验指导语一致、测验时间相同以保证每一被试有相同的测验条件，计分方法有同样的规定。衡量标准化测验质量的指标是它的信度和效度。

2. 非标准化测验

该测验是指不符合标准化程序的测验。中小学教师所使用的自编课堂测验就是典型的非标准化测验。

（六）按测验结果的评价标准分类

1. 常模参照测验

该测验是以常模作为评价测验分数优劣标准的测验。常模被视为测验分数的参照,它关心的不是一个人能力或知识的绝对水平,而是其在所属群体的表现、能力或知识连续体上的相对位置。常模是测验分数在某一常模团体的分布形态,一般用测验的平均数和标准差表示。

常模参照测验就是将一个人的分数与其他人比较,看其在某一团体中所处的位置。也就是把受测者的成绩与具有某种特征的人所组成的有关团体做比较,根据一个人在团体内的相对位置来报告他的成绩。智力测验就是典型的常模参照测验。

2. 标准参照测验

该测验在对测验结果进行评价时不以常模为标准,而是根据特定的操作或行为标准,对个体做出是否达标或达到程度的判断。

标准参照测验是将被试的分数与某种标准进行比较来解释。标准是指在编制测验和解释测验时所依据的知识和技能领域。这种测验常常用来检验学习的效果,看对指定的内容范围掌握得如何或是否达到某一标准。各种资格考试就属于这类测验,如会计师职业资格考试。

(七)常用心理测验简介

1. 智力测验

比奈-西蒙智力量表是世界上第一个智力量表,诞生于1905年。该量表一经推出,即受到很大关注,但也暴露出一些问题。于是很多心理学家对其进行了修订,最有代表性的是斯坦福大学心理学教授推孟推出的斯坦福-比奈智力量表。该量表最初使用智力商数,即智力年龄除以实际年龄,再将结果乘以100,称为智商。1960年,该量表舍弃比率智商,引入离差智商的概念,即以平均数和标准差来表达智力评估指标。

斯坦福-比奈智力量表有很多个版本,1916年推出的是第一版,最新版是2003年推出的第五版。斯坦福-比奈智力量表第五版测量了五个智力的一般因素,分别是流体推理、知识、数量推理、空间视觉过程和工作记忆,每种一般因素又有言语和非言语两种测验形式。斯坦福-比奈智力量表第五版的平均智商为100,标准差为15。表11-1显示的正是斯坦福-比奈智力量表(第五版)的理论模型。

表11-1 斯坦福-比奈智力量表(第五版)的理论模型

	言语	非言语
流体推理	早期推理(2~3) 语言谬误(4) 语言类推(5~6)	客体关系/矩阵

续表

	言语	非言语
知识	词汇	程序性知识（2～3） 图像谬误（4～6）
数量推理	数量推理（2～6）	数量推理（4～6）
空间视觉过程	位置和方向（2～6）	形状板（1～2） 形状图（3～6）
工作记忆	语句记忆（2～3） 最后的词（4～6）	延迟反应（1） 阻滞时间（2～6）

斯坦福-比奈智力量表以其良好的心理测量学特征，成为判断其他许多心理能力测验的重要标准。

得到广泛应用的智力测验量表除了斯坦福-比奈智力量表，还有韦克斯勒系列智力量表，即韦氏成人智力量表、韦氏儿童智力量表、韦氏学龄前和学龄初期儿童智力量表。

2. 创造力测验

创造力测验的量表不少，这里仅介绍南加利福尼亚测验。

南加利福尼亚测验是由吉尔福特等人编制的创造力测验，主要测量发散思维能力。吉尔福特认为发散思维能力是创造力的主要指标，因而测量发散思维能力即可得知创造力。

南加利福尼亚测验的主要内容包括14个分测验、10个使用言语反应、4个使用图形内容，适用于初中以上文化水平的被试。各分测验的内容主要如下：

（1）词语流畅性：迅速写下包含某个字母的单词，如"o"——load, hope……

（2）观念流畅性：迅速列举属于某一种类的名称，如"能燃烧的液体"——酒精、汽油……

（3）联想流畅性：列举近义词。

（4）表达流畅性：写出每个词都以特定字母开头的四词句，如，"K、U、Y、I"——Keep up your interest……

（5）非常用途：列举出一个指定物体的各种可能的非寻常用途。

（6）解释比喻：以几种不同的方式完成包含比喻的句子，如"一个女人的美丽就像秋天，它＿＿＿＿＿＿＿＿＿"。

（7）效用测验：尽可能多地列举每一件东西的用途。根据被试回答总数记录观念流畅性的分数，根据用途种类的变化记录变通性的分数。

（8）故事命题：写出一个短故事情节的所有合适的标题。

(9) 推断结果：列举一个假设事件的不同结果，如"假如人们不需要睡眠，会有什么结果？"

(10) 职业象征：列举一个给定物体或符号所象征的职业。

(11) 组成对象：利用一套简单的图案，如圆形、三角形等，画出指定的几个物体，图案都可以重复或改变大小，但不能增加其他任何图形。

(12) 绘图：要求将一简单图形复杂化，给出尽可能多的可辨认物体的草图。

(13) 火柴问题：移动特定数目的火柴棒子，保留特定数目的正方形或三角形。

(14) 装饰：以尽可能多的不同设计装饰一般物体的轮廓图。

南加利福尼亚测验较好地反映了吉尔福特关于创造力的本质，是一个标准化的创造力测验。

3. 自陈人格测验

所谓自陈人格测验，就是依据所测量的人格特征编制客观问题，要求被试根据自己的实际情况或感受做出逐一回答，以此衡量受测者在这种人格特质上表现的程度。自陈人格测验很多，以下仅介绍基于临床校标的明尼苏达多项人格问卷、基于因素分析的卡特尔16种人格因素问卷和艾森克人格问卷等三个问卷。

明尼苏达多项人格问卷

明尼苏达多项人格问卷（Minnesota Multiphasic Personality Inventory，MMPI）是由美国明尼苏达临床心理学教授哈萨威和心理治疗家麦金利在20世纪40年代共同编制的，是采用经验标准法编制自陈量表的典范。几十年来，该量表被广泛应用于人格鉴定、心理疾病的诊断治疗、心理咨询以及人类学、心理学、医学和社会学等领域的研究工作。在中国，有宋维真修订的MMPI版本。

MMPI共有566个项目，有16个项目是重复的，用来检验受测者反应的一致性。前399个项目分配在13个分量表中，其中包括10个临床分量表和3个效度量表，其余的项目与一些研究量表有关。通常在临床诊断中只使用前399个项目。这些项目的内容范围很广，包括身体各方面的状态（如神经系统、心血管系统、生殖系统等）、精神状态以及家庭、社会、婚姻、宗教、政治、法律的态度等26类问题，详见表11-2。

表 11-2 MMPI 项目分类表

项目分类	项目数	项目分类	项目数
1. 一般健康	9	4. 运动和协调动作	6
2. 一般神经系统	19	5. 敏感性	5
3. 脑神经	11	6. 血管运动、营养、言语、分泌腺	10

续表

项目分类	项目数	项目分类	项目数
7. 呼吸循环系统	5	17. 有关社会的态度	72
8. 消化系统	11	18. 抑郁情感	32
9. 生殖泌尿系统	5	19. 狂躁情感	24
10. 习惯	19	20. 强迫状态	15
11. 家庭婚姻	26	21. 妄想、幻想、错觉、关系焦虑	31
12. 职业关系	18	22. 恐怖症	29
13. 教育关系	12	23. 施虐狂、受虐狂	7
14. 有关性的态度	16	24. 志气	33
15. 有关宗教的态度	19	25. 男女性度	55
16. 政治态度—法律和秩序	46	26. 想把自己表现得好些的态度	15

MMPI 的 10 个临床量表均以所采用的校标组命名，以 1～9 和 0 为其编号：

1——疑病症：共 30 个项目，来自表现出对自己身体功能异常关心的神经质病人，如"我有胃酸过多的毛病，一星期要犯好几次，使我苦恼"。量表 1 被认为是最明了和单纯的，诊断往往很稳定。

2——抑郁症：共 60 个项目，来自过分悲伤、无望、思想及行动迟缓的病人，如"我深信生活对我是残酷的"。量表 2 被认为最能表示受测者对生活状况的不平和不满。

3——癔症：共 60 个项目，来自经常无意识运用躯体化或心理症状来回避困难和责任且有歇斯底里反应的患者，如"我身体某些部分常有像火烧、刺痛、虫爬、麻木的感觉"。该量表的得分与智力、教育背景和社会地位有关联。

4——精神状态：共 50 个项目，来自非社会性类型和非道德性类型的精神病态人格的患者，他们往往漠视社会价值观和社会规范，情绪反应简单，如"有时我有一种强烈的冲动，去做一些惊人的或有害的事"。

5——男子气-女子气：共 60 个项目，来自于具有同性恋倾向的人。男性和女性需要分别计分，如女性分量表中的"我从来没有放纵自己发生过任何不正常的性行为"和男性量表中的"和我性别相同的人对我有强烈吸引力"。但是，女性分量表和男性分量表的大多数项目是相同的。

6——妄想狂：共 40 个项目，来自于被判断具有敌意观念、被害妄想、夸大自我概念、猜疑心、过度敏感、意见和态度生硬等偏执狂症候的幻想，如"我时常觉得有些陌生人用挑剔的眼光盯着我"。该量表的解释很复杂。

7——精神衰弱：共 48 个项目，来自于表现出焦虑、强迫动作、强迫观念、无原因恐怖以及怀疑、优柔寡断的神经症患者，如"当我站在高处的时候，我就很想往下跳"。

8——精神分裂：共78个项目，来自于思维、情感和行为混乱，出现稀奇思想、行为退缩及有幻觉的精神分裂患者，如"在我独处的时候，我听到奇怪的声音"。

9——轻躁狂：共46个项目，来自于过于亢奋、精力充沛、思维奔逸、易激惹的躁狂患者，如"有时我会兴奋得难以入睡"。

0——社会内向：共70个项目，来自于对社会性接触和社会责任有退缩回避倾向的人。他们常常表现出胆怯、不安、顺从等特点，如"在社交场合，我多半是一个人坐着，或者只跟另一个人坐在一起，而不到人群里去"。

从上述10个分量表可以得到10个分数，分别是对受测者在10个人格特质上进行评估，其中男子气-女子气量表与社会内向量表只能说明人格的趋向，与疾病无关。

效度量表是MMPI的主要特色，它不是测验的效度指标，而是通过量表去识别不同的反应偏向和态度。如果在这些量表上出现异常分数，意味着其余量表分数的有效性值得怀疑。效度量表有以下四个：

1. 说谎量表：共15个项目，由社会赞许性较低的行为和情绪问题组成。这些项目所涉及的弱点是所有人都难以避免的，如果受测者不承认这些弱点，则说明他不能客观地评价自己；在此量表上分数较低，说明受测者比较诚实。一般分数在6分以上的最好避免使用，超过10分就不能信任该受测者的MMPI分数。

2. 诈病量表：共64个项目，由正常人一般不作肯定回答的问题构成。在此量表上得高分可能是蓄意装病、回答不认真或真的有病，如妄想、幻觉、思维障碍等。据此量表得分，可以推测受测者测验以外的行为，一般来说，如原始分数在0~2之间（T分数为45~49），表示受测者与正常人的反应是一致的。

3. 校正量表：共30个项目，其分数与说谎量表、诈病量表有关，可以更有效地测量受测者的态度。本量表主要是为鉴别有意将自己伪装成"好人"或"坏人"这两种倾向的人。本量表高值表示对测验的防卫性或装好人的企图，低值表示过分坦率与自我批评或装坏人的企图。本量表分数与社会经济地位有关，因此对于不同经济地位的群体，量表的标准也不同。

4. 疑问分数：该量表没有确定项目，它表示受测者无法回答或对"是""否"均作回答的题目数，超过30题则答卷无效。无回答的反应偏向代表了个体某些心理冲突或对某些事物的逃避，因此也值得重视。

卡特尔16种人格因素问卷

卡特尔16种人格因素问卷简称16PF，由美国心理学家卡特尔编制，是用因素分析法编制问卷的典范。这一问卷能在约45分钟内测量出受测者16种主要的人格特质，适用于16岁以上的青年和成人。

该量表的主要功能是对个体的人格因素做出分析，从16个方面描述个体的人格特征。这16个因素及在问卷中的字母代号如表7-7所示。

16PF的优点是题目表面效度不高，尽量都采用中性的题目，尽管许多题目看起来和某种人格特质有关，但实际上测量的却是另一种人格特质。16PF在各国广为流传，在中国，有戴忠恒、祝蓓里修订的量表。

艾森克人格问卷

艾森克人格问卷简称EPQ，是由英国心理学家艾森克编制的。该问卷的理论基础是艾森克提出的人格三维度理论，它强调人格的三个基本维度——内外倾、神经质和精神质。在这里，人格维度是个连续体，每个人都或多或少具有这三个维度上的特征，但是不同个体的表现程度又各不相同。根据这个理论编成的"艾森克人格问卷"专门用于测查在这三个维度上的个体差异。该量表经过多次修订趋于完善，1985年发表修订版成人艾森克人格问卷简式量表（EPQ-RS），依然是四个分量表，每个量表12题，共48题。EPQ由四个分量表构成，即E、N、P、L，前三者分别测量受测者在外倾性（E）、神经质（N）、精神质（P）上的特征，L是说谎量表，用于识别受测者回答问题的真实情况。

EPQ问卷分成人和儿童两种，分别适用于16岁以上受测者和7~15岁的受测者。我国有陈仲庚和龚耀先的两种修订版本，龚耀先修订本使用得比较普遍。

投射人格测验

自陈人格测验有其不能克服的问题——无意识动机造成的"防御心理"，投射人格测验能在相当程度上解决这一问题。投射人格测验很多，林德西（G. Lindzey）根据受测者的反应方式将投射测验分为以下五类：

联想型——要求受测者说出某种刺激（如单字、墨迹）所引起的联想，如荣格的文字联想测验和罗夏墨迹测验。

建构型——要求受测者根据自己所看到的图画，编造一套含有过去、现在、将来等发展过程的故事，通过故事的内容探索受测者的人格特征，如莫瑞的主题统觉测验。

完成型——提供一些不完整的句子、故事或辩论材料等，要求受测者自由补充使之完整，根据受测者完成的倾向来探索他的人格特征，如语句完成测验。

表露型——要求受测者利用某种媒介（如绘画、游戏、心理剧等）自由表露他的心理状态，如画人、画树测验。

选排型——要求受测者根据一定的准则（如美观、意义等）来选择项目，或做各种排列，根据这些选择和组合来推断其人格特征。

具体的投射人格测验很多，这里仅介绍联想型投射测验的罗夏墨迹测验、构建型投射测验的主题统觉测验以及表露型投射测验的麦柯弗画人测验、沙盘游戏。

1. 罗夏墨迹测验

罗夏墨迹测验由瑞士精神病学家罗夏于1921年编制完成，主要通过观察受测者对一些标准化的墨迹图形的自由反应，评估受测者投射出来的个性特征。1921年罗夏发表《心理诊断法》一书详述此法。可惜，一年后罗夏突发重病去世，年仅37岁。

罗夏测验的10张对称的墨迹图片中，5张是黑白的（1、4、5、6、7，图11-1），2张在黑白墨迹的基础上增加了少许鲜红色（2、3），还有3张由几种淡而柔和的色彩组成（8、9、10）。

图 11-1　罗夏墨迹测验黑白墨迹图示

施测时，应尽量使受测者放松、舒服，以简单的指导语告诉受测者如何完成测验，主试要尽可能少地加上自己的意见或其他说明。实施罗夏墨迹测验的典型做法是向受测者出示每一个墨迹图，一次一张，要他讲出墨迹可能代表什么。原则上，每张图片应施测两次。第一次是测验的自由联想阶段，由被试对每一张图片进行联想回答；第二次是提问阶段，主试要再一次把图片呈现给被试，并对其回答打分。除了记录受测者对每张图片的言语反应之外，主试通常还记录受测者的反应时、反应持续时间、抓取图片的位置、自言自语、情绪反应以及受测者在测验期间其他偶然的行为。在呈现10张图片之后的某一时间，多数主试都对受测者个人就每一墨迹进行联想的部分和方面进行系统提问，如每一反应是根据图片中的哪一部分做出来的，引起该反应的因素是什么（形状、颜色、阴影等）。在提问期间，受测者有机会对先前的反应澄清或细化。

罗夏墨迹测验计分时需要考虑的要素有四个方面：

（1）定位：是指每次引发受测者联想的相应部位。包括：

整体（W）。对墨迹图作整体的或接近整体的反应，表示概括倾向。W次数过低或没有，表示受测者缺乏综合能力，而W过高则表示过分概括倾向或期望过高。

部分 (D)。受测者的反应只利用了墨迹图中明显的某一部分，如对空白、阴影浓淡、色彩等墨迹图像的形态性质所隔开的较大部分进行反应。较高数量的 D 表示此人有良好的常识水平。

小部分 (d)。受测者的反应只利用了墨迹图中较小但仍可以明显划分的一部分。

细节 (Dd)。受测者的反应只利用了墨迹图中极小的或不同一般方法分割的一部分，如轮廓线、极小部分、内部浓淡部位等。Dd 数量多意味着有刻板或不依习俗的思维。

空白 (S)。受测者的反应所利用的是墨迹图中的白色背景部分。

（2）决定因素：确定受测者反应的因素。包括：

形状 (F)。受测者由于墨迹的形状像某个东西而引起反应。最常被认为的形状为 F，少见但是很清楚的形状为 F＋，表示受测者的现实性思维，适应良好，智能效率高；莫名其妙的形状为 F—，表示受测者思维过程混乱。

阴影浓淡 (K)。受测者的反应是由墨迹的阴影所导致的印象决定的，K 是一种无形扩散的反应，将墨迹看作没有形状的雾或霞，K 可看作是焦虑的指标，意味着对情爱的欲求不满足，有模糊不清和蔓延浮动的焦虑。

色彩 (C)。受测者的反应由色彩所决定。只对色彩反应而不对形状反应为 C，对形状反应较色彩显著者为 FC，对色彩反应较形状显著者为 CF。C 是外倾性符号，代表感情作用和内在冲动，纯粹的 C 反应是情绪控制的病态欠缺，是爆发性和一触即发的情绪性指标，在正常人中很少见。

运动 (M)。墨迹本身没有运动，但受测者把墨迹理解为代表运动的物体，这通常是想象和移情的作用。M 也是内倾性符号，M 多意味着情感丰富，M 少意味着人际关系差。

（3）内容：是指受测者回答的内容是什么，经常的反应如表 11-3 所示。

表 11-3　罗夏墨迹测验的反应内容及意义

符号	内容	意义
H	人	反映对人的态度，H 过少表示缺乏对他人的理解，缺少与他人的共鸣和好的人际关系
(H)	非现实性的人，如怪物、仙女	
Hd	栩栩如生的人体的一部分	Hd 反应过多表示对他人敏感，过于批评性的倾向
(Hd)	虚构人物的部分	
AH	半人半兽	
At	解剖学意义的人体部分（内部器官或 X 光照片）	At 代表意识固着于身体，有焦虑反应 At%在 10%以下正常

续表

符号	内容	意义
Sex	与性器官及性行为有关的东西	反映了人格病态倾向性,表示对性的关心、亢进及与社会的脱离
A	动物	A 反应是正常反应,A%在某种程度上是刻板性指标,正常人的 A%在 25%~40%的范围内,A%过低或过高,其社会成熟度皆有问题
(A)	非现实的动物	
Ad	动物的部分	
Aobj	动物制品	
A,At	动物解剖学概念(切断面、X 光照片等)	At 代表意识固着于身体,有焦虑反应 A%在 10%以下正常
Pl	植物	
N	自然	表示对自身内部某种基本力量的态度
Obj	人所制造的物体	表示受测者的定像物
Areh	建筑物	表示人的身体或人的业绩
Art	艺术	
Abst	抽象艺术	
Cl	云	
Bl	血	与不安定的色彩反应有联系
Fire	火	控制的感情反应

(4) 独创和从众

反应若和一般人的反应相近则为从众;若不平常,则为独创。罗夏主张在一般的受测者中有 1/3 对同一墨迹做相同反应,则为从众反应;如果一般人在一百次反应中只出现一次,则可视为独特反应。如受测者反应与一般人不同,则可能表示其有独特的见解,智力比较高,但也可能是病态思维,与社会不相融的倾向。而与一般人有许多相同的地方则可能表示其智力一般,或社会适应良好。

2. 莫瑞主题统觉测验

主题统觉测验(TAT)是另一种与罗夏墨迹测验齐名的人格投射测验,由美国心理学家莫瑞(H. A. Murray)与摩根(C. D. Morgan)于 20 世纪 30 年代发展起来。其中,莫瑞于 1943 年发表的第三套主题统觉测验最主要,应用也最为广泛,其任务是让受测者根据所呈现图片自由联想编造故事。

主题统觉测验的编制建立在莫瑞的需要-压力理论基础之上。该理论认为,人类复杂的心理行为,都可以用特定的欲求和压力相结合的简单形式来解释。个体人格的形成及表现,具有明确的动力性。完整的人格,往往在内在欲求与压力相平衡的结果。若不平衡,则会发生人格偏离或心理异常。TAT 假设个人对图画情境编造的故事和其生活经验有着紧密的关系,且受到无意识动机的影响。故事内容中有一部分受到当时知觉的影响，但其想象部分却包含个人意识或无意识的反应，即受测者在编故事时，会不自觉地把隐藏在内心的欲望和冲突穿插在故事情节中，借故事中人物的行为投射出来。

TAT由30张模棱两可的黑白图片（图11-2）组成，图片内容多为人物，也有部分景物，30张图片组合成有部分重叠的四套卡片，分别适用于男童、女童、14岁以上的男性和女性。施测时每个组测20张，其中1张为空白卡片，要求受测者根据每张图片编一个故事，说出是什么导致图片所示的事件，描述此时正在发生什么和图片中人物的所思所感，并最后给出结局。对空白卡片，要求受测者想象出一幅在卡片上的画并进行描述，讲一个关于它的故事。测验时间分为两个阶段各1小时，每个阶段完成10张卡片，第二阶段故意选择那些更加不常见、更有戏剧性和更古怪的卡片，并伴有指导语促使受测者发挥自由想象。

图 11-2　TAT 图片示例

TAT的计分有两部分：一是在每一种需要变量和情绪变量上的分数，计分规则是根据每一种需要或情绪的强度在1～5分之间计分；二是在每一种压力变量上的分数，计分规则是根据每一种压力的强度在1～5之间计分。最后在每一个变量上都得到两个分数，一是总体平均分（AV），二是分数的分布（R）。被评定的需要变量和情绪变量主要有：恭顺、成就、攻击、自责、关怀、顺从、性、受保护、进取、归属、自主、矛盾、情绪变化、沮丧、焦虑、怀疑等；被评定的主要压力变量有：归属、攻击、支配、关怀、拒绝、身体危险等。评定这些变量的分数的依据是受测者在所编的故事中对主人公的行为、需要、动机、情感和主人公所处的环境的描述，以及整个故事所反映出的主题性质。

对TAT的解释并无公认的方法，莫瑞本人提出解释时应注意以下几点：

主角本身：被认为代表受测者自身的角色，如隐士、领袖、犯罪者等。

主角的动机倾向和情感：主角行为，尤其是主角的异常行为，在分析时应注意提到次数多的行为。屈辱、成功、控制、失意等若干特性，均可按照叙述的强烈、持续、重复次数及重要性做成一个五等级量表。

主角的环境力量：特别是人事力量。有时图片中没有人和物，是被试自己选出来的，这些代表对主角产生影响的力量（如拒绝、身体的伤害、缺陷、失误等），可根据其强度而列成五等级量表。

结果：主角本身力量与环境力量的对比，经历了多少困难和挫折，结果是成功还是失败，是快乐还是不快乐。

主题：分析受测者最严重、最普遍的难题是来自环境的压力还是自身的需要。

兴趣和情操：如图片中的老年妇女常常被比喻为母亲，老年男子常常被比喻为父亲；图片中的角色，有时被描述为正面人物，有时则为反面人物。

3. 麦柯弗画人测验

麦柯弗画人测验是应用比较广泛的绘画测验，该测验的基本假设是：受测者在同性的人像上投射自己能接受的冲动，在异性头像上投射不能接受的冲动。此外，人像的特征也投射出受测者的性格特点。在测验中，给受测者提供纸和笔并让其在纸上"画一个人"，完成第一幅画后，要求受测者画一个与第一个人物性别不同的人。受测者绘画的同时，主试要记录其评语、画人像的不同部位的顺序，以及其他步骤上的细节。在受测者完成绘画之后，主试通常要提出一系列问题，使受测者说出自己所画人物的年龄、教育程度、职业和其他有关事实。询问还可能包括让受测者就画中的每一个人讲一个故事。

对画人测验的解释实质上是定性分析，大多是根据单个指标进行的广泛概括，画人测验着重于身体不同部位的意义，见表11-4。

表11-4 画人测验着重于身体不同部位的意义

身体部位	心理学意义
头的大小	察觉的智力能力、冲动控制、自我陶醉
面部表情	恐惧、憎恨、攻击、温顺
侧重于嘴	与吃有关的问题、酒精中毒、胃痛
眼睛	自我概念、社会问题、偏执狂
头发	生殖力的象征、潜在的性机能障碍
臂和手	与环境接触的程度、对他人的开放性
手指	操纵和阅历他人的能力
腿和脚	支持的数量、性关注、攻击
侧重于胸部	性未成熟、神不守舍、神经衰弱症

4. 沙盘游戏技术

沙盘游戏是由瑞士心理学家荣格的学生卡尔夫创立的一种心理分析专业技术，既可以用于人格测量，也可以用于心理治疗。

沙盘游戏最早可以追溯到韦尔斯的发现。韦尔斯观察自己的两个儿子在地板上玩微缩玩具，他发现数次自发性的游戏之后，孩子们身上一直存在的问题消失了，而且他们与其他家庭成员的关系也得到了很大改善。韦尔斯受到了极大启发，在进一步观察与研究基础上写成了《地板上的游戏》一书。1979年，英国儿童精神病学家洛温费尔德在韦尔斯"地板游戏"的基础上发展了"游戏天地技术"，以帮助儿童更好地表达"无法用言语表达"的内在情感或者身心状态。卡尔夫结合荣格分析心理学中的积极想象技术和纽曼的儿童发展阶段理论，创立了"沙盘游戏"。

沙盘游戏的理论假设是：沙盘游戏过程中，原型、象征和内在精神世界很容易表现出来，在一个自由、安全的氛围中表现这些客观存在可以促进整体性意象的形成，进而为自性的展现创造机会。卡尔夫还认为，在沙盘中展示自性非常必要，因为自性是自我发展与加强的基础，当自我和自性之间的联系建立起来后，个体在整体上就会表现得更加平衡与得体。因此，沙盘游戏不仅是投射测验，而且具有自然治疗的特征。

沙盘游戏需要一间专门用来进行活动的房间，里面放置着沙盘（图11-3）、人或物的缩微模型（图11-4）以及水罐或其他盛水器具等进行沙盘游戏的必需物品。沙盘一般放在低矮的桌子上。常用的沙盘大小为70厘米长、55厘米宽、11厘米高。它的外侧是深颜色，底和边框被漆成天蓝色，并且能防水，这样让来访者能感受到挖沙出水的感觉，这种感觉很重要。沙盘内部的蓝色在沙盘游戏中是关键的内容之一，浅蓝色本身可以对人的思维过程和行为产生心理以及生理方面的冲击。蓝色可用以代表碧水和蓝天，除了这些象征意义外，蓝色本色还可以被视为一种"客体"，在沙盘中它提供了一种清晰的视觉呈现。里面装的沙子大约是盒子高度的一半。沙盘的大小要能让人目之所及，一眼看到全貌，这有利于集中和加强人的心理注意力。

沙盘游戏操作起来并不复杂，测评师首先和受测者建立关系、取得信任，同时初步了解受测者的基本情况。然后，测评师将受测者的兴趣逐渐引向沙盘游戏的材料，并且明确告诉他，只要他愿意，可以自由地使用它们，自由建造头脑中想象出的任何图景。受测者在玩沙盘游戏的过程中，测评师通常坐在一个离沙盘较近的地方，以便及时发现受测者在建造过程中的种种表现，但这个地方不能太近，否则会干扰建造过程。在沙盘游戏完成之前，测评师最好不要插话，不要问问题，也不要发表自己的个人意见，而只是静静观看。当沙盘游戏完成之后，测

图 11-3 沙盘游戏中的细沙盘　　　　图 11-4 沙盘游戏中的玩具架

评师要询问每一个形象具体代表什么，或提出一些其他问题，对它任何进一步的讨论都要围绕着对主题或扩展主题的兴趣展开。

沙盘游戏的诊断分为儿童与成人两类。儿童是指 4～16 岁的人群，诊断的指标一般分为三方面：攻击性、空虚性和歪曲性。其中歪曲性又可以分为封闭性、无次序性和机械性三个角度。每一方面可以分为若干级别，级别越高，心理问题越严重。根据以上指标，问题儿童的空虚性和封闭性得分很高，且沙盘中一般不出现人物或者人的象征物；弱智儿童在攻击性、空虚性和歪曲性三方面得分均高，尤其是无次序性得分很高（徐光兴，2001）。

关于沙盘构成的具体解释，即其空间位置的处理，目前一般采用欧洲传统的空间象征理论。如果将一个长方形的沙盘放在面前，大致为上方代表精神领域或意识领域，下方代表肉体或者无意识领域；左方代表母性或过去生活，右方代表父性或未来生活；左上角代表当事人的死亡观等，右上角代表当事人的希望或者逃避；左下角代表当事人的诞生或起源，右下角代表当事人无意识中的堕落等。

自从 1985 年国际沙盘游戏治疗学会成立以来，沙盘游戏逐渐发展为一种以心理分析为基础的独立的心理治疗体系，成为艺术治疗和表现性治疗的主流之一，并在临床心理学界、心理咨询与心理治疗第一线得以推广和应用。我国心理学家申荷永、张日昇等也大力推广沙盘游戏的实践应用并做了不少理论研究。

三、心理测验的使用

美国心理学会（1974）曾指出：即使是最好的测验，若使用不当，也会伤害受试者。测验的使用一般包括测验的选择、测验的实施、分数的解释以及以分数为基础做出决策或判断的全过程。这里就心理测验使用需要注意的问题简述如下：

（一）测验的选择

1. 所选测验必须适合测量目的和对象范围

测验者应该对各种测验的性质、功能、适用条件以及优缺点有一个了解，认真研读测验指导手册，在此基础上根据实际需要和条件来确定究竟选用哪一种测验才能最好地达到测量目的。

2. 所选测验必须符合测量学要求

选择测验时往往需要考虑的测量学指标有信度、效度、难度、区分度和常模。这些测量学指标可在一定程度上保证测验的质量并使我们对测验的使用变得有信心。尤其要注意的是，测验是否有效，常模样本是否符合测验对象，常模资料是否太久而失效，等等。具体可参考如下几点，即测验的功效性、敏感性、简便性、科学性和时效性。

3. 测验选择需考虑的其他因素

除了测量目的、对象和测量学指标要求外，在选择测验时还需要同时考虑测验的经济性、文化适用性、测验的可得性等问题。

（二）测验前的准备

1. 事先告知被试

知情同意是指与当事人确立工作关系之前，心理学工作者有责任向当事人说明自己的专业资格，理论取向，工作经验，实验、测验或咨询过程，治疗的潜在风险，目标及技术的运用以及保密原则和收费标准等，以利于当事人自由决定是否接受实验、测验、咨询或治疗。广义而言，知情同意是现代契约精神的一种表达与认同。

一般而言，在测验前应该事先告知被试测验确切的时间、地点、目的、内容范围以及试题的类型等。这样可以使得被试对测验有充分的心理准备，而不至于因觉得突然和吃惊而引起测验焦虑。有时为了避免被试的防御并利于获得真实信息，测验前可以不告知被试该测验的真实目的，但是测验后或研究完成后测验者应对此有一个交代和解释，并有责任处理并消除因此可能给被试带来的消极影响。

2. 主试自身的准备

为了最大化地准确评估被试的反应，控制其他误差来源及影响，主试必须做好系统、全面的准备。

在测验前，主试首先需要熟悉指导语并能流利地用口语表达出来；其次需要熟悉测验的具体程序，准备测验所需要的辅助材料；最后还需要做好应付被试提问或突发事件的准备。

为了使主试能轻松自然地实施测验，一个有效的方法是事先对主试进行培训，详细讲解并结合观察演示和操作练习使主试熟悉测验操作程序，然后对可能出现的问题和突发事件进行讨论并提供有效的应对措施。

（三）测验过程的标准化

1. 标准化指导语

测验标准化的第一步是指导语标准化，即在测验实施过程中应该使用统一的指导语。指导语通常有两种：一是对被试的，二是给主试的。前者用以帮助被试了解参加测验的机制，向被试说明他/她应该做什么，即如何对题目做出反应。这种指导语应力求简单、清晰，一般印在测验的开头部分，可以让学生自己阅读，也可以主试口头说明。

给主试的指导语通常单独印在另一张纸上，主要包括对测验的进一步解释及其他注意事项。例如，测验房间的安排，测验材料的分发，计时、计分方法，对被试可能提出的问题的回答方法，以及在测验中途发生意外情况应如何处理，等等。

2. 标准时限

时限的确定，在很多情况下受施测条件（如课堂时间）以及被试特点（如老人、儿童、病人）的限制，当然最重要的是考虑测量目标的要求。大多数心理测验不受时间限制，对于那些在标准化施测指导手册中有明确时限要求的测验，主试要严格按规定执行，而不能随意调整和变动。在标准化施测时尽量选取被试生理和情绪状态都比较平稳的时期，即测验前后没有什么重大事情发生；具有特定研究或实践目的则除外，如研究高考前后学生的焦虑水平等。

3. 测验的环境条件

良好的环境包括安静而宽敞的地点、适当的光线和通风条件。在测验期间还要防止干扰。总之，对于测验的环境条件，首先必须完全遵从测验手册的要求；其次是记录下任何意外的测验环境因素；再次，在解释测验结果时也必须考虑这一因素。

4. 评分计分的标准化

有些测验的评分计分环节也是由主试来完成的，此环节同样要求主试严格按照测验开发者所提供的标准化程序来实施，尽量避免由主观性带来的误差。

（四）测验使用中的专业伦理问题

1. 测验使用者的资格

测验使用者是指那些为测验的选择、实施、评分计分、测验分数的分析解释、传达测验结果以及任何对建立在测验结果上的决策或行动等负有责任的个体。一般而言，测验使用者的资格包括对测验使用者的知识、能力、技能、所受的训练、受督导经验等方面的要求。对测验使用者资格的认定是保证测验正确使用的重要前提条件，这种认定主要包括以下几点：

① 应该具备关于心理测量学方面的基本理论知识；
② 应该具备关于最优测验选择方面的知识和技能；
③ 应该具备有关测验实施程序的知识和实施标准化测验的技能；
④ 应该具备对残障人士和不同语言背景的受测者施测的知识和技能；
⑤ 应该有接受督导的经历。

以上这些是关于测验使用者资格尤其是知识和技能方面的描述性要求，资格审查方面的具体规定可参照由中国心理学会颁布的《心理测验管理条例》（2008）中第四章"测验使用人员的资格认定"的有关条目。

2. 测验接受者的权利

美国的测验实践联合委员会（the Joint Committee on Testing Practice, JCTP）出版了《被试者的权利和义务：指导原则及展望》（1998）、《教育与心理测验标准》（1999）。根据以上，测验接受者的权利如下：

（1）被告知作为一个测验接受者所拥有的权利和责任。

（2）受到礼貌的、尊重的和公正的对待，而不管自己的年龄、残疾情况、民族、性别、国籍、宗教信仰、性取向或其他个人特征如何。

（3）接受那些达到了专业标准并且适合自己的测验。

（4）在测验以前以口头或书面的方式获知测验的目的、性质、结果是否会报告给自己或其他人、打算如何运用此测验结果等信息。如果是残疾人士，你有权询问并获取关于测验调整方面的信息；如果你在理解测验所使用的语言上存在困难，你有权事先知道是否能获得较适合的替代方案。

（5）提前知道何时施测，测验如何进行；是否能获得以及何时能获得测验结果以及是否需要付费等。

（6）由那些受过适当训练并遵循伦理准则的专业人员施测和解释测验结果。

（7）有权在对测验本身和测验结果的预期用途有足够信息的情况下，做出是否参加测验的决定。

（8）知道参与测验是否是可选择的，以及参加或不参加测验、全部完成测验或中途退出将带来什么样的后果。

（9）在测验后的适当时间内获取关于测验结果的书面或口头解释，并且这种解释要以通俗易懂的方式来表达。

（10）测验结果在法律允许的范围内被保密。

本讲小结

1. 心理测量是根据一定的法则，用数字对人的行为加以确定，即依据一定的心理学理论，按照一定的操作程序，给人的行为和心理属性确定出某种数量化的价值。心理测量主要有间接性和相对性两个特点。

2. 心理测验是了解人心理的工具，能被应用于实际心理测量的心理测验才是真正有效的测验工具。

3. 心理测验可以从不同角度进行分类，按测验的功能可以分为能力测验、成就测验和人格测验；按测验的对象可以分为个体测验和团体测验；按测验的材料可分为文字测验和非文字测验；按测验的目的分类有描述性测验、诊断性测验和预测性测验；按测验的性质分类有标准化测验和非标准化测验；按测验结果的评价标准分类有常模参照测验和标准参照测验。

4. 心理测验的使用在测验的选择、测验的实施、分数的解释以及以分数为基础做出决策或判断等方面都有许多注意事项，还应该遵守有关的专业伦理规范。

专业术语

心理测量、心理测验、标准化测验、常模参照测验、标准参照测验

思考问题

1. 举一例说明什么是心理测量。
2. 心理测量有何特点？
3. 举一例说明什么是心理测验。
4. 心理测量与心理测验有怎样的关系？
5. 心理测验有哪些主要作用？
6. 心理测验可以从哪些方面进行分类？

7. 测验过程的标准化主要包括哪些内容？
8. 测验使用中的专业伦理问题主要有哪些？

拓展读物

1. 金瑜. 心理测量 [M]. 上海：华东师范大学出版社，2001.
2. 郑日昌，孙大强. 实用心理测验 [M]. 北京：开明出版社，2012.
3. 凌文铨，方俐洛. 心理与行为测量 [M]. 北京：机械工业出版社，2003.

后　　记

心理学是人类认识自身的一门科学，是助力人们幸福生活的学问。作为一门科学，它是从西方传来的。作为文化历史悠久的中国，心理学的思想底蕴是丰厚的。本书尊重这两方面历史，既将西方科学心理学的经典作概要介绍，又不忘却中国古人包括百姓的心理学智慧，努力将科学与传统进行串接，体现科学性与生动性的统一。

进入新时代，人们越来越切身感受到心理学理论的实际效用，它不应该只是大学课堂里的孤立存在。人们常说："生命之树长青。"理论可能是抽象而苍白的，但也可以是鲜活的，理论往往是最好的应用。作者构建的由 11 讲构成的本书，自感总体知识架构也具有相当的应用价值。这个应用价值能否实现，可就得靠读者来评判了。

十分感谢信阳师范大学的何安明教授、惠州学院的饶淑园教授，多年前我们本有一次很好的合作机会，但被本人弄丢了。为弥补缺憾，特将他们当年撰写的一章（心理健康）内容的主体改动后纳入本书的第十讲，虽诚惶诚恐，但谢意是诚挚的。

衷心感谢郑雪教授所赐之序，那是厚爱、勉励和鞭策！

由衷感谢中国建材工业出版社，它让心理学在本书中得以如期"开讲"！

笔者学识浅薄，书中存有的瑕疵甚至错失之处敬请专家、同行还有广大读者指正。本人的联系方式：QQ1526287843，邮箱 xsx2000@qq.com. 另外，有的参考文献恐有疏漏，未注明出处，在此向有关作者致歉并表真诚谢意！

郑先如

2023 年 10 月于龙岩学院心理系